WordPress
オリジナルテーマ
制作入門

WordPress 5.8 対応

清水由規、清水久美子、鈴木力哉、西岡由美［著］
星野邦敏、吉田裕介［監修］

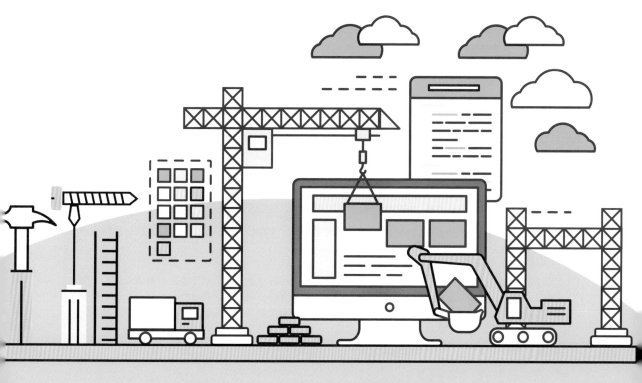

技術評論社

はじめに

あなたは、「オリジナルデザインでWordPressのテーマを作りたい」「HTMLやCSSで作った既存のウェブサイトをWordPress化したい」「WordPressのテーマを触ってみたい、改造してみたい」そんな風に思ってこの本を手にとられたことと思います。

とりあえず「外観」メニューから「テーマ」の中身を見てみるけれど、見慣れないタグがいっぱい…一体何をどうしたらいいんだろう…と途方に暮れる。10年前、駆け出しウェブデザイナーだった私がまさにそうでした。

本書「WordPressオリジナルテーマ制作入門」は、WordPressを管理画面から使うところから一歩進んで、HTMLとCSSを学習し、ひと通り身につけた方に向け、「WordPressのテーマを自分で作る」ための基礎知識をぎゅぎゅっと詰め込んだワークブックです。本書を読みながら一緒に手を動かすことで、テーマ制作に必要にして最小限の専門知識とワークフロー、そしてちょっとしたコツを理解できるようになっています。

特に以下の点に気をつけてこの本を書きました。

まずは、制作の土台となる基礎知識を丁寧に解説したことです。WordPressならではの「ループ」や「フック」といった専門用語、タグの使い方をはじめ、WordPressでよく使うPHPの基礎も盛り込みました。なるべく平易な表現を用いて、概念やイメージをつかんでいただくような工夫をしています。基礎知識を得て、仕組みを理解したうえでの制作は、今後起こるであろうトラブルやバージョンアップにも強いものとなります。プログラミングが苦手な方も大丈夫です、ゆっくりと1歩ずつ進めていきましょう。

あわせて、今回はクライアントワークを想定し実例に近いサンプルサイトを用意しました。本書の順を追って取り組むことで、オリジナルデザインの静的マークアップをWordPressのテーマにするまでの流れと、プロの仕事としても恥ずかしくない内容ををきちんと把握することができます。

次に、ブロックエディターに対応した作り方をご紹介していることです。2018年にWordPress 5.0から導入されたブロックエディターは、今もなお革新的な進化を続けています。それにあたってテーマ上で対応しておきたい部分もしっかりと解説しました。今までのWordPressだけでなく、これからのWordPressにも対応してゆく力を身につけていきましょう。

最後に、より高度なテーマ制作への足がかりとなるヒントを散りばめたことです。本書はテーマ制作の入門に位置する本です。本書をひと通り学習し終わると、「ここはもっとこうしたい」といった気持ちが湧いてくると思います。そんな時、どのように調べていくか、どんな情報をよしとして取り入れていくのか、考え方のヒントになるコラムも書きました。本書が次のステップへの橋渡しになれば嬉しいです。

必要な部分を拾い読みしても構いませんが、ぜひ最初から最後まで、一緒に手を動かしてみてください。「だからこれがこうなるんだ！」と理解することで、本書のエッセンスを流用して、すぐにあなたのオリジナルテーマを作ることができるようになります。

ようこそテーマ制作の世界へ！

本書のワークを通して、あなたのWordPressを使ったウェブサイト制作がより楽しく充実していきますように。さぁ、はじめの一歩を一緒に踏み出しましょう。

著者を代表して　清水由規

本書の特徴と構成

本書は、HTMLとCSSをひと通り学習した方や、WordPressテーマのテンプレートタグやPHPをよりわかるようになりたい方が実際のクライアントワークを想定したサンプルサイトを順を追って作成することで、静的マークアップの状態からWordPressのテーマにするまでを学びます。
また、WordPress 5.0から導入されたブロックエディターに対し、テーマ側で対応しておきたい点も詳しく解説しています。

Chapter 1	WordPress の成り立ちや、WordPress の中でどのような動きを経てウェブページが表示されるのかといった、基本的な知識を解説します。
Chapter 2	テーマの作成に必要なファイル構成やテンプレートファイル、プログラミング言語の PHP、WordPress 特有の記述などを解説します。
Chapter 3	「Local」を使った開発環境の準備から、その使い方とWordPress の基本的な設定、プラグインの選び方とインストール方法を解説し、サンプルサイト作成に必要なコンテンツの準備を行います。
Chapter 4	WordPress のテーマとして必要最低限のファイルを作成し、テーマとして認識させるための準備を解説します。

Chapter 5

静的なコーディングを行った HTML ファイルを共通部分に分けたり、テンプレートタグに置き換えたりしながら、WordPress テーマの基本となるテンプレートファイルの作成を解説します。

Chapter 6

サイト内検索や、ページファイルが見つからなかった場合の 404 ページ、投稿間の移動ナビゲーションなど、ウェブサイト内の回遊性や利便性を高めるためのテンプレートや機能の追加を解説します。

Chapter 7

テーマ用のカラーパレットの設定から、独自のカスタムスタイルの作り方、独自のブロックパターンの作成方法まで、テーマを作成する上で必要となるブロックエディターへの対応方法について説明します。

Chapter 8

カスタム投稿タイプを使った独自の投稿作成やカスタムテンプレート、ブロックエディターによるフロントページの編集や、投稿一覧ページの作成について解説します。

本書の使い方

本書では、Chapter 1から順に読みサンプルサイトを作り進めていくことで、基本的なWordPressテーマの作成方法を学んでいきます。

各ChapterはさらにStepに分かれており、次のようなページ構成になっています。

Stepの始めには学習に必要なStep素材の場所や学習するテンプレートファイルが書かれています。読み進める前に必ず確認しておきましょう。

新しくテンプレートタグや関数が登場した箇所にはそれらの詳しい解説を、またStepの最後には完成したファイルのソースコードを解説付きで掲載しています。

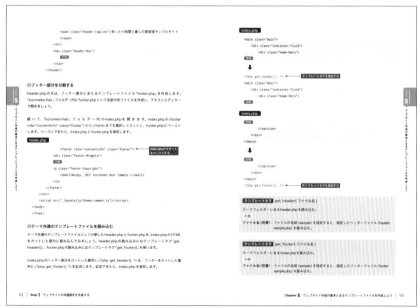

サンプルサイトの見本

本書で作成するサンプルサイトは、次のURLで確認できますので学習の参考にしてください。

https://wptheme-beginners.com/demo/

サンプルサイトは、次のブラウザーでの表示・動作を確認しています。
PC：Google Chrome 95 / Firefox 94 / Safari 15
スマートフォン：Google Chrome 95 / Safari 15.1

Contents

Chapter 1 | WordPressとは？

Chapter 2 | テーマ作成に必要な基礎知識

Chapter 5 ウェブサイト作成の基本となる テンプレートファイルを作成する

Chapter 6 ウェブサイトの利便性を向上する

Chapter 7 | テーマをブロックエディターに対応させる

Chapter 8 | ウェブサイトの機能を拡張する

学習用データのダウンロード

本書で使用する学習用のStep素材やテーマの完成データは、以下のサポートサイトからダウンロードしてください。

サポートサイト
https://gihyo.jp/book/2022/978-4-297-12557-8/support

学習用データはZIP形式で圧縮されています。学習者の方がご自身で解凍してお使いください。各データは「Chapter5」フォルダーの中に「Step1」フォルダーというように、ChapterとStepごとに分かれています。Stepごとのフォルダーには、そのStepで使用する素材データが入っています。また「Step完成データ」には、そのStepを作り進めて完成したデータが入っています。

●文字コード

サンプルテーマの作成に用いるデータは、文字コードが「UTF-8（BOMなし）」、改行コードが「LF」で作成されています。お使いのテキストエディターによっては正しく表示されないこともありますので、これらの文字コード・改行コードに対応したテキストエディターをご使用ください。

WordPress とは？

WordPress は、もはや欠かすことのできないウェブサイト制作ツールの1つです。しかし、そもそも WordPress がどのようなものかご存知でしょうか。本書では WordPress のオリジナルテーマを作るための解説を行っていきますが、前提となる WordPress の概要やしくみを知っておくと理解が深まり、学習を進めやすくなることでしょう。Chapter 1 では、WordPress の成り立ちや、WordPress の中でどのような動きを経てウェブページが表示されるのかといった、基本的な知識を解説していきます。

01 | WordPressはCMSの1つ

WordPressの成り立ち

WordPressは、CMS（コンテンツ・マネジメント・システム）と呼ばれるしくみの1つです。CMSはその名の通り、文書や写真などのコンテンツをマネジメント＝管理・運用するための機能を備えています。CMSを使わずにウェブサイトの制作・運用を行う場合、HTMLやCSS、JavaScriptといった言語、サーバーにファイルをアップロードするためのFTPといった、専門的な知識が必要になります。CMSを使うことにより、これらの知識や技術がなくても管理画面上から簡単にコンテンツを登録し更新できます。そのため、近年では多くのウェブサイトでCMSが導入されています。

WordPressは、アメリカのマット・マレンウェッグ氏とイギリスのマイク・リトル氏の共同プロジェクトとして2003年にスタートしました。当時大学生だったマット氏が、利用していたブログツール「b2/cafelog」のメンテナンスが停止したことを憂うブログを書いたところ、マイク氏が「一緒に新しいブログツールを作らないか」と誘ったことがきっかけとなり、2003年5月、「b2/cafelog」から派生したブログツールとしてWordPress 0.7がリリースされました（※）。

マット氏のブログ　https://ma.tt/2003/01/the-blogging-software-dilemma/

その後、2004年にプラグイン機能、2005年にページ機能やテーマ方式、2008年に編集履歴機能の追加など、さまざまなアップデートが繰り返され、単なるブログツールではなくCMSツールとして成長し、2021年には18周年を迎えました。記事やページの更新が簡単にできることに加え、HTMLやCSS、PHPなどの知識があれば高度なウェブサイトも作成できるため、今では個人ブログからコーポレートサイトまで、さまざまなウェブサイトに幅広く利用されています。

※当時のリリース：https://wordpress.org/news/2003/05/wordpress-now-available/

世界のウェブサイトの約4割はWordPressで作られている

WordPressは、サーバーにインストールして利用するタイプのCMSです。WordPressと同じサーバーインストール型のCMSとしてMovable Type、concrete5、Drupal等がありますが、WordPressは他のCMSに比べて導入のハードルが低いことから、圧倒的なシェアを誇っています。

それでは、いったいどれくらいのウェブサイトでWordPressが使われているのでしょうか。次の「世界でのWordPress利用率の推移」のグラフと表は、オーストラリアのQ-Success社が提供している統計データサービスW3Techsによる、世界でのWordPress利用率の推移を表したものです。ここでは、

❶公開されているすべてのウェブサイトのうち、WordPressが何%使われているか
❷CMSを利用しているウェブサイトのうち、WordPressが何%使われているか

をピックアップしました。

表の❶の数字を見ると、世界の全ウェブサイトの中でWordPressが占める割合は、2011年には約13%だったものが2021年には約40%と大幅に増えていることがわかります。毎年数%ずつ増加しており、今後もこの状況はしばらく続いていくものと考えられています。

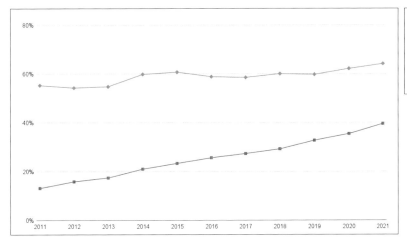

世界でのWordPress利用率の推移（2021年1月1日現在）

	2011	2012	2013	2014	2015	2016	2017	2018	2019	2020	2021
❶全ウェブサイト中	13.1%	15.8%	17.4%	21.0%	23.3%	25.6%	27.3%	29.2%	32.7%	35.4%	39.5%
❷CMS利用サイト中	55.3%	54.3%	54.8%	59.8%	60.7%	58.8%	58.5%	60.0%	59.7%	62.1%	64.1%

出典：W3Techs（https://w3techs.com/technologies/history_overview/content_management/all/y）

続いて、2021年3月時点でのCMS別の利用率を見てみましょう。次のグラフからは、CMSを利用しているサイトのうち64.5%がWordPressを利用していることが読み取れます。

● CMS別利用率

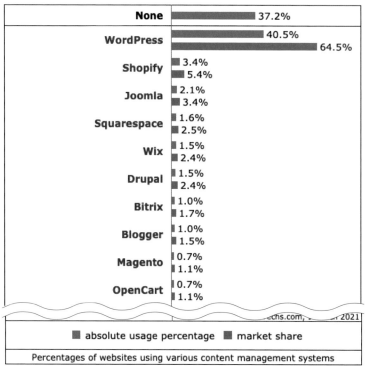

出典：W3Techs（https://w3techs.com/technologies/overview/content_management）

この64.5%の中には、アメリカ合衆国ホワイトハウスのウェブサイト（https://www.whitehouse.gov/）や、インドの首相のウェブサイト（https://www.pmindia.gov.in/en/）をはじめとした政府行政機関、教育機関等、著名なウェブサイトも含まれています。コーポレートサイトだけでなく、大小さまざまなウェブサイトに利用されているのがWordPressなのです。

02 なぜWordPressを 選ぶのか?

WordPressのメリット

それでは、なぜこれほどまでにWordPressを利用したウェブサイトが増えたのでしょうか? ここでは、ウェブ制作者の視点からWordPressのメリットを紐解いてみます。

メリット❶ オープンソースのため、導入コストが安い

一般的なソフトウェアは、企業などが製品として販売し、導入する側はそのソフトウェアを使用するために初期費用や月額利用料を支払います。それに対してWordPressは「オープンソースソフトウェア(OSS)」であり、無償で利用できます。オープンソースソフトウェアとは、文字通りプログラムのソースコードが広く一般に公開(=オープンに)されていて、誰でも自由に使用・複製・改良などを行えるソフトウェアのことです。ウェブサイトの運用にレンタルサーバー代、ドメイン代など年間数千円～数万円のコストはかかりますが、WordPressの利用自体にお金はかかりません。

これは、世界中にいる開発者有志が、WordPress本体の機能追加やバグの修正、テーマやプラグインの開発、ドキュメントの翻訳や作成を日々ボランティアとして行っているためです。このような活動をしている人たちがいるおかげで、私たちはWordPressを無料で自由に利用できます。

メリット❷ 利用者が多いため、恩恵も多い

Step 1でも紹介したように、WordPressは他のCMSに比べて圧倒的に多くの利用者が存在します。そのため、付随するさまざまな恩恵を受けることができます。

1つ目は、「日本語の情報が豊富である」ことです。もともと英語圏で開発されたCMSは日本語マニュアルがまったくない、あるいはあってもほんの少しで、困ったときには翻訳ソフトを使いながら情報を探すようなケースが数多くあります。それに対してWordPressはユーザー数が多いため、有志による日本語への翻訳はもちろんのこと、利用方法やカスタマイズの手順を解説した書籍や動画・講座などが日本語でたくさん用意されています。そのため、WordPressを学習しやすい環境が整っています。

2つ目は、WordPressを簡単に利用できるレンタルサーバーが多いことです。通常、CMSを利用したウェブサイトを開設するためには、CMSのインストールに専門的な知識が必要とされます。しかしWordPressは利用者が多いため、開設のための準備を数クリックで完了できる「簡単インストール」機能を用意しているレンタルサーバー会社が多くあります。この機能を利用すると、レンタルサーバーの管理画面からコードを一切触ることなくWordPressの利用を始めることができます。

メリット❸ クライアントの担当者に操作を教えやすい、担当者も使いやすい

WordPressの管理画面は、初心者でも利用しやすい構成になっています。パソコンやタブレットの文字入力や基本操作ができれば記事を投稿できるため、制作者がクライアントに更新方法を伝える際にも簡単なレクチャーで済ませることができます。また、前述の通り書籍なども充実しているため、操作マニュアルをゼロから作成する手間を省くこともできるでしょう。またクライアント側の担当者が自分で調べることもできるため、問い合わせによる時間のロスを減らすことができます。制作者とクライアント、双方にとってメリットがあるといえます。

メリット❹ コミュニティ活動が活発である

WordPressは、他のオープンソースソフトウェアに比べて「ユーザーコミュニティ」が活発です。利用者どうし・制作者どうし、さまざまな交流が生まれることで、お互いのスキルや知識をブラッシュアップできる環境があります。

代表的な公式イベント「WordCamp」は、2006年にサンフランシスコではじめて開かれて以降、これまでに65カ国、375都市で1100回開催されています（2021年12月末時点）。日本国内でも、東京や大阪を中心に年数回開催されています。ブロガーやアフィリエイターから、デザイナー、カメラマン、クリエイター、エンジニア、マーケター、テーマ制作者、プラグイン開発者、レンタルサーバー会社など、多種多様な人が集まるため、助け合える仲間を探したり、ビジネスパートナーを増やしたりするチャンスです。

また「WordCamp」よりも少人数でアットホームな雰囲気で行われる「Meetup」というイベントが、各地で開催されています。勉強会の情報は、WordPressのダッシュボードに表示されています。オンラインでの交流も盛んになってきていますので、ぜひ参加してみてください。

ダッシュボードには近隣で行われるイベント情報が随時掲載される

WordCamp Tokyo 2019の様子
Photo by Yasuhiro Obuchi / CC BY-SA 4.0（https://creativecommons.org/licenses/by/4.0/）

メリット⑤ より直感的に操作できるようになった

2018年12月にリリースされたWordPress 5.0から、記事本文の入力部分に「ブロックエディター」という機能が導入されました。ブロックエディターでは、その名の通り「ブロック」と呼ばれるパーツを組み合わせることによってページを作っていきます。

従来のエディターに比べ、文章や画像の位置調整・レイアウトの変更がしやすくなり、管理画面で入力した内容がほぼ同じ形でウェブページとして出力されるようになりました。そのため、より直感的に記事を作成できます。テーブルやカラムの作成など、以前のエディターではプラグインを導入したりHTMLを書いたりしなければならなかった部分も、ブロックエディターであれば標準の機能から挿入できます。

ただしテーマを制作する側は、ブロックエディターで正しく編集できるようにテーマを対応させる必要があります。ブロックエディターへの対応について、詳しくはChapter 7で解説します。

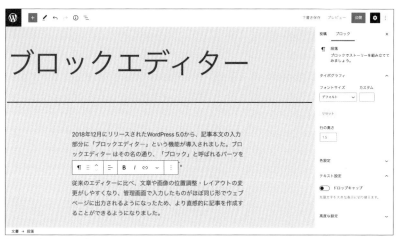

投稿のブロックエディター

HINT　従来の「クラシックエディター」について

WordPress 4.x系まで使われていた「クラシックエディター」は、5.x系にアップデート後も「Classic Editor」プラグインを利用すればそのまま使い続けることができます。ただし、このプラグインのサポート・保守は「少なくとも2022年まで、または必要なくなるまでの間」と公式に予告されているため、早めにブロックエディターへ移行しておくことをおすすめします。

WordPress のデメリット

WordPressにはメリットがたくさんありますが、デメリットも存在します。予想されるデメリットに対してはあらかじめ対策を行い、万が一に備えておくことが重要です。

デメリット❶　悪意のある攻撃から狙われやすい

WordPressはユーザーの数が多い分、悪意のある攻撃から狙われやすくなっています。コメント欄がスパムコメントで埋まってしまう、管理画面のID／パスワードが破られてしまう、サイバー攻撃を受けてウェブサイトにアクセスできなくなってしまう等、さまざまなトラブルが考えられます。

WordPress本体やプラグインの脆弱性が発覚した場合は、世界の開発者有志が順次対応してくれます。しかし、ユーザー側もこまめなアップデートを行ったり、プラグインを組み合わせてトラブル対策を行ったり、万一の破損に備えてバックアップを取っておいたりすることが求められます。

デメリット❷　情報をよく確認する必要がある

これはメリット②の「日本語の情報が豊富である」ことと背中合わせなのですが、情報が多い分、その内容が本当に正しいのかを確認する必要があります。例えば、次のようなことが考えられます。

・「こうすればできるよ」と解説しているブログ記事のソースコードをそのままコピー＆ペーストして利用したら、ソースコードが間違っておりテーマやプラグインが壊れて真っ白になってしまった
・数年前までは利用できた技術や手法でも、現在では「使わない方がよい」と公式に宣言された技術が、ブログ記事には今でも使えるかのように掲載されている

インターネット上の情報は、信頼できる人物が書いているか、いつ書かれたのか、本当に使ってよさそうな内容なのかを確認してから利用するようにしましょう。制作時に参考にしたいウェブサイトは、本書の中でも必要に応じてご紹介していきます。

03 静的ウェブサイトとWordPress で作成したウェブサイトの違い

静的サイトでページが表示されるしくみ

Chapter1の最後に、静的なウェブサイトとWordPressで作成したウェブサイトのしくみの違いを学んでいきましょう。この違いを理解しておくことで、WordPressのテーマ制作でよく出てくる「functions.php」の中身や「アクション」「フック」といった言葉の意味がわかるようになります。

最初に、静的サイトでページが表示されるしくみをおさらいしておきましょう。静的なウェブサイトとは、いつどこからアクセスしても常に同じ内容が表示される、HTMLファイルをベースとして作成されたウェブサイトのことです。更新するためにはウェブサーバーへFTP接続し、HTMLファイルを書き換えたり画像をアップロードしたりするなど、専門的な知識が必要になります。

「静的サイト表示のしくみ」の図を見てみましょう。静的サイトの訪問者がURLにアクセスすると❶、ウェブサーバーはリクエストに従って、指定されたHTMLファイルや、HTMLファイルが参照しているCSSファイル、画像ファイルなどのデータをパソコンに送信します❷。訪問者の端末がそのデータを受信すると、ウェブサイトが表示されます。

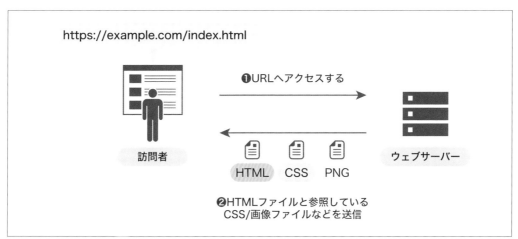

静的サイト表示のしくみ

訪問者が入力するURL（https://example.com/index.html）はサーバーに保管されているファイルの位置を示しており、訪問者はこのHTMLファイル（index.html）に直接アクセスしています。ページを移動する場合も同様で、例えば「https://example.com/index.html」というHTMLファイルから「https://example.com/about/index.html」というHTMLファイルへリンクが張られることによって、ページの行き来ができるようになります。

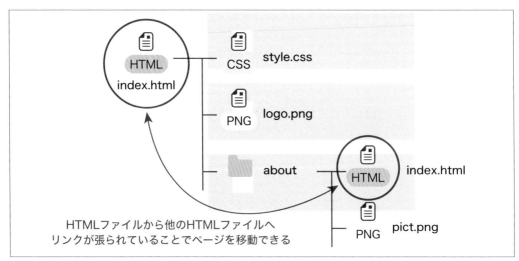

HTMLファイルから他のHTMLファイルへ
リンクが張られていることでページを移動できる

ページ移動のイメージ

そのため記事を1つ追加するような場合、「記事本文」のHTMLファイルはもちろんのこと、その記事に対してリンクを張る「お知らせ一覧」や「月別の記事一覧」のHTMLファイルの修正とアップロードも必要になります。

WordPressでページが表示されるしくみ

次に、WordPressがウェブサイトを表示するしくみを確認してみましょう。WordPressで作られたウェブサイトの見た目は、HTMLで作成されたサイトとほぼ同じように見えます。しかし静的ウェブサイトと異なり、WordPressで作られたウェブサイトには「HTMLファイルが存在しない」という特徴があります。

WordPressでは、「MySQL」や「MariaDB」というデータベースが利用されています。WordPressで作られたウェブサイトのURLに訪問者がアクセスすると、そこに保存されたデータを「PHP（Hypertext Preprocessor）言語」で書かれたファイルで呼び出し、仮想のHTMLファイルを生成して訪問者へ送信します。HTMLが静的なコンテンツしか作成できないのに対し、PHPはHTMLと組み合わせて利用でき、動的なコンテンツを作ることができます（PHPについては、Chapter 2で詳しく解説します）。

それでは、WordPressで作成されたページが表示されるまでの流れを1つずつ確認してみましょう。例えば訪問者が、「https://example.com/?p=123」というURLへアクセスしたとします❶。静的サイトであれば「https://example.com/」の「p=123」というファイルへアクセスすることになりますが、WordPressの場合は「https://example.com/」の「p=123（ページIDが123という記事）を表示する」という意味に変わります。

WordPressの表示しくみ1

このURLに従い、WordPressは記事を表示するためのベースとなるテンプレートファイル（PHPファイル）をテーマフォルダーに探しに行き、選択します❷。続いて、データが保存されているデータベースへ「123」というIDがついた記事データをリクエストし❸、データベースはそのデータを返します❹。

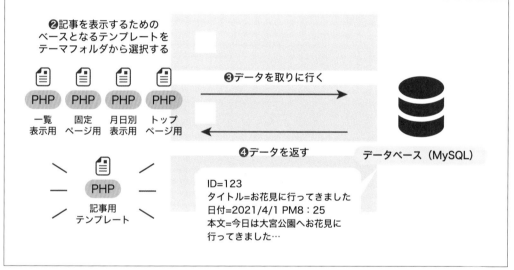

WordPressの表示しくみ2

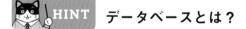 **HINT** データベースとは？

データベースとは、その名の通り「データを格納しておく場所」のことです。WordPressでは「MySQL」または「MariaDB」というデータベースを使っています。投稿記事に関しては、「投稿日時」「タイトル」「カテゴリー」「本文」「タグ」「投稿者名」などのデータが格納されています。これらのデータの呼び出し方を変えることによって、「記事本文」として表示したり、「アーカイブページ」として表示したりできます。

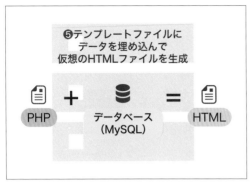

続いて、テンプレートファイルに記載されている指示に従ってデータベースから返ってきたデータを埋め込み、仮想のHTMLファイルを生成します❺。

WordPressの表示しくみ3

この生成された仮想のHTMLファイルを閲覧者のブラウザーへ送信することによって、「ウェブページ」として表示されます❻。

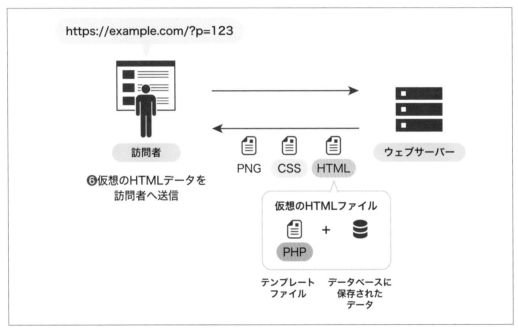

WordPressの表示しくみ4

WordPressでは、訪問者がURLにアクセスするたび、サーバーとブラウザとの間でこれら一連のやり取りが行われます。そして、最終的にテンプレートファイルとデータが組み合わされて「ウェブページ」として表示されます。WordPressではアクセスのたびにサーバー側で仮想のHTMLファイルを生成することから、静的サイトに対して「動的サイト（動的CMS）」と呼ばれています。

静的サイトでは、ブログ記事が1,000記事あった場合、HTMLファイルも1,000ファイル存在します。一方、WordPressを使ったサイトでは、1,000記事分のデータと1つのテンプレートがあり、訪問者がアクセスするたびに必要なデータとテンプレートから仮想のウェブページが生成され、表示されるイメージです。

それでは最後に、静的サイトとWordPressの違いをまとめておきましょう。

静的サイトでは、訪問者がHTMLデータそのものへアクセスすることによってページが表示されます。記事を更新するにはFTP接続し、それぞれのHTMLファイルを作成・修正する必要があります。

一方、WordPressは、ベースとなるテンプレートファイルとデータベースに保存されているデータが組み合わさって訪問者に表示されます。管理画面から記事を登録(データベースにデータを登録)すれば、HTMLファイルに個別に触れることなく、記事ページや一覧ページに必要な情報が埋め込まれた状態でリアルタイムに表示を行うことができます。

 HINT 「静的CMS」もある

CMSの中には、静的なHTMLファイルを生成する「静的CMS」もあります。代表的な静的CMSが、Movable Typeです。WordPressのような動的CMSとは異なり、サーバー内にあらかじめHTMLファイルを生成しておくしくみのため、静的なウェブサイトとなんら変わりがないウェブサイトを作成できます。すべてにおいてWordPressありきではなく、サイトに求められる要件に沿って最適なCMSを選定する知識を身に付けておくことをおすすめします。

`Column`

WordPressのライセンス

Step 2で、WordPressは「オープンソースソフトウェア」であり「無償で利用できる」とご紹介しました。しかし、「無償で利用できる」からといって、何をしてもよいというわけではありません。WordPressをはじめとするソフトウェアの利用には、「ライセンス」というお約束があります。WordPressは、「GPL v2 またはそれ以降」というライセンスのもとでの利用が推奨されています。ライセンスはクライアントとの契約に関わってくる部分でもありますので、正しく理解しておくことをおすすめします。

●GPLとは？

GPLとは「GNU General Public License」の略で、フリーソフトウェア財団によって公開・管理されているライセンスの1つです。v2は、バージョン2であること表しています。

GPL v2の日本語訳

https://licenses.opensource.jp/GPL-2.0/gpl/gpl.ja.html

GPLライセンスのもとでは、自由に著作物を利用、複製・改変したり、二次的な著作物を

作成・再配布したりできる他、商用利用も可能です。その代わり、元となる著作物の著作権表示とライセンス文、無保証であることなどを記載し、派生した著作物にもGPLライセンスを適用する必要があります。

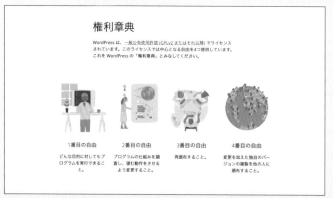

WordPressの権利章典（出典：https://ja.wordpress.org/about/ ）

●スプリット・ライセンスと100% GPLの違い

WordPressのGPLは、WordPress本体のPHPコードや、テーマやプラグインなど派生する著作物のPHPコードに適用されるものです。そのため、テーマを自作した場合の画像やCSSファイルをテーマ作者が固有のライセンスを採用することも可能です。これをスプリット・ライセンス（split = 分割）と呼んでいます。

それに対して、WordPressのコミュニティガイドラインで推奨されている「100% GPL」は、PHPコードのみではなく、その派生物（テーマやプラグインなど）に含まれるすべてのファイル（JavaScript、CSS、画像など）に対してGPLまたはGPL互換ライセンスを採用することを指しています。WordPress公式サイトに登録されているすべてのテーマやプラグインは、この100% GPLによってライセンスされています。100% GPLではないテーマやプラグインを作成したり、利用したりしても問題はありません。しかし、公式のサポートフォーラムでは回答してもらえない等のデメリットもあります。

WordPressは、「既存のものをベースにした開発を皆で共有することで、よりよいものに生まれ変わっていくことがWordPress全体の利益になる。だから改変する自由を保証しましょう。」という哲学が根本にあります。そして、こうした哲学のもと、ボランティアベースでの開発が続けられていることを心に留めておきたいですね。

詳しい説明は本書では割愛しますが、100% GPLについての理解を深めたい場合は、次のウェブページを参考にしてください。

「100% GPL」とは | WordPress.org 日本語

https://ja.wordpress.org/about/license/100-percent-gpl/

Chapter

2

テーマ作成に必要な
基礎知識

Chapter 2 は、作ってみないとわからない。でも作る前に
一読してほしい。そんな Chapter です。題に「テーマ作成
に必要な基礎知識」とあります。難しそうな用語や細かな
定義が書かれているため、気が引けてしまう方もいるかも
しれませんが、本書の目的であるテーマの作成には、どう
してもある程度のプログラミング言語の知識が必要です。
ここでは、WordPress が採用している言語である PHP を
中心に解説を行います。

プログラミングの考え方に触れたばかりの頃は、誰でも入
門書を行ったり来たりするものです。本の通りに動かすこ
とができたけれど、いまいち理解できない。そんな時のた
めにも、この Chapter があります。困った時はここに戻って、
読み直してください。「だからこう動くのか！」と、少し
ずつ理解を深めてもらえたら本望です。

01 WordPressのテーマとは

テーマはウェブサイトの振る舞いを決めるパッケージ

WordPressは、大きくコア・プラグイン・テーマの3つの領域によって構成されています。コア機能はWordPressをCMSとして機能させるための核となる領域、プラグインはそのコア機能を拡張する領域です。それでは、テーマとはいったい何でしょうか？

P.22で説明した通り、WordPressを使ったウェブサイトでは、データベースとテンプレートを組み合わせることによってページが表示されます。テーマは、このテンプレートの役割を担うものです。WordPressの公式ドキュメントでは、テーマは「着せ替え」に例えられています。テーマの機能によって、お出かけ先のドレスコードに合わせて装いを決めるように、テンプレートを切り替えることができるのです。

なお「着せ替え」といいつつ、スタイルシートのように見た目を変更することだけがテーマの役割ではありません。テーマは見た目の変更だけでなく、ページに表示させる情報や、WordPressの機能を制御する役割も持っています。

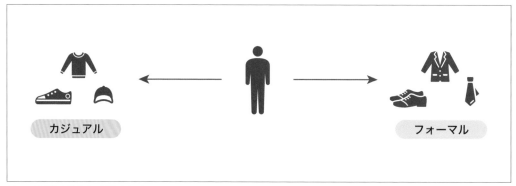

テーマは「着せ替え」に例えられる

テーマはWordPressの大きな資産

WordPressのテーマ機能は、2005年にリリースされました。その後、ウィジェット、タグ、カスタムフィールド、カスタムタクソノミー、カスタム投稿タイプ、メニュー、そしてGutenbergによるブロックエディターなど、高いカスタマイズ性を実現するCMSとしてWordPressは進化を続けてきました。これら機能との互換性を保ちながら開発が進められることによって、テーマも自由度の高いカスマイズ性を実現しています。

すでに解説した通り、テーマはPHPによって処理されるテンプレートファイルや、画像やスタイルシートといった視覚的な表現に利用するファイルによって構成されています。そして、これらのファイル一式をテーマとしてまとめることによって、複数のテーマを自由に切り替えられるしくみを実現しています。

テーマの登場から3年後の2008年、WordPressは公式テーマディレクトリーをリリースしました。テーマディレクトリーからは、世界中の開発者が作成したテーマを誰でも無料でダウンロードすることができます。テーマディレクトリーへの登録にはWordPressの品質チェックを通過する必要がありますが、登録テーマは年々増え続け、その数8,000以上。WordPressによる公式の標準テーマも、2011年以来、毎年リリースされています。テーマディレクトリーに登録されないテーマを含めると、その数は計り知れません。

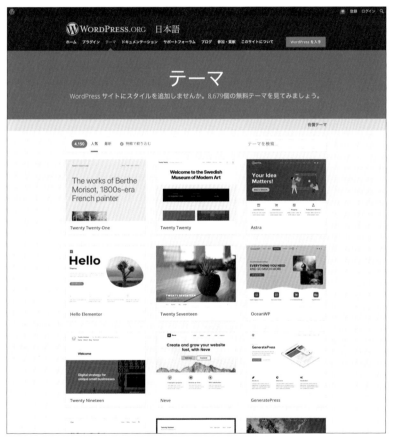

公式テーマディレクトリー（https://ja.wordpress.org/themes/）

WordPressで作られたウェブサイトは表現が豊かです。一見しただけでは、CMSで制御されているようには見えません。このような振る舞いを可能にしているのは、自由度の高いカスタマイズを可能にするテーマがあるからといってよいでしょう。現在のWordPressにとって、テーマは欠かすことのできない機能なのです。

02 テーマのフォルダー構成

テーマを構成するファイルの構造

WordPressをインストールすると、たくさんのファイルがインストール先のフォルダーに保存されます。テーマを作成するにあたって、これらすべてに目を通し把握する必要はありません。このStepでは、テーマを構成しているファイルの大まかな構造を解説します。テーマのフォルダー構成を理解することで、WordPressがどのように動いているのかの理解に役立つことでしょう。

次の図は、WordPressのインストールによって保存される、最初の階層を表したものです。ファイルは省略しています。最初の階層には、「wp-admin」❶「wp-content」❷「wp-includes」❸という3つのフォルダーが保存されています。「wp-」という接頭辞をつけることで、WordPressのフォルダーであることを示しています。

3つのwp-フォルダー

「wp-admin」フォルダー❶は、管理画面の表示やデータベースへの保存といった、管理者のための機能を担うファイルが保存されている場所です。「wp-content」フォルダー❷は、制作者や管理者といったユーザーがファイルを追加していく場所です。テーマをはじめ、プラグインやアップロードした画像もこのフォルダーに保存されます。「wp-includes」フォルダー❸は、WordPressのコア機能が保存されている場所です。プラグインやWordPress本体のプログラムが利用する機能のほとんどは、このフォルダー内のファイルによって定義されています。テーマが利用する機能も、ここで定義されています。

本書では、「wp-admin」「wp-includes」フォルダーには触れることがありません。テーマ作成に深く関わるのは、「wp-content」フォルダーです。「wp-content」フォルダーは、次のような構成になっています。

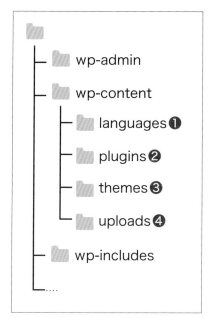

wp-contentの構成

「wp-content」の中には、「languages」❶「plugins」❷「themes」❸「uploads」❹という4つのフォルダーが保存されています。「languages」フォルダー❶には各言語の翻訳ファイルが、「plugins」フォルダー❷にはプラグインが、「uploads」フォルダー❹には管理画面からアップロードされた画像などのファイルが保存されます。そして「themes」フォルダー❸には、テーマが保存されます。「themes」フォルダーの中にはさらにテーマ名のフォルダーがあり、その中に各テーマに関連するファイルが保存されています。WordPressをインストールしたばかりの状態であれば、WordPressの公式テーマだけが保存されています。

本書では、章を進める中でプラグインの追加やファイルのアップロードを行います。その結果、「wp-content」フォルダー内の「plugins」「themes」「uploads」に変更が加わります。管理画面を操作しながら、フォルダーの中身がどのように変化するか見てみてください。動作の理解に役立つことでしょう。

03 | テンプレートファイルとは

Step 3-1 各ページの表示に関係するテンプレートファイル

各テーマのフォルダー内に保存される重要なファイルに、テンプレートファイルがあります。テンプレートファイルは、ページを生成する時に読み込まれる「鋳型」のような役割を担うファイルです。WordPressはこのテンプレートファイルとデータベースから呼び出した情報を組み合わせることによって、動的にウェブページを表示させています。

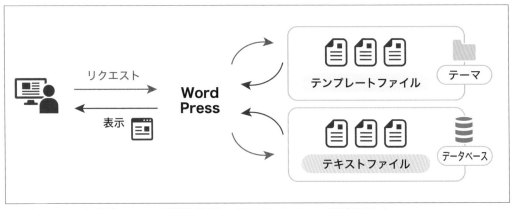

テンプレートファイルとデータベースの情報を組み合わせることによってページが表示される

組み合わせを実行する際、WordPressは、フロントページ、投稿一覧のページ（アーカイブと呼ばれます）、個別の投稿ページ、固定ページなど、表示するページの種類に応じたファイルを読み込みます。例えば、フロントページを表示する際にはfront-page.phpが、固定ページを表示する際にはpage.phpが読み込まれます。

❶ index.php	優先テンプレートファイルが存在しない場合に読み込まれるテンプレートファイルです（テンプレートファイルの優先順位はP.38にて解説）。
❷ front-page.php	フロントページ（いわゆるトップページ）の表示で読み込まれるテンプレートファイルです。
❸ page.php	固定ページの表示で読み込まれるテンプレートファイルです。
❹ single.php	投稿ページの表示で読み込まれるテンプレートファイルです。IDやスラッグをつけて優先ファイルを作ることができます。
❺ archive.php	アーカイブ（投稿一覧ページ）の表示で読み込まれるテンプレートファイルです。その他、カテゴリーのためのcategory.phpや年月日別に使うdate.phpも、アーカイブの表示で読み込まれるテンプレートファイルです。他にも、tag.php、taxonomy.phpが利用されます。

Chapter **2** テーマ作成に必要な基礎知識

❷フロントページ：front-page.php が読み込まれる

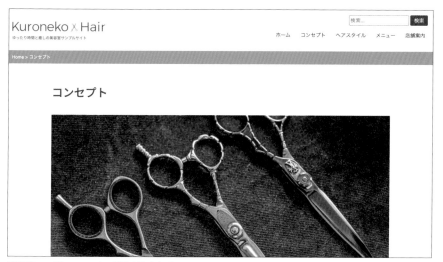

❸固定ページ：page.php が読み込まれる

❹投稿ページ：single.php が読み込まれる

❺アーカイブ（投稿一覧ページ）：archive.php が読み込まれる

その他、本書では作成しませんが、次のようなテンプレートファイルもあります。

home.php	投稿インデックス（P.374）の表示で読み込まれるテンプレートファイルです。
author.php	ユーザー（投稿者）の表示で読み込まれるテンプレートファイルです。
attachment.php	投稿ページに添付されたメディアの表示で読み込まれるテンプレートファイルです。image.phpなど、種類別や拡張子別の優先ファイルを作ることもできます。
singular.php	固定ページと投稿ページの表示で読み込まれるテンプレートファイルです。どちらのページも同じテンプレートでよいという場合に利用できます。

Step 3-2 共通パーツの表示に関係するテンプレートファイル

多くのウェブサイトには、ヘッダーやフッターなど、ページ間で共通で扱いたいパーツがレイアウトされています。テンプレートファイルを利用することによって、これら共通のパーツを1つのファイルから読み込めるようになります。また、sidebar-archive.phpのように「パーツ名＋ハイフン＋任意の名前」で複数のファイルを作成し、用途に応じて使い分けることも可能です。

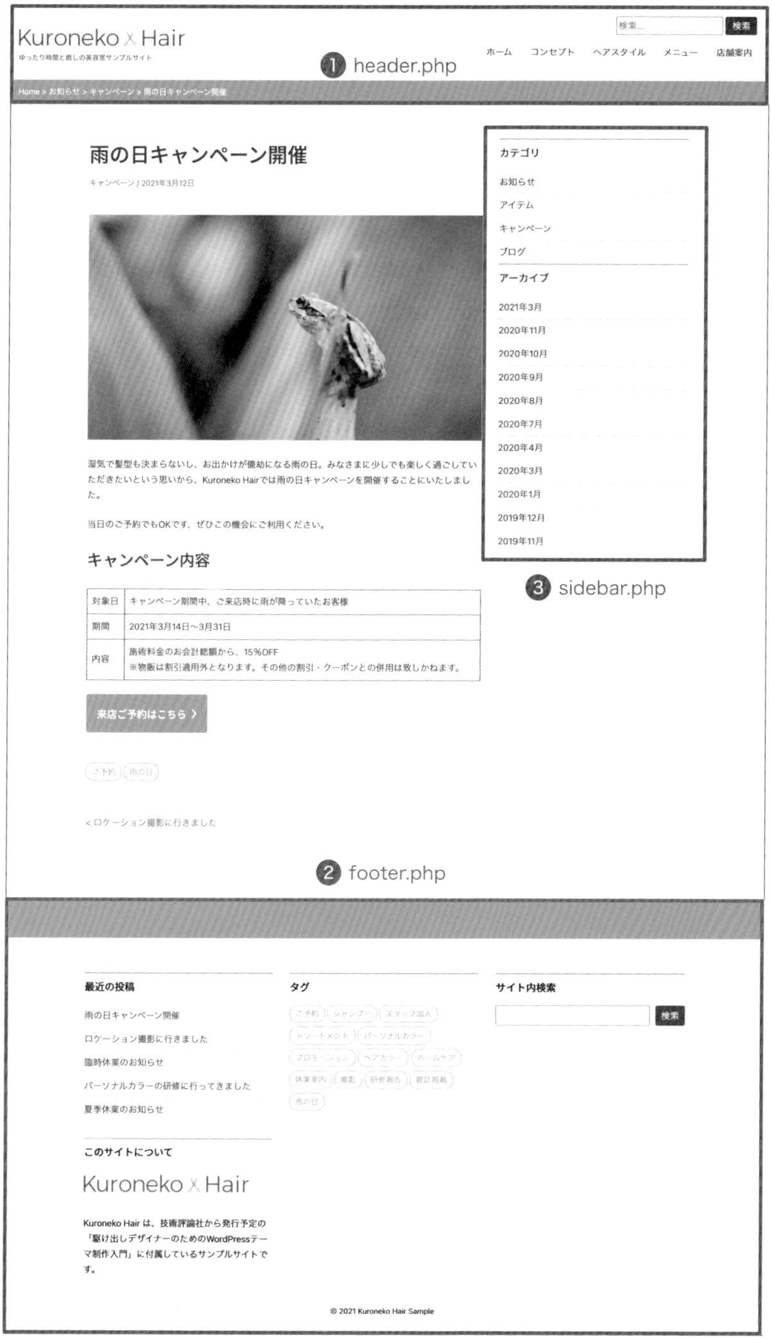

❶ header.php

❷ footer.php

❸ sidebar.php

ヘッダー・フッター・サイドバーをそれぞれテンプレートファイルとして作成する

❶header.php	サイト先頭にあるヘッダーを含む共通部分をこのファイルにまとめます。
❷footer.php	サイト末尾にあるフッターを含む共通部分をこのファイルにまとめます。
❸sidebar.php	アーカイブのリンクや共通バナーといった、本文の横にレイアウトされる共通部分をこのファイルにまとめます。

これら3つのテンプレートファイルは、中心となるテンプレートファイルに部品として読み込まれることによって機能します。このように部品として扱うファイルを、汎用テンプレートファイルと呼びます。汎用テンプレートファイルには、上記で紹介したような決められた名前の汎用テンプレートファイルの他に、独自の名前をつけて作成できる、カスタム汎用テンプレートファイルがあります。

カスタム汎用テンプレートファイルは、無計画に作っていくと他のテンプレートファイルと区別が付きづらくなってしまいます。本書では「template-parts」フォルダーを用意して、その中にカスタム汎用テンプレートファイルまとめるようにしています。詳しい使い方は、Chapter 5で解説します。

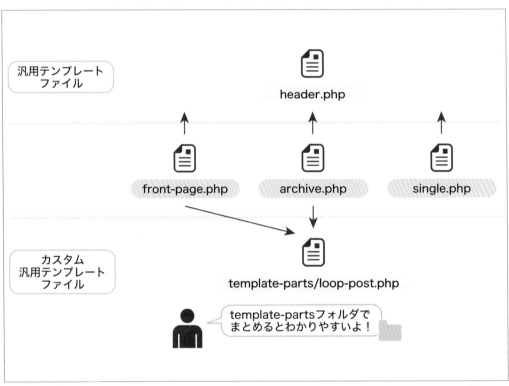

汎用テンプレートファイルには、名前の決まったものの他に、独自の名前をつけて作成できるカスタム汎用テンプレートファイルがある

Step 3-3 テーマの機能に関係するテンプレートファイル

functions.phpは、テーマの機能に関係するテンプレートファイルです。WordPressはページを生成する際、ページの表示に関するテンプレートファイルとともにfunctions.phpを読み込むことで、ウェブページの機能を実現します。管理画面でもこの読み込みが動作するため、管理画面をカスタマイズするための命令もfunctions.php内に記述します。

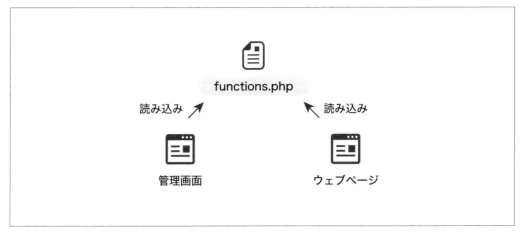

functions.php は、テーマの機能を担うテンプレートファイル

functions.phpは、記述が長くなることがあります。本書では分割していませんが、役割ごとにファイルを分割してもよいでしょう。

functions.php	テーマの機能に関する記述を行うテンプレートファイルです。ページを表示する際、必ず読み込まれます。

Step 3-4 その他のテンプレートファイル

その他、コンテンツの内容が見つからないときに表示する404.phpや、検索結果ページのテンプレートファイルもあります。

404.php	表示するページが見つからない場合に読み込まれるテンプレートファイルです。
search.php	検索結果の表示で読み込まれるテンプレートファイルです。

Kuroneko X Hair
ゆったり時間と癒しの美容室サンプルサイト

検索... 検索

ホーム　コンセプト　ヘアスタイル　メニュー　店舗案内

Home > 404

ページが見つかりません

お探しのページは、移動もしくは削除された可能性があります。
サイト内検索、もしくはトップページよりお探しください。

検索... 検索

カテゴリ
お知らせ
アイテム
キャンペーン
ブログ
アーカイブ
2021年3月
2020年11月
2020年10月
2020年9月
2020年8月
2020年7月

404ページ

また、画像の表示やCSSに関連するテンプレートファイルがあります。

screenshot.png	[外観] > [テーマ] に表示されるサムネイル画像として使用されます。

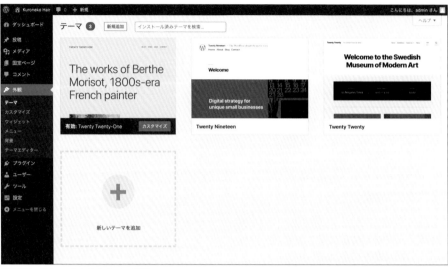

[外観] > [テーマ] のサムネイル画像

Step 3-5 テンプレートファイルの優先順位について

WordPressには、ページを表示する際、どのテンプレートファイル読み込むかを決める優先順位が設定されています。ウェブページを生成する命令が与えられると、WordPressは生成するページの種類に応じて、もっとも優先順位が高い1番目のテンプレートファイルを探します。優先順位が1番目のテンプレートファイルが見つからない場合は、優先順位が2番目のテンプレートファイルを探します。2番目のテンプレートファイルも見つからない場合は、優先順位が3番目のテンプレートファイルを探します。読み込む優先順位があることによって、テーマはすべてのテンプレートファイルを用意しなくても動作することができます。

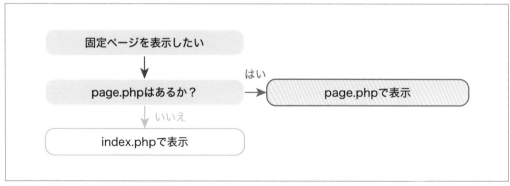

テンプレートファイルには優先順位がある

さらに、テンプレートファイルのファイル名でも優先順位が設定されています。固定ページであれば、新規作成時に割り当てられる固有の番号（ID）やスラッグ（slug）をファイル名に加えたテンプレートファイルをWordPressは認識します。例えば「about」というスラッグを持つ固定ページにだけ特別なテンプレートファイルを表示させたい場合は、「page-about.php」を用意します。固定ページのテンプレートファイル名を示す「page」、ハイフン「-」、固定ページのスラッグ「about」という構成になっています。

ファイル名による優先順位は、次の図の通りです。スラッグ付きテンプレートファイル（page-$slug. php）→ID付きテンプレートファイル（page-$id.php）→固定ページ用テンプレートファイル（page. php）→投稿と固定ページに対応するテンプレートファイル（singular.php）→すべてに対応するテンプレートファイル（index.php）の順にファイルを探し、読み込みます。

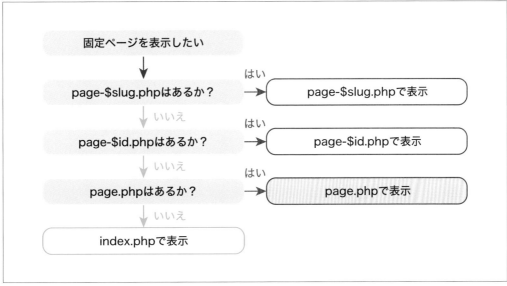

ファイル名によるテンプレートファイルの優先順位

テンプレートファイルの優先順位については、WordPressのテーマハンドブックにあるテンプレートヒエラルキーのページが参考になるでしょう。テーマハンドブックはこのChapterのコラムで紹介していますので、併せてご覧ください。

「Template Hierarchy」Theme Developer Handbook

https://developer.wordpress.org/themes/basics/template-hierarchy/

04 | PHPのしくみと書き方を知る

Step

Step 4-1　PHPのしくみ

テーマはWordPressのコアやプラグイン同様、PHPというプログラミング言語を使って作成します。
本書のサンプルコードをそのまま書き写すだけでもWordPressで動くテーマができあがりますが、
PHPの書き方がわかれば、これから独自のテーマを作成していくための手助けになるはずです。

PHPを含め、プログラミング言語は文字通り「言語」です。英語も日本語も、最初からすべての文法を理
解し、使いこなせるようになる人はいません。このStepでは、本書に登場するPHPに絞って解説を行
います。本書のサンプルコードを読み進めることで、プログラミング言語に少しずつ慣れていきましょ
う。

PHPの書き方を学習する前に、PHPファイルがウェブブラウザに表示されるしくみを理解しておきまし
ょう。例えば次のような内容のsample.htmlファイルを、ローカル環境に用意するとします。

```
<!-- ページのタイトル -->
<h1>テーマ作成に必要な基礎知識</h1>
```

HTMLでマークアップされたこのファイルをウェブブラウザで表示すると、「テーマ作成に必要な基礎
知識」という文字が大きく表示されます。

ウェブブラウザはHTML形式のファイルを表示しようとする際、<!-- と -->で囲まれた文字列はコメン
トとして解釈し、画面に表示させないように処理します。一方、<h1>と</h1>で囲まれた文字列は見
出しとして解釈して、タグの中身だけを表示します。この時、HTMLタグである<h1>は表示されませ
ん。

ここでsample.htmlの拡張子を「.txt」に変更し、sample.txtとリネームします。すると、ウェブブラ
ウザでは上の2行すべてが表示されます。

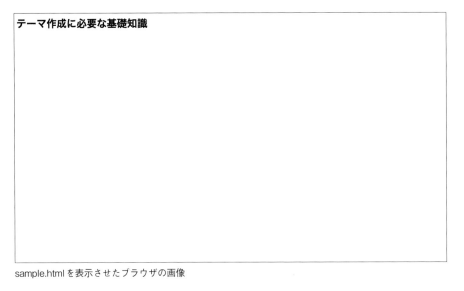

テーマ作成に必要な基礎知識

sample.html を表示させたブラウザの画像

```
<!-- ページのタイトル -->
<h1>テーマ作成に必要な基礎知識</h1>
```

sample.txt を表示させたブラウザの画像

次の図のように、ウェブブラウザはHTMLファイルを解釈して表示する役割を担っています。ローカルに保存されているHTMLファイルでも、ウェブブラウザさえあればファイルを表示させることが可能です。

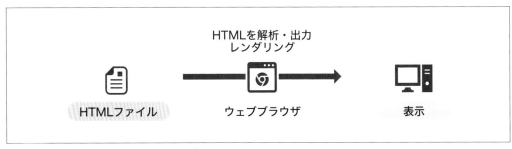

ウェブブラウザはHTMLファイルを解釈して表示する

それでは、拡張子を「.php」に変更してウェブブラウザで表示させると、どのように表示されるでしょうか。sample.txtと同様、すべての文字が表示されるだけです。つまり、ウェブブラウザはPHPを理解できていません。

PHPファイルは、ウェブブラウザではなく、サーバーによって解析されるファイル形式です。PHPファイルを理解できるプログラムがインストールされたサーバー上でのみ動作します（PHPが動作するサーバーは、ローカル環境でも構築できます。詳しくはChapter 3で解説します）。

PHPファイルをサーバー上に設置すると、サーバーがPHPで書かれたコードを解析し、HTMLコードを動的に出力します。このHTMLコードをブラウザが受け取り、表示します。PHPは、HTMLなどウェブブラウザが理解できる形に出力することができるプログラミング言語なのです。

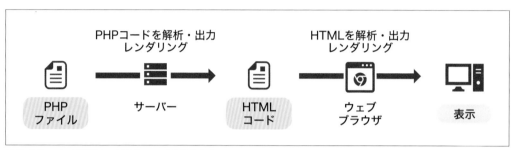

PHPをサーバーが解析し、HTMLコードを出力する

Step 4-2 PHPを動かすタグの書き方

ここまでは、PHPファイルがウェブブラウザで表示されるまでのしくみを解説しました。PHPは、サーバーにPHPコードを解析させるしくみによって、HTMLコードと一緒に記述することができます。それでは、どのような記述を行えば、PHPは動いてくれるのでしょうか。その役割を果たすのが、PHPの開始タグ「<?php」と終了タグ「?>」です。先ほど登場したHTMLファイルにPHPのコードを組み込むと、次のようになります。

```
<!-- ページのタイトル -->
<h1><?php echo 'テーマ作成に必要な基礎知識'; ?></h1>
```

HTMLタグのように、PHPとして動作させたい内容を開始タグ「<?php」と終了タグ「?>」で囲みます。サーバーはこのタグを見つけて、PHPコードとして解析を始めます。このタグがないと、PHPのコードであってもただの文字として表示してしまいます。

PHP開始タグは、PHPコードを書く前に大括弧「<」と「?」、小文字で「php」と書きます。大文字でも動作しますが、慣習にならって小文字を使うことをおすすめします。いずれも半角で記述します。

```
<?php
```

PHP終了タグは、「?」と大括弧「>」の２文字をPHPコードの終わりに書きます。開始タグと同じく、すべて半角で記述します。

```
?>
```

例えば次のように開始タグが不足していると、「echo 'テーマ作成に必要な基礎知識'; ?>」が見出しh1の文字とみなされ、出力されてしまいます。

```
<!-- ページのタイトル -->
<h1>echo 'テーマ作成に必要な基礎知識'; ?></h1>
```

また次のように終了タグが不足していると、今度はPHPの解析が終わらず、エラーが表示されます。PHPタグの中には、HTMLタグをそのまま書くことはできません。セミコロン「;」は命令文の終わりを意味しますが、終了タグがないため次に続くHTMLの閉じタグ「</h1>」が処理できず、止まってしまうのです。

```
<!-- ページのタイトル -->
<h1><?php echo 'テーマ作成に必要な基礎知識'; </h1>
```

Step 4-3 文字の出力とコメントの書き方

続いて、PHPを利用して文字を出力する方法を学習していきましょう。また、コメント文の書き方も紹介します。P.42のStepの例を、すべてPHPコードで書き直したものが次の例になります。

```
<!-- ページのタイトル -->
<h1><?php echo 'テーマ作成に必要な基礎知識'; ?></h1>
```

```
<?php
        // ページのタイトル
        echo '<h1>テーマ作成に必要な基礎知識</h1>';
?>
```

先の例では「<?php」から「?>」までを１行で書きましたが、この例では４行使って書きました。このように、文法上の問題がなければ改行が可能です。コード量が多くなる場合は、改行して読みやすいように書きましょう。また、行頭に半角のスペースやTabを打って、コードのまとまりがわかりやすくなるようにインデントすることも可能です。

他にも、HTMLコメントの「<!-- ページのタイトル -->」が「// ページタイトル」に変更され、<h1>タグが「echo」の後のシングルクォーテーション「'」で囲まれた中に移動しました。これらの変更点について、次で詳しく見ていきましょう。

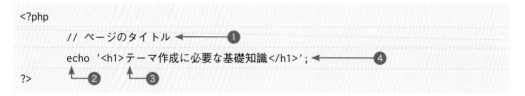

```
<?php
    // ページのタイトル  ←─────────────①
    echo '<h1>テーマ作成に必要な基礎知識</h1>';  ←───────④
?>
        ↑         ↑
        ②         ③
```

❶コメントです。「// 」で始まったテキストは、コメントとして処理されます。文字列の他、❷の「echo」のような命令文であっても処理から外されます。

❷echoは、文字を出力する機能を持つ命令文です。echoの後に続く記述が出力されます。

❸echoによって出力される文字列です。前後をシングルクォーテーション「'」で囲むことで、文字列として扱われます。ここでは「<h1>WordPressのテーマとは?</h1>」が文字列として出力されます。

❹セミコロン「;」で、命令文の終わりを示します。日本語の句点「。」や英語のピリオド「.」と同じです。セミコロンがないと、以降の命令文までも一文として解析しようとするため、エラーになります。セミコロンは忘れずに入力しましょう。

次の例は、「echo」を使ったシンプルな命令文の例です。半角小文字で「echo」と書き、半角のスペースを入力します。その後、出力したい文字列を記述し、セミコロン「;」で命令を終えます。文字列は、「'」（シングルクォーテーション）で囲みます。「echo」の後の半角スペースはなくても動作しますが、入れることで読みやすくなります。

```
<?php
    echo 'こんにちは';
?>
```

また文字列以外に、数字や以降のStepで登場する変数や関数を出力することもできます。

```
<?php
    echo 1234567890;  ←───── 数字
    echo $hello;  ←───── 変数
    echo get_hello();  ←───── 関数
?>
```

コメントは、半角スラッシュ「/」を2文字連続して書きます。コメントとして有効になるのは、この1行のみです。PHPは「//」の後は、改行されるまでの文字列をすべてコメントとして扱います。

```
<?php
    // 1行コメント
?>
```

また、次のように開始「/*」と終了「*/」で囲まれた複数行をコメントとして扱う書き方もあります。スラッシュ「/」とアスタリスク「*」を使って記述します。

```php
<?php
    /*

        複数のコメント


        *と/を連続して書くまですべてコメントとして扱われます。

    */
?>
```

Step 4-4 変数と関数のしくみ

ここからは、本書で登場するPHPの基本的な命令文を紹介し、書き方を解説していきます。このStepでは、自分で名前を決めることのできる「変数」と「関数」を紹介します。書けばその場で実行されるecho文と違い、「変数」と「関数」は実行する内容をあらかじめ用意しておく必要があります。実行する内容を事前に書いておくことを、ここでは「定義」と呼ぶことにします。定義した「変数」や「関数」は名前を書いて呼び出すことによって、何度でも利用できます。

「変数」は、ひとまとまりの値を保存する容器のような要素です。変数を呼び出すことによって、この容器から値が取り出されるイメージです。変数に値を保存することを、「代入」と呼びます。一方の「関数」は、ひとまとまりの命令を保存しておくロボットや工場のような要素です。関数を呼び出すことによって、ロボットや工場の設備が動き出すイメージです。

変数には、関数を代入することもできます。変数に代入した関数が処理されると、関数が動作した後の値が変数に保存されます。これを「返り値」といいます。

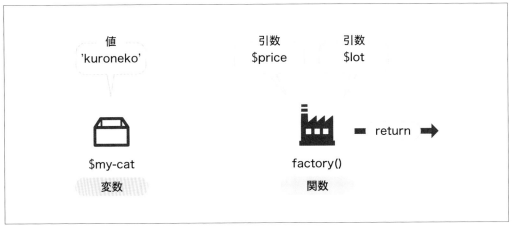

変数と関数のしくみ

●変数の書き方

変数には好きな名前をつけることができ、最初に必ずドル記号「$」を書きます。変数名には、半角英数とアンダースコア「_」を利用できます。次の例では「$my_cat」が変数名です。「$my_cat」だけ書いても、この変数には何の値も入っていません。変数で利用する値は、変数名の後にイコール「=」を書き、続けて代入する値を書きます。例の行が実行されると、変数「$my_cat」に値「kuroneko」が保存されます。

変数の定義

```php
<?php
    $my_cat = 'kuroneko';
?>
```

変数を利用するときは、変数名を記載するだけです。次のechoを利用した例では、先ほど代入した値「kuroneko」が出力されます。名前を間違えるとエラーになります。

変数の利用

```php
<?php
    echo $my_cat;
?>
```

●関数の書き方

関数は変数の「$」と違い、「function」から書き始めます。その後に半角スペースで区切った後、任意の関数名を書きます。変数と同じく、半角英数とアンダースコア「_」を利用できます。関数名に続けてカッコ「( )」を書き、中カッコ「{ }」を書きます。カッコの中には「引数」として、関数を呼び出すときに使いたい値を入れます（P.45）。中カッコの中には、関数で実行する命令が入ります。「return」を書いた時点で関数の処理は終了し、return文の後に半角スペースで区切って「返り値」を書きます。この「返り値」には、関数を実行した時に戻ってくる結果の値が入ります。結果をページに出力する際は次のように利用します。return文は必ず書く必要はありません。return文がなければ中カッコ「}」の手前まで命令を実行します。

関数の定義

```php
<?php
    function factory( $price, $lot ){
        省略
        return $total;
    }
?>
```

関数を利用する際は、「function」を書く必要はありません。定義した名前とカッコ「()」を書けば関数が実行されます。カッコの中には、引数へ渡す値を書きます。値が2つ以上ある場合はカンマ「,」で区切り、

値がない場合はカッコの中は空にします。関数の前に書いたechoは、P.44でも使った出力するための命令文です。この行が実行されると、引数として値100と2が関数「factory()」に渡されます。そして関数の実行結果が返り値として変数「$total」に渡され、echoによって出力されます。

関数の利用

```php
<?php
    echo factory( 100, 2 );
?>
```

ここまで解説してきた例文では、変数に代入する値や関数に利用する引数として、単一の「値」を用いてきました。しかし、これらの値を複数まとめて定義したい場合があります。そこで活躍するのが「配列」と「連想配列」です。

「配列」では、1つ目、2つ目、3つ目、4つ目…と順番に値を書いていきます。一方の「連想配列」は、キーとバリューをセットにして値を書いていきます。値を利用する際に使う名前「キー」を左側に、キーに代入する値「バリュー」を右側に定義します。

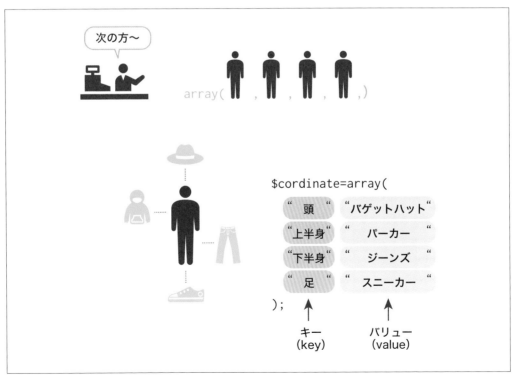

配列は順序付きデータ群のイメージ、連想配列は名前付きデータ群のイメージ

●配列の書き方

配列は、次のように書きます。この例では、変数「$sample_ary」に「array('I', 'am', 'a', 'cat')」を代入しています。このarray文から始まる箇所が配列です。arrayの後にカッコ「( )」を書き、このカッコの中に配列の値を書いていきます。それぞれの値は、カンマ「,」で区切ります。

```php
<?php
    $sample_ary = array( 'I', 'am', 'a', 'cat' );
?>
```

●連想配列の書き方

連想配列の書き方は配列と似ていますが、カンマで区切られたそれぞれの値に違いがあります。次の例の「'名詞' => 'cat'」のように、先にキー（名詞）を書き、その後にイコール「=」と閉じ大括弧「>」を書きます。そしてバリューとなる値（cat）を最後に書きます。それぞれの値は、カンマ「,」で区切ります。

```php
<?php
    $sample_ary = array(
        '主語' => 'I',
        '動詞' => 'am',
        '冠詞' => 'a',
        '名詞' => 'cat',
    );
?>
```

Step 4-6 条件分岐の書き方

雑誌やウェブサイトで「あなたは何タイプ？　質問に答えて診断しよう」といった企画を目にしたことがあると思います。このような企画は、質問に「はい」か「いいえ」で答えていくと、回答の内容に応じて何タイプかが提示されるしくみになっています。「同じことを繰り返す作業はどちらかといえば好きだ」という質問に「はい」と答えた場合は「あなたは真面目でコツコツ積み上げる努力型タイプ」を表示させる。このように「はい」ならば「〜」、「いいえ」ならば「〜」のように、場合によって異なる結果を振り分けるしくみが、条件分岐です。PHPには条件分岐の役割を持つ命令文がいくつかありますが、本書では「if」が登場します。

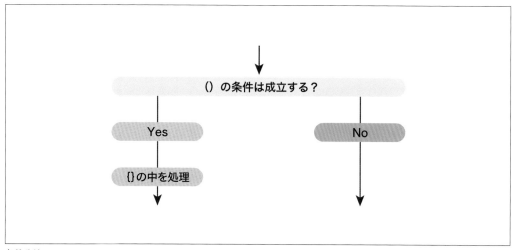

条件分岐

●条件分岐「if」の書き方

if文はifの後にカッコ「( )」を書き、カッコの中に条件が入ります。例文では、関数「is_cat()」を条件にしています。この関数は、引数に渡される変数「$buddy」が猫かどうかを判別するものとして読んでください。カッコの後ろに中カッコ「{ }」を書き、条件が「成立した場合」に実行する命令を書きます。

```php
<?php
    if( is_cat( $buddy ) ) {
        // 成立した場合
    }
?>
```

また、本書では条件が「成立しなかった場合」のための命令文elseも登場します。else文は、条件が「成立した場合」の処理を囲う閉じ中カッコ「}」の後に書きます。else文の後ろに中カッコ「{ }」を書き、この中にif文の後のカッコ「( )」に書いた条件が「成立しなかった場合」に実行する命令を書きます。

```php
<?php
    if( is_cat( $buddy ) ) {
        // 成立した場合
    } else {
        // 成立しなかった場合
    }
?>
```

プログラムは、「同じことを繰り返す作業」を正確に実行するのが得意です。繰り返す処理は、ループとも呼ばれます。PHPには繰り返し処理の役割を持つ命令文がいくつかありますが、本書では「while」が登場します。繰り返し処理を使わなくても、同じ命令をコピー＆ペーストすればペーストした分だけ実行されます。しかし、同じ命令が大量に書き込まれたコードは見づらく、不便です。こういう時に、繰り返し処理が活躍します。

●繰り返し処理「while」の書き方

while文は、whileの後にカッコ「( )」を書き、カッコの中に繰り返しを実行するかどうかを判別する条件が入ります。例文では、関数「is_rainy()」を条件にしています。この関数は、引数に渡す変数「$time」で雨が降っているかどうかを判別するものとして読んでください。

if文と同様、条件を入れるカッコ「()」の後ろに中カッコ「{ }」を書きます。中カッコの中には、条件が「成立した場合」に繰り返し実行させたい命令が入ります。この場合、雨が降っていた場合は中カッコ「{ }」の中の繰り返し処理を実行することになります。繰り返し処理は雨が止むまで続きます。

条件分岐と違い、条件が「成立しなかった場合」は処理を終了するだけです。閉じ中カッコ「}」の後ろにelse文は書けません。

```php
<?php
    while ( is_rainy( $time ) ) {
        // 繰り返しの処理
    }
?>
```

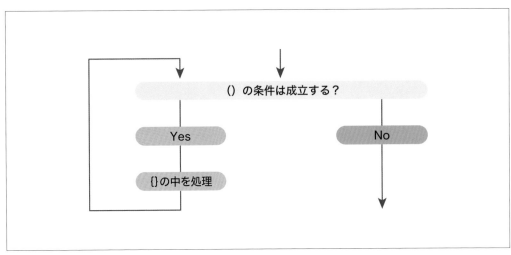

繰り返し処理

05 │ WordPressにおける タグとは

Step 5-1 テンプレートタグの使い方

WordPressには、2種類のタグが用意されています。それが「テンプレートタグ」と「条件分岐タグ」です。タグという言葉に戸惑うかもしれませんが、どちらのタグも、実態はPHPの関数です。

テンプレートタグは、WordPressのテンプレートファイルの中で利用できるタグです。PHPの関数なので、PHPを実行するための「<?php」と「?>」の間に記述します。投稿のタイトルや本文など、データベースに保存されている情報をページに表示させる役割を持っています。

次に示す例文は、ウェブサイトの情報を出力するテンプレートタグ「bloginfo()」を使用しています。bloginfo() はWordPressが用意した関数であり、テンプレートタグです。関数なので () の中に引数を書くことができますが、今回は利用しません。引数なしで「bloginfo()」を用いると、サイトのタイトルを出力します。

```
<?php bloginfo(); ?>
```

テンプレートタグは、関数の前後に開始タグと終了タグを組み合わせて短いPHPコードにすることで、HTMLのコードの中に挿入しやすい形になっているのが特徴です。短いテンプレートタグは、HTMLの読みやすさを保ってくれます。

●テンプレートタグによる出力について

P.44で、PHPのコードを文字列として表示するには、命令文「echo」を使いました。しかし、関数「bloginfo()」は「echo」を書くことなく、呼び出した情報を出力することができます。WordPressに用意されているテンプレートタグには、「bloginfo()」のように出力まで行うものと、情報の取得だけを行うものの2種類があります。

例えば、投稿タイトルを取得するテンプレートタグとして「the_title()」と「get_the_title()」があります。このうち「the_title()」は取得したタイトルをテキストとして出力します。一方、「get_the_title()」はタイトルを取得するだけで出力は伴いません。

```
<?php the_title(); ?>
```
◀── 出力される

```
<?php get_the_title(); ?>
```
◀── 取得はするが、出力はされない

「get_the_title()」を使用した場合、「echo」を用いることで、文字列としての出力が可能です。記述は少し長くなりますが、出力を伴わないテンプレートタグは「echo」を組み合わせて利用できることを知っておきましょう。

```php
<?php echo get_the_title(); ?>
```
← 出力される

Step 5-2 条件分岐タグの使い方

条件分岐タグはテンプレートタグと同様、WordPressにあらかじめ用意された関数です。テンプレートファイルの中でif文などの条件分岐と一緒に利用され、表示しようとしているページの種類を判別します。

条件分岐タグは、「get_the_title()」のような出力を伴いません。次の例で用いている「is_month()」も、条件が成立するか、しないかという判定を返すのみです。表示するページが投稿月の一覧を表示する月別アーカイブかどうかを判定し、その結果を返します。この返ってきた判定結果をif文の条件に加えた使用例が、次のコードです。

```php
<?php if ( is_month() ) : ?>
    <?php echo get_the_date( 'Y年n月' ); ?>
<?php else : ?>
    <?php single_term_title(); ?>
<?php endif; ?>
```

このコードは、月別アーカイブであれば「get_the_date()」関数をテキスト出力し、月別アーカイブでなければ「single_term_title()」関数をテキスト出力します。

2行目の「get_the_date()」は、引数に書かれた表示形式に併せて、月別アーカイブの表示月を取得するテンプレートタグです。この例では'Y年n月'の形式に従い、「2021年1月」のように表示月を取得します。4行目の「single_term_title()」は、表示するページのアーカイブの分類名をテキスト出力するテンプレートタグです。これらのテンプレートタグは表示するページによってどちらを実行するかが変わるため、条件分岐タグを使って振り分けています。

<?php if (is_month()) : ?>と<?php else : ?>、<?php endif; ?>はif文の一連の記述ですが、P.49で解説したif文とは書き方が少し異なります。条件が成立した場合に実行させる記述を{}で挟むのではなく、「{」の替わりにコロン「:」で始め、「}」の代わりに「endif;」で終了する書き方をしています。この記述方法は、HTMLタグが混在している時など、条件分岐の範囲が分かりづらい場合に中カッコ「{ }」の代用として用いられます。

Step

06 | WordPressのループとは

Step 6-1　ループの主役、メインクエリー

WordPressのループは、特に投稿に関連する情報を出力するときに活用されている繰り返し処理です。テーマの作成でよく使うのは、P.50で登場した「while」です。このStepでは、投稿の一覧ページを表示した時の動きを例に、WordPressのループがどのように動くのかを解説します。

最初に、while文の大切な主役「メインクエリー」の解説を行います。クエリーは、「データベースに必要な投稿を求めるためのリクエスト」です。WordPressの投稿ページを表示するとき、条件に合ったページのデータを求めるリクエストを、クエリーとしてデータベースに送信します。この最初の表示の時点で発行するクエリーを、メインクエリーと呼びます。データベースはこのクエリーに応じて、条件に合った投稿情報を返します。この投稿情報とテンプレートファイルが組み合わさることで、ページが完成します。

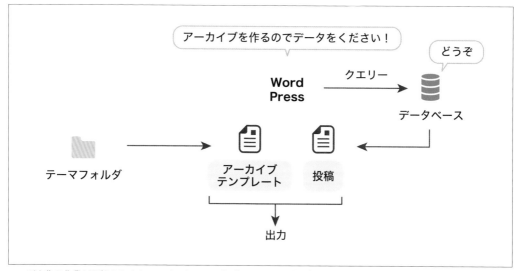

ページを作る作業が開始されると、メインクエリーをデータベースへ投げかけ、条件に合った投稿情報が作業机に読み込まれる

この時、テンプレートは返ってきた投稿情報が何件あったとしても取り扱えるように作成しておく必要があります。投稿が100件あろうが、10件あろうが、正しく扱えてこそテンプレートと呼べるのです。そしてWordPressは、これらすべての投稿を扱うためにループを使用します。

WordPressには、ループに関係する関数が用意されています。それが、「have_posts()」と「the_post()」です。この2つの関数を使った繰り返し処理の例が、次のコードになります。

```
if ( have_posts() ) {
    while ( have_posts() ) {
        the_post();
        the_title();
    }
}
```

このコードは、取得した投稿すべてのタイトルを出力するコードです。アーカイブテンプレート「archive.php」であれば、作成日の新しい投稿から順に出力されます。WordPressのデフォルトの設定の場合、繰り返す数（表示されるタイトルの数）は10件です。

それでは、この2つの関数がどのような働きをするのか追ってみましょう。

●have_posts()

「have_posts()」は、データベースから返ってきた投稿群が存在するかどうかを確認する関数です。if文の条件式で使うと「取得した投稿群が存在しているか？」という条件判定を行い、条件が成立する場合は中カッコ「{}」の中の命令を実行します。while文の条件式で使うと「取得した投稿群が存在している限り」という条件判定を行い、条件が成立する場合は中カッコ「{}」の中の命令を繰り返し実行します。

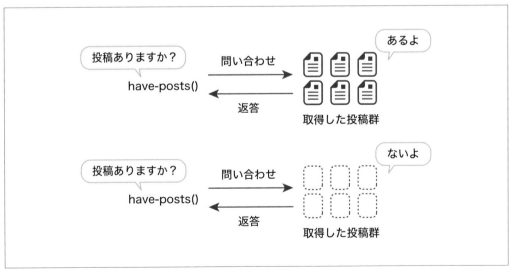

データベースから返ってきた投稿群が存在するかどうかを確認する

Chapter 2 テーマ作成に必要な基礎知識

● the_post()

「the_post()」は、クエリーから取得した投稿群のうち、先頭の投稿情報を抜き出す関数です。抜き取った投稿情報は、テンプレートタグが参照する場所に代入されます。

次の図で、「the_post()」によって抜き取られた1件分の投稿情報は「the_title()」や「the_content()」といったテンプレートタグが参照する場所に移動します。「the_title()」は投稿のタイトル、「the_content()」は投稿の本文を出力する関数です。「the_title()」「the_content()」は「the_post()」によって抜き取られた投稿情報からのみタイトルや本文を参照し、出力します。投稿情報がなければ、何も出力しません。データベースから直接参照して出力することはしません。

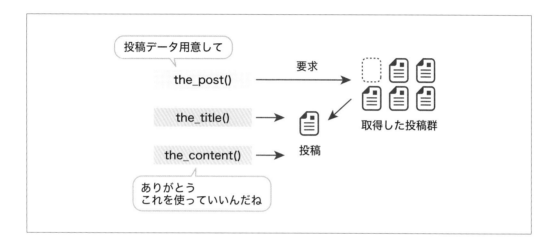

あらためて、例文を見てみましょう。

```
if ( have_posts() ) { // 取得した投稿群の存在を確認
    while ( have_posts() ) { // 取得した投稿群の存在を確認
        the_post(); // 参照可能な場所に投稿情報を移動
        the_title(); // 投稿情報からタイトルを取得し、出力
    }
}
```

1行目のif文では、「have_posts()」関数で投稿群が存在するかどうかを確認しています。条件が成立すれば（投稿群が存在する）、2行目のwhile文の処理に進みます。while文は、「have_posts()」関数を繰り返し実行する条件になっています。投稿群がなくなるまで、3行目と4行目をループさせます。「the_post()」関数を使って投稿群から投稿を抜き出し、「the_title()」関数を使って抜き出した投稿のタイトルを取得します。

この例文は、投稿群が存在するかどうかの判断と、投稿およびそのタイトルの取得、出力の処理をループさせることによって、複数の投稿情報を処理しています。次のStepでは、これらの投稿情報がどのように処理されているのかを詳しく見てみましょう。

次の図は、2つの関数「have_posts()」「the_post()」を使ったwhile文の処理の流れを図解したものです。ここでは、5件の投稿情報が返ってきたものとして、ループの流れを紹介しています。

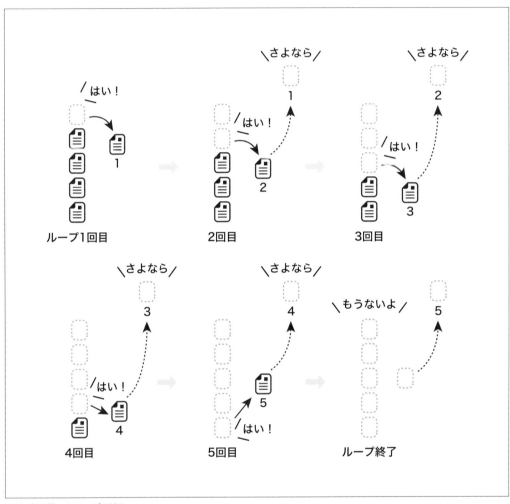

while文を使ったループの流れ

❶ループ1回目

最初に、if文の条件に記述された「have_posts()」によって、投稿情報があるかどうかを確認します。クエリーから得られた投稿群はまだ1度も使われていないので条件は成立します。同様にwhile文の条件「have_posts()」も成立し、ループ内の処理へ進みます。ループ内の処理では、「the_post()」で投稿群から投稿情報を抜き出し、抜き出された投稿情報はテンプレートタグに参照される場所に移動します。最後に「the_title()」で投稿のタイトルを取得し、ページに出力します。

❷ループ2回目

1回目で最初の投稿情報が取り出されているので、投稿情報は4件が残っています。そのためwhile文の条件「have_posts()」は成立し、ループが継続します。「the_post()」で2件目を取り出して、「the_title()」でタイトルを出力します。

❸ループ3回目

投稿情報は残り3件となりました。「the_post()」「the_title()」で3件目を取り出して、残り2件です。

❹ループ4回目

あと少しです。「the_post()」「the_title()」の取り出しで4件目が取り出されます。

❺ループ5回目

最後の1件、5件目のタイトルを出力しました。

❻ループ終了

while文はもう一度「have_posts()」で投稿情報があるか確認しますが、もう投稿はありません。条件が成立しないので、これでループは終了です。

もう一度、WordPressの典型的なループのコードを記載しておきます。このコードを見て、ループの開始から終了までの流れをイメージしてください。

```
if ( have_posts() ) {
    while ( have_posts() ) {
        the_post();
        the_title();
    }
}
```

Step

07 | フックとは

Step 7-1 フックの仕組み

これまで解説してきたように、WordPressではデータベースとテンプレートファイルを組み合わせることによってページを生成しています。そしてこの作業の裏側では、次の図のように多くの処理が連続して行われています。これら複数の処理を順に実行し続けるための接着剤のような役割を果たしているのが、「フック」と呼ばれる機能です。前の作業にフックをかけるようにして、次の作業へとつなげていくようなイメージです。

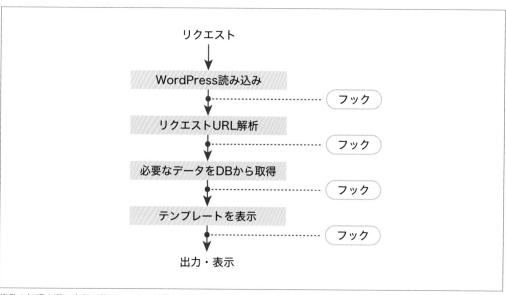

複数の処理を順に実行し続けるための接着剤のような役割

フックを利用すると、一連の処理に対して別の命令を加えることができます。そして、フックは「テーマ」からもかけることが可能です。テーマにフックを書くことで、WordPressの機能の一部を制限したり、拡張したりすることが可能になります。本書で登場するフックでは、テーマ独自のブロックを追加したり、テーマのデザインに合ったカラーパレットを指定したりしています。

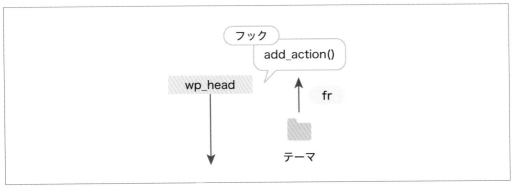

テーマからも追加オーダーすることが可能

フックには「フィルターフック」と「アクションフック」の2種類があり、本書では「アクションフック」のみが登場します。どちらのフックも基本的なしくみは同じです。このStepでは、フックのしくみとアクションフックの使い方について解説します。

Step 7-2 ▶ フックを登録する

処理にフックを追加することを、「フックを登録する」と表現します。このフックを登録する関数の1つが、「add_action()」関数です。P.37で解説したfunctions.phpに記述して、WordPressの一連の作業に割り込ませます。add_actionに渡せる引数は、次の3つです。

```
add_action( アクション名 , 実行したい関数名 , 作業順序 );
```

最初の引数「アクション名」では、フックを登録するタイミングを指定します。アクション名は、WordPressによってあらかじめ決められたものを使用します。次のコードでは、アクション名としてテーマの準備が整った後のタイミングである「after_setup_theme」を指定しています。

2番目の引数には、「アクション名」のタイミングで実行したい関数を指定します。ここでは関数名をシングルクォーテーション「'」で囲い、文字列として書くことがポイントです。関数名の後に、カッコ「()」は不要です。

最後の引数「作業順序」は、必須ではありません。本書では順序が影響するようなケースはないため、すべて省略しています。省略すると、「add_action」が書かれた順にフックがかけられます。

```
function neko_block_setup() {
    省略
}
add_action( 'after_setup_theme', 'neko_block_setup' );
```

テーマのデザインにこだわり始めると、テンプレートファイルだけでは実現できない箇所が出てきます。こうした痒い所に手を届かせるための方法が「フック」です。オリジナルのテーマにふさわしいこだわりを実現するためのヒントを、本書のフックの使い方によって見つけてみてください。

テーマ開発者のためのハンドブック

WordPressが今後もよりよいソフトウェアとしてアップデートを続けるために、コア開発だけでなく、テーマやプラグイン、コミュニティーといったプロジェクトへの参加が常に求められています。

各プロジェクトに参加しやすくするために、WordPressでは多くのドキュメントが用意されています。テンプレートタグを説明するリファレンス、翻訳のためのガイド、コミュニティー（WordPress Meetup）を主催するためのガイドのほか、ハンドブックと呼ばれるドキュメントがあります。本コラムでは、そのハンドブックの1つである「テーマ開発者のためのハンドブック」（Theme Developer Handbook）を紹介します。

このハンドブックでは、本書で詳細に解説していないセキュリティーや、テーマに関するアクセシビリティーに触れています。WordPress 4.9.6から登場したプライバシーポリシー機能の他、新しいバージョンで追加された機能もドキュメント化されています。

WordPressには非公式のドキュメントが数多く存在しますが、中には更新が止まっているものもあります。更新が止まったドキュメントは追加機能に対する言及がなく、アップデートで修正された内容も古いままです。ハンドブックのように、WordPressのアップデートに応じて常にメンテナンスされるドキュメントを読んでおくことをおすすめします。

ハンドブックでは、他にもUIやJavaScriptのベストプラクティスといったガイドラインなど、ウェブサイトの品質を保つ上で必要な知識を補完できます。もちろん、WordPressの機能の解説もあります。本書で扱っていない内容で使ってみたい機能があれば、一度ハンドブックを覗いてみましょう。公式テーマライブラリへの登録方法も掲載されています。オリジナルテーマを世界のWordPressコミュニティーに発信する際にも役立つことでしょう。

「テーマ開発者のためのハンドブック」は日々メンテナンスされ、更新頻度が高い生きたドキュメントです。本書を読破したら、次はハンドブックの読破を目標に掲げてみましょう。

WordPress Japanese Team
https://ja.wordpress.org/team/

Theme Developer Handbook
https://developer.wordpress.org/themes/

Chapter

3

オリジナルテーマの
開発環境を準備する

WordPress の開発を行う時には、「ローカル環境」を準備
しておくととても便利です。テーマ作成はもちろんのこと、
プラグインの動作確認や CSS、JavaScript の修正など、「本
番環境を触ってデザインが崩れたりサイトが閲覧できなく
なったりしたら困る」というときに、テスト用として本番
環境に影響することなく使うことができます。Chapter 3
では、開発環境の準備から使い方、そして WordPress の
基本をおさらいしていきましょう。

01 Localをインストールして基本的な使い方を知る

ローカル環境を準備する

ローカル環境とは、自分のパソコン内に構築する仮想環境のことをいいます。ローカル環境を構築しておくと、自分のパソコンにウェブサーバーと同様の機能を持たせることができ、自分だけ閲覧ができるWordPressサイトを作成できます。ローカル環境はウェブ上に公開されず自身のパソコン内で完結するため、FTPでのアップロードが不要だったり、エラーが出ても誰かに見られたりすることがないといったメリットがあります。そのため、まずはローカル環境で開発を行い、完成した時点で本番用のウェブサーバーへ移行するといった流れで開発を行うことが多くなっています。

ローカル環境を構築するには、いくつかの方法があります。中でもXAMPP（ザンプ）やMAMP（マンプ）といったツールを利用する方法が有名ですが、これらはデータベースの設定が必要で初期操作が複雑なため、今回は「Local（ローカル）」というアプリケーションを利用します。ここでは例としてMacでの作業手順を解説しますが、LocalはMacとWindows、どちらでも利用できます。Windowsでもほぼ変わらない手順となりますので、参考にしてください。それでは、Localを使ったローカル環境の準備を始めましょう。

Step 1-1 Localをインストールする

Localの公式サイト（https://localwp.com/）へアクセスし、右上の「DOWNLOAD」をクリックします❶。

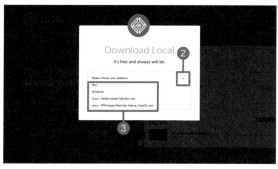

ポップアップが表示されたら▼ボタンをクリックし❷、使用するパソコンのOSを選択します❸。ここでは例としてMacでの環境設定を進めます。

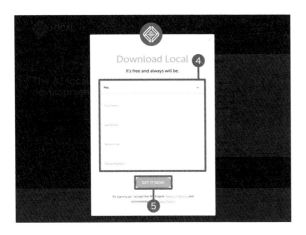

表示されたフォームに、必要事項を入力します④。「First Name（名）」「Last Name（姓）」「Work Email（メールアドレス）」「Phone Number（電話番号）」がありますが、必須項目は「Work Email」のみです。入力が完了したら「GET IT NOW!」をクリックします⑤。すると、インストーラーのダウンロードが始まります。ダウンロードが完了したら、使用するパソコンのOSの手順に沿ってインストールを行ってください。

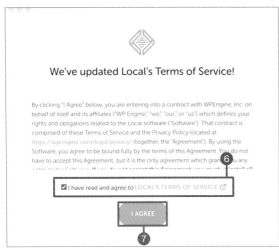

インストールが完了したら、Localを起動します。初回起動時は利用規約に同意するための案内が表示されるので、確認後チェックを入れ⑥、「I AGREE」をクリックします⑦。エラーレポート提供の同意があるので、任意で設定します。その後いくつかの案内が表示されますが、必要なければ右上の「×」ボタンをクリックして閉じてください。

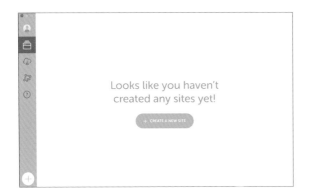

このような画面になれば、インストール完了です。

Localを使ったローカル環境を構築し、WordPressの準備を行います。中央の「CREATE A NEW SITE」もしくは、左下にある「＋」ボタンをクリックします❶。どちらをクリックしても同じです。

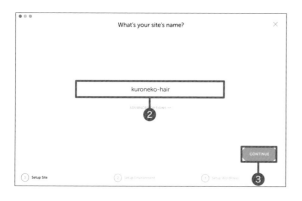

次に、サイト名を入力します❷。ここでは作成するサンプルサイトに合わせて、「kuroneko-hair」と入力します。ご自身で判別できるものであれば、どのような名前でも構いません。「ADVANCED OPTION」ではドメインやローカルサイトの保存場所を設定できますが、ここでは初期値のままにしておきます。入力が終わったら、「CONTINUE」をクリックします❸。

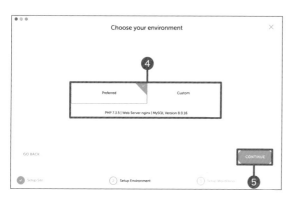

続いて環境設定を行います。「Preferred（推奨）」と「Custom（任意設定）」から選べますが、基本的には「Preferred」を選択します❹。任意のサーバーの仕様に合わせたい場合は「Custom」を選択すると、PHPのバージョン、ウェブサーバーの種類、MySQLのバージョンを選択できます。選択が終わったら、「CONTINUE」をクリックします❺。

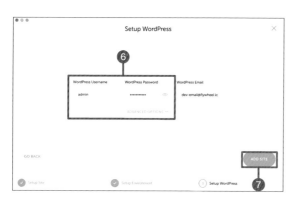

最後に、WordPressの管理画面へのログインに利用するアカウント情報として、「WordPress Username（ユーザー名）」「WordPress Password（パスワード）」を入力します❻。「WordPress Email」は、初期設定のままでも構いません。「ADVANCED OPTIONS」ではマルチサイトの設定を行いますが、本書では設定せず初期値のままにします。すべての設定が終わったら、「ADD SITE」をクリックします❼。

LocalをインストールしWordPressの準備ができたら、Localの基本画面と使い方を見ていきましょう。

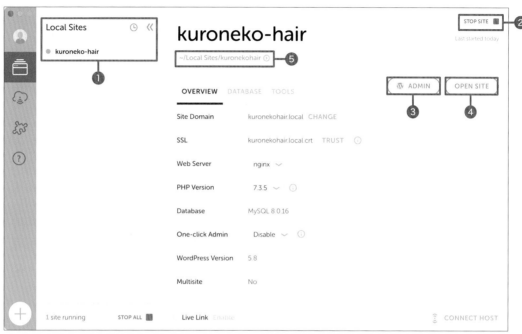

Localの基本画面

❶Local Sites	Localで作成したサイト名が表示されます。サイト名左側の「●」が、ローカル環境の起動状態を表しています。緑色であれば起動中、グレーであれば停止中です。
❷STOP SITE／START SITE	ローカル環境の起動と停止を行います。
❸ADMIN	WordPressの管理画面を表示します。
❹OPEN SITE	作成しているウェブサイトをブラウザーで表示します。
❺ローカル環境の保存場所	ローカル環境が保存されている場所を示しています。末尾にある「>」をクリックすると、保存先のフォルダーがファイラー（Mac：Finder、Windows：エクスプローラー）で開かれます。

左下の「＋」をクリックすると、新しい環境を作成できます。ただし、同時にたくさんのローカル環境を起動するとパソコンに負荷がかかるので、使用するテスト環境だけ起動しておくことをおすすめします。

Step 1-3の❺「ローカル環境の保存場所」末尾にある「>」をクリックして、保存場所のフォルダーを開きましょう。このフォルダーには、ローカル環境に必要なファイルやWordPressのファイルが保存されています。

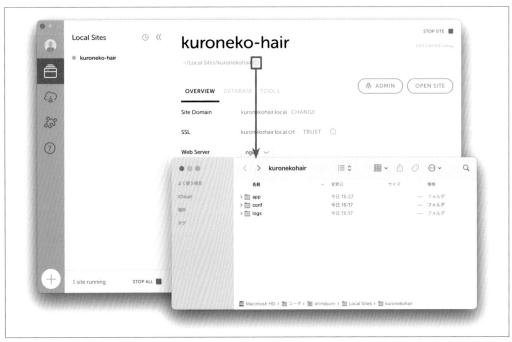

ローカル環境のフォルダー

フォルダーを「app」>「public」と進んでみましょう。「public」の中には「wp-admin」「wp-content」といったフォルダーや、「wp-config.php」などのWordPressに関するファイルが保存されています。

テーマに関するファイルは、「app」>「public 」>「wp-content」>「themes」に保存されています。本書でのテーマ作成に使うファイルなどは、この「themes」フォルダー内での作業が中心となります。フォルダーへのたどり着き方を覚えておきましょう。

02 | WordPressの初期設定を行う

Step 2-1 ▶ WordPressの初期設定を行う

続いて、ローカル環境上に作成したWordPressの初期設定を行います。このStepで行うWordPress
の初期設定は、リモートのウェブサーバー上でも同じ手順となります。1つずつ確認していきましょう。

まず、ローカル環境の「ADMIN」をクリックします。ブラウザーが起動し、WordPressのログイン画面
が表示されます。

「ADMIN」をクリックする

WordPressのログイン画面が表示される

❶日本語環境

ここから、WordPressの初期設定に入ります。P.64で設定したWordPressログイン用のユーザーネ
ームとパスワードを入力し、WordPressにログインします。

Localで作成したWordPressは英語環境のため、日本語環境へ変更します。管理画面のメニューから、[Settings] > [General] と進みます。General Settingsページの「Site Language」を「日本語」に、「Timezone」を「UTC＋9」(日本標準時) に設定し、ページ下部にある [Save Changes] をクリックします。これで、WordPressが日本語環境に変更できました。

❷一般設定

WordPressが日本語環境になったので、他の設定も行います。今回制作するサンプルサイトに合わせて、「サイトのタイトル」「キャッチフレーズ」「日付形式」「時刻形式」を次の表のように変更しましょう。設定が完了したら、[変更を保存]をクリックします。

サイトのタイトル	Kuroneko Hair
キャッチフレーズ	ゆったり時間と癒しの美容室サンプルサイト
日付形式	Y年n月j日
時刻形式	H:i

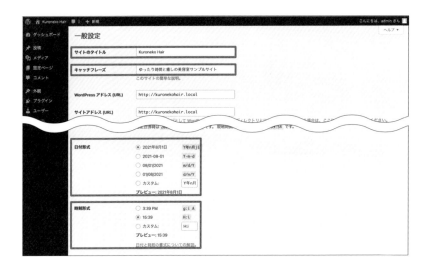

❸ 1ページに表示する最大投稿数

管理画面のメニューから、[設定] > [表示設定] と進みます。ここでは WordPress の投稿や固定ページなどの表示に関する設定を行います。「1ページに表示する最大投稿数」で、投稿一覧での表示件数を10件から6件に変更してください。設定が完了したら、[変更を保存] をクリックします。

❹ ディスカッション設定

続いて、ディスカッション設定を行います。管理画面のメニューから [設定] > [ディスカッション] と進みましょう。ここでは、ウェブサイトでのコメント機能に関する設定ができます。

ショップサイトやコーポレートサイトではコメント機能を使って訪問者とやり取りするケースは少ないため、本書ではコメント欄を閉じておきます。「デフォルトの投稿設定」にある3項目のチェックを外し、[変更を保存] をクリックしましょう。

❺パーマリンク設定

最後に、パーマリンクの設定を行います。パーマリンクとは、投稿や固定ページ、アーカイブページなどにつけられる永続的なURLのことです。管理画面のメニューから［設定］＞［パーマリンク設定］と進みます。今回は「投稿名」にチェックを入れ、［変更を保存］をクリックします。

ウェブサイト制作後のパーマリンクの変更は、影響する範囲が大きくなり修正が大変です。パーマリンクはウェブサイトの設計段階で考えておきましょう。

これで、WordPressの初期設定が完了しました。今回は本書で制作するサンプルサイトに沿った設定にしていますが、実際の制作現場では「どのようなウェブサイトを作るか」によって最適な設定が異なります。要件定義の段階で、どのような設定がよいのかクライアントと相談して決めておくとよいでしょう。

03 | プラグインの選定と インストール

プラグインとは

本書のサンプルテーマでは、WordPressのプラグインを使う箇所があります。プラグインとは、WordPressの機能を拡張するためのプログラム群です。メールフォームやパンくずリスト、SEOやセキュリティを強化するものなど、数多くのプラグインが存在します。

しかし便利だからといって、どんなプラグインを利用してもよいというわけではありません。プラグインの中には更新が長期間行われず、最新バージョンのWordPressに対応していないものもあります。WordPressのバージョンを定期的に更新する必要があるように、プラグインも常に新しい状態であることが望まれます。更新が止まっているプラグインは、セキュリティ上の脆弱性の原因となったり、WordPressのバージョンアップで使えなくなってしまったりすることもあります。

セキュリティを意識したプラグインの選び方について学ぶことで、プラグインを正しく選定し、安心して使えるようになりましょう。

❶公式ディレクトリーに登録されたプラグイン

プラグインの中でも、WordPress公式サイト（https://ja.wordpress.org/plugins/）に掲載されているものは「公式ディレクトリーに登録されているプラグイン（以下、公式登録プラグイン）」と呼ばれます。公式登録プラグインは無料で提供されており、掲載前にソースコードがチェックされるため比較的安心して利用できます。

WordPress公式サイトのプラグインページ

しかし公式登録プラグインの中には、前述のように更新が止まっているものも存在します。自身でプラグインをインストールする場合は、その機能や評価だけでなく、プラグインの「有効インストール数」や「検証済み最新バージョン」「最終更新日」も確認するとよいでしょう。

プラグインページに詳しい情報が載っている

❷非公式プラグイン

公式登録プラグインに対して、WordPress公式サイトに掲載されておらず、開発元のウェブサイトやGitHubからダウンロードする「非公式プラグイン」も多くあります。その理由として「自身のウェブサイトで販売したい」「公式サイトへの申請がわずらわしい」などが挙げられます。

非公式プラグインだからといって、公式プラグインに劣るというわけではありません。しかし非公式プラグインの中には、悪質なスクリプトが埋め込まれたものや脆弱性の高いものなど、リスクがあるものも含まれています。制作者・配布元の信頼性や、インターネット上の情報などをよく調べた上で利用するよう心がけましょう。

Step 3-1 WordPress を日本語で使う環境を整える

プラグインについて理解したところで、WordPressで日本語を使うために必要な公式登録プラグイン「WP Multibyte Patch」を管理画面からインストールしてみましょう。「WP Multibyte Patch」は、WordPressを日本語環境下で正しく動作させるためのプラグインです。WordPressは英語圏で開発されたプログラムのため、日本語や中国語などのマルチバイト文字の扱いが不得意な面があります。このプラグインをインストールすることでマルチバイト文字に関する不具合が解決され、日本語環境下でも正しく動作するようになります。

WordPress管理画面のメニューから［プラグイン］＞［新規追加］と進み、「プラグインを追加」ページ右上の検索フォームに「WP Multibyte Patch」と入力します。検索結果で表示された「WP Multibyte Patch」の［今すぐインストール］をクリックして、インストールを行います。

インストールが終わると表示が「有効化」に変わるので、クリックして有効化します。

プラグインの一覧に「WP Multibyte Patch」が追加され、WordPress上で利用できるようになりました。

今回は「WP Multibyte Patch」を例にプラグインのインストール方法を解説しましたが、公式登録プラグインであればどのようなプラグインでも同様の方法でインストールが可能です。セキュリティやアップデート情報などに注意の上、必要なプラグインをインストールしましょう。

04 サンプルページを作成する

■Step素材フォルダー | kuroneko_sample >Chapter3 > Step4

サンプルページの作成

Step 4では、WordPress上にいくつかのページや記事を作成していきます。CSSやHTMLを実装する際、対象となるコンテンツが無いとコードが書けないように、WordPressのテーマ開発でも対象となるコンテンツが必要になります。実際のテーマ開発の工程では、記事や固定ページのコンテンツを入力しながら開発コードを書くこともあります。しかし、今回はこの先の説明をスムーズにするためにも、まとめて先に作成しておきます。

この時点ではオリジナルのテーマはまだ作成していないので、まずはWordPress 5.8の標準テーマであるTwenty Twenty-Oneを有効化した状態でサンプルページを作成していきます。また、WordPress 5.0から導入されたブロックエディターの基本的な操作方法も合わせて解説します。

テーマは Twenty Twenty-One を利用する

Step 4-1 5.0系から導入されたブロックエディターの概要

WordPress 5.0で導入されたブロックエディターは、見出しや画像、テキスト、動画、ボタンなどの各要素がブロック化され、ページや投稿を柔軟なレイアウトで簡単に構成できるエディターです。

❶ブロックエディターの基本構成

ブロックエディターの画面構成は、大きく次の4つに分かれています。

ブロックエディターの画面構成

Ⓐ**トップバー**	エディター全体の設定や公開ボタンなど、大元の操作が表示されるエリアです。設定によって、表示される項目が変わります。	
Ⓑ**ブロックインスペクター**	ブロックなどの一覧が表示されるエリアです。	
Ⓒ**コンテンツエリア**	投稿や固定ページの内容を作成・編集するエリアです。	
Ⓓ**設定サイドバー**	投稿や固定ページの公開設定や、選択中のブロックの設定が表示されるエリアです。	
Ⓔ**フッター**	パンくずリストが表示されるエリアです。選択中のブロックの入れ子状態がわかります。	

❷フルスクリーンモードの変更

ブロックエディターは初期設定で「フルスクリーンモード」になっており、通常の管理画面のメニューなどが表示されていません。「フルスクリーンモード」をオフにする場合は、トップバーの右端にある三点アイコンをクリックし、[表示]＞[フルスクリーンモード]のチェックを外します。

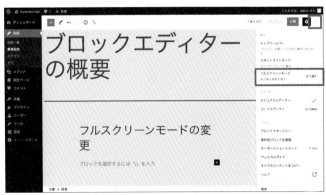

「フルスクリーンモード」をオフにする

❸ ブロックの種類

WordPressが標準で提供しているブロックを、コアブロックと呼びます。WordPress 5.8では80個（子ブロックを除く）のコアブロックが用意されています。

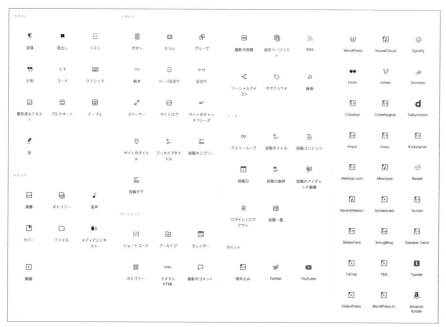

コアブロックの一覧

特定のブロックの中にしか配置できないブロックのことを、ここでは子ブロックと呼びます。例えば、ソーシャルアイコンブロック内の各種ブロックが子ブロックになります。子ブロックを内包する上位のブロックのことを、親ブロックと呼びます。

子ブロックの一例（ソーシャルアイコンブロック）

❹ブロックを構成する要素の名称

ブロックエディターには、ブロックを操作するために次のようなUIが用意されています。

ブロックを構成する要素

それぞれのブロックは、ブロックツールバー、ブロック設定サイドバー、ブロックコンテンツから構成されます。上の画面は、段落ブロックの場合の例です。ブロックの目的によって、ブロックツールバーのボタンやブロック設定サイドバーの設定項目は変わります。

またブロック設定サイドバーの一番下には「高度な設定」があり、ブロックごとに個別のアンカー（ページ内リンク）やCSSクラスを当てられるようになっています（対応していないブロックもあります）。

❺ブロックの追加

ブロックを追加するには、「ブロックの追加」ボタン（インサーター）をクリックします。インサーターは画面左上のトップバー内に常に表示されている他、コンテンツエリア内のブロックを追加できる場所の近くに表示されます。

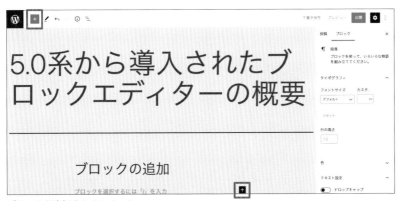
ブロックを追加するインサーター

コンテンツエリア内のインサーターをクリックすると、最近使ったブロックの一覧が表示されます。また左上の青いインサーターをクリックすると、ブロックインスペクターにすべてのブロックの一覧が表示されます。この一覧から必要なブロックをクリックすると、ブロックを追加できます。ブロックの名前で検索することも可能です。

また、コンテンツエリア内にカーソルのある状態で「/」（半角スラッシュ）を入力すると、追加できるブロックの候補がプルダウンメニューで表示されます。さらに、例えばボタンブロックを追加したい場合は「/」（半角スラッシュ）に続けて「ボ（タン）」や「b（utton）」などと入力すると、近い名前のブロックが表示されます。そこから目的のブロックを選択して、追加できます。

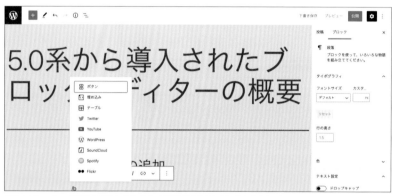

半角スラッシュに続けて「b」を入力した際に表示されるプルダウンメニュー

❻ブロックのスタイル

ブロックには、複数のスタイルを持たせることができます。コアブロックの中でも、ボタンブロックや画像ブロックなどいくつかのブロックにはそれぞれ固有のスタイルが設定されており、必要に応じて変更できます。また、スタイルはテーマやプラグインによって拡張できます。本書ではP.306で詳しく扱っています。

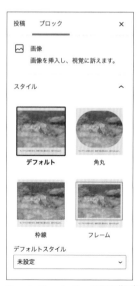

Twenty Twenty-Oneでは画像ブロックに4種類のスタイルが用意されている

❼再利用ブロック

再利用ブロックは、ブロックまたはブロックのグループを保存して、サイトの別のページや投稿に再利用できる機能です。例えば、お問い合わせへの誘導エリアや広告バナーなど、複数のページや投稿に渡って何度も繰り返して使うコンテンツを登録しておくと便利です。

コンテンツエリアに挿入した再利用ブロックには同じ内容が反映されるため、サイト上の共通のコンテンツを一元管理できます。例えばお問い合わせ先のURLが変更になった時に再利用ブロック1か所を編集すれば、すべての配置箇所に変更が反映されます。

また、再利用ブロックから通常のブロックに変換することもできるため、簡易的なテンプレートとしても利用できます。ただし、それぞれの記事作成者がブロックの性質を理解していないと混乱が生じる恐れがあるので、大人数で編集するサイトなどでの運用は工夫が必要です。

再利用ブロックの例

❽ブロックパターン

ブロックエディターでは、ブロックの組み合わせをあらかじめ登録した、ブロックパターンを利用できます（※1）。再利用ブロックに似ていますが、再利用ブロックでは変更がすべての配置箇所に反映されるのに対して、ブロックパターンでは個々の修正は全体には反映されません。

Twenty Twenty-Oneのブロックパターンの選択メニュー

WordPress 5.8では、「ボタン」「カラム」「ギャラリー」「ヘッダー」「テキスト」「クエリー」という5つの
カテゴリーでブロックパターンが登録されています。テーマやプラグインの中には、オリジナルのブロ
ックパターンを追加するものもあります。テーマやプラグインに応じたオリジナルのブロックパターン
を用意しておくことで、記事作成者やテーマの使用者にそのテーマやプラグインの特徴や表現力をより
わかりやすく伝えることができます。これから自作テーマを作成するのであれば、ぜひとも活用したい
機能です。本書ではP.314で詳しく扱っています。

※1：ブロックパターンを管理画面内でも編集できるようにするプラグインもあります。詳しくはP.322を参照してください。

Step 4-2 「メニュー」ページを作成する

それでは、ブロックを使って固定ページを作成してみましょう。最初に「メニュー」ページを作成します。

❶固定ページを新規作成する

管理画面の［固定ページ］＞［新規追加］を選択します。新しい固定ページの編集画面が開きます。なお、
ここで作成する「メニュー」ページは、Step素材「kuroneko_sample」＞「Chapter3」＞「Step4」にあ
る3-4_menu.txtの内容をコピーし、そのまま編集画面にペーストして作成することもできます。

新しい固定ページの編集画面

❷タイトルを追加する

「タイトルを追加」と書かれたエリアに「メニュー」と入力します。

タイトルエリアに「メニュー」と入力する

❸段落ブロックに文章を追加する

「ブロックを選択するには「/」を入力」と書かれたエリアをクリックして、文章を追加します。ここでは「いずれも税込み表示です。ご予算に不安がございましたら、お気軽にスタッフまでお声がけください。」という文章を入力します。

段落ブロックに文章を入力する

 HINT **段落と改行**

通常の文章を追加する場合、段落ブロックを利用します。段落ブロック内で `Enter` キーを押すと新しい段落とみなされ、別の段落ブロックが作成されます。段落ブロック内で改行したい場合は、`Shift` キーを押しながら `Enter` キーを押します。

❹下書き保存をする

いったん、現在の状態で保存しておきましょう。トップバー右側にある[下書きを保存]をクリックすると、下書きが保存されます。

下書きが保存されると、「保存しました」と表示される

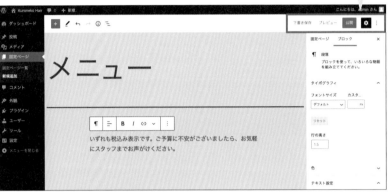

トップバーの[下書き保存]をクリックする

❺見出しブロックで見出しを追加する

次に見出しブロックを追加してみましょう。インサーターをクリックして見出しブロックを選択すると、空の見出しブロックが生成されます。「カット」と入力します。

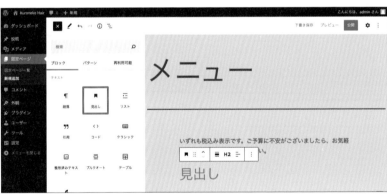

インサーターから見出しブロックを挿入する

❻テーブルブロックで表を追加する

次にテーブルブロックを追加して、メニュー表を作成しましょう。今度は「/」(半角スラッシュ)を使ってブロックを追加してみます。挿入したい箇所にカーソルがあることを確認し、「/ta」と入力します。すると、テーブルブロックが候補として表示されるので、選択してください(「/テ」など日本語でも検索できます)。

「/ta」と入力すると、該当するブロックの候補が表示される

テーブルブロックでは、挿入する表のカラム数と行数を入力します。ここではカラム数を2、行数を4と入力して、「表を作成」ボタンをクリックします。作成された表に、次のようにメニューを入力しましょう。

表にメニューを入力する

❼テーブルブロックのスタイルを変更する

テーブルブロックのスタイルを、ストライプに切り替えます。テーブルブロックを選択した状態で、右側の設定サイドバーの［ブロック］タブ＞［スタイル］で「ストライプ」を選択します。表の見た目が、デフォルトからストライプへ変更されます。

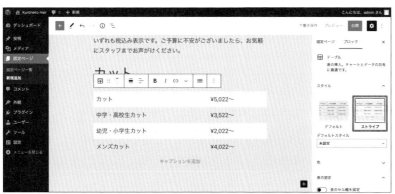

設定サイドバーの［スタイル］で「ストライプ」を選択する

❽スペーサーブロックで余白を追加する

続いて、テーブルブロックの下にスペーサーブロックを追加します。今度はインサーターから追加してみましょう。「ブロックの検索」または「検索」と書かれたエリアに「スペーサー」と入力すると、一覧にスペーサーブロックが表示されます。スペーサーブロックを選択して、テーブルブロックの下に配置してください。

検索エリアに「スペーサー」と入力し、スペーサーブロックが表示された

スペーサーブロックを配置する

なお、スペーサーブロックは設定サイドバーの［スペーサー設定］＞［ピクセル値での高さ］で余白の大きさを変更できます。今回は標準の100pxのままで大丈夫です。

これで、1つ目のメニューが完成しました。

❾既存のブロックを複製する

❺〜❽で作成した3つのブロックを複製して、次のメニューを作成しましょう。「メニュー」と入力した見出しのブロックを選択した状態で Shift キーを押しながら上下キーを押すと、複数のブロックを選択できます。その状態でブロックツールバー右端の三点アイコンをクリックし、［コピー］を選択するとブロックが複製されます。

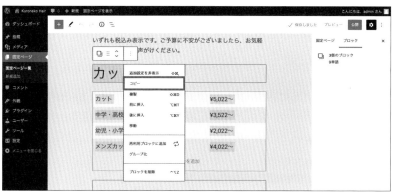

3つのブロックを選択し、[コピー] を選択する

複製を繰り返して残りのメニューを作成し、見出しブロックとテーブルブロックの内容をStep素材「kuroneko_sample」>「Chapter3」>「Step4」の3-4_content.txtの内容に書き換えましょう。

すべてのメニューを入力した

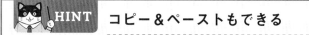

HINT コピー＆ペーストもできる

ブロックを選択した状態でコピー＆ペースト（ Ctrl または ⌘ + C キーと Ctrl または ⌘ + V キー）を行って、ブロックを複製することもできます。

⑩スラッグを変更する

メニューページのコンテンツを作成できたら、記事の公開前に、スラッグの確認と変更を行いましょう。スラッグとは「URLの末尾の文字列」のことで、各固定ページや投稿に固有の文字列のことです。P.70でパーマリンク（＝URLのこと）の設定を「投稿名」（または「%postname%」を利用したカスタム構造）にしている場合に、スラッグが有効化されます。その場合、初期値として②で設定したタイトルがスラッグとして設定されます。

タイトルとして日本語などマルチバイト文字を入力した場合、スラッグ部分がエンコードされた文字列に変換され、URLが長くなります。そのため、近い意味の英語など、半角英数の文字列に変更することが多いです（変更しなくてもページの表示に問題はありません）。

固定ページおよび投稿のスラッグを変更するには、いったん [下書きを保存] を行います。その後、設定サイドメニューの [固定ページ] タブ > [パーマリンク] > [URLスラッグ] に変更後のスラッグを入力します。今回は「menu」と入力しましょう。

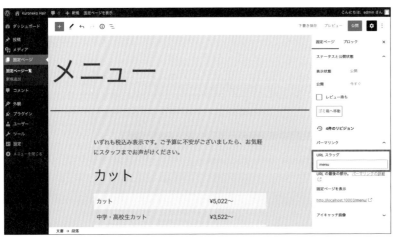

[固定ページ] タブの [URLスラッグ] に「menu」と入力する

⓫作成したページを公開する

スラッグを変更したら、ページを公開しましょう。トップバーの右にある [公開] ボタンをクリックし、設定を確認後、再度 [公開] ボタンをクリックするとページが公開されます。左下に「固定ページを公開しました」というスナックバー（一時的に表示されるメッセージエリア）が表示され、「固定ページを表示」のリンクが出るのでそちらをクリックします。また、右側の設定サイドバーにも「固定ページを表示」ボタンが表示されるので、そちらから確認することもできます。

「固定ページを公開しました」のスナックバー

「店舗案内」ページを作成する

続いて2つ目の固定ページ、「店舗案内」ページを作成しましょう。

❶すでにあるコンテンツをコピー＆ペーストしてブロックを作成する

ここでは、すでにあるコンテンツをコピー＆ペーストしてブロックを作成する方法をご紹介します。P.80の❶〜❷と同じ方法で固定ページを新規作成し、タイトルを「店舗案内」とします。

デモサイトの店舗案内のページ（https://wptheme-beginners.com/demo/shop-info/）を開き、テーブル部分だけを選択してコピー（Ctrl または ⌘+C キー）します。そのままコンテンツエリアにペースト（Ctrl または ⌘+V キー）すると、自動的にテーブルブロックが作成され、店舗案内の内容が反映されます。

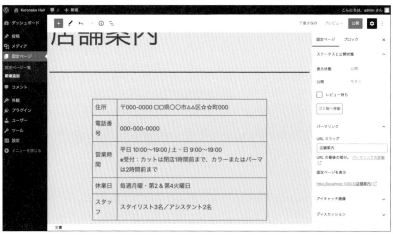

該当部分をコピーしてコンテンツエリアに貼り付けると自動的にテーブルブロックが作成される

ブロックエディターでは、見出しやテーブル、リストなどのコンテンツをコピー＆ペーストしてブロックを作成することもできます。反映のされ方は、コピー元のデータの状態や作業環境（OSやブラウザの種類・バージョンなど）によって変わります。また文字の色情報など、ペーストできない設定もあります。とはいえ、既存のコンテンツを持ってくる場合に一から作り直すよりも便利なので、活用してみてください。なお、利用環境によってペーストできない場合は、テーブルブロックを一から作り直す必要があります。

❷ドラッグ＆ドロップでカスタムHTMLブロックを追加する

店舗情報が入ったテーブルブロックを作成できたら、その下にGoogleマップを埋め込みましょう。インサーターをクリックして表示されるブロック一覧の「ウィジェット」の項目からカスタムHTMLブロックを見つけて、挿入したい場所にドラッグ＆ドロップします。ドラッグ＆ドロップによる追加は、すでに配置されているブロックとブロックの間に挿入したい時に利用すると便利です。

ブロック一覧からカスタムHTMLブロックをドラッグ＆ドロップする

❸ Googleマップなどの埋め込みコンテンツを追加する

次に、Googleマップの埋め込み用HTML（iframeタグ）を用意します。Step素材「kuroneko_sample」＞「Chapter3」＞「Step4」の3-4_map.txtにサンプルサイトと同様のiframeタグのデータを用意してあるので、そちらからコピーしてください。

埋め込み用HTMLをコピーできたら、カスタムHTMLブロックの「HTMLを入力…」と表示されている欄にペーストします。その状態でツールバーの［プレビュー］をクリックすると、Googleマップが表示されます。

意図した状態でコンテンツが作成できたら、P.83 ❼の方法でテーブルブロックのスタイルを変更し、下書き保存しましょう。P.85 ❿の方法でスラッグを「shop-info」に変更し、P.86 ⓫の方法でページを公開してください。意図したコンテンツになっているか、公開サイト側の表示も確認してください。

店舗案内ページの公開サイト側の表示

これで、2つの固定ページを作成できました。

投稿ページの作成方法

続いて、投稿ページを作成します。

❶投稿を追加する

管理画面のメニューで［投稿］をクリックし、投稿一覧の画面を開きます。

投稿一覧の画面

インストール時に自動生成されている「Hello World!」の記事は使用しません。一覧のタイトルの下にカーソルを持っていくと表示される［ゴミ箱へ移動］をクリックして、ゴミ箱に移動してください。

「Hello World!」の記事をゴミ箱に移動した

管理画面のメニューで［投稿］＞［新規追加］を選択して、投稿を追加します。Step素材「kuroneko_sample」＞「Chapter3」＞「Step4」にある素材データを使って、次の情報を登録します。タイトルの追加などの操作は、固定ページの場合と同様です。スラッグの変更も、下書き保存後に行う必要があります。「来店ご予約はこちら」の部分は、P.312でボタン化します。

項目	素材
タイトル	雨の日キャンペーン開催
本文	Step素材内「本文.txt」のテキスト
URLスラッグ	rainy-day

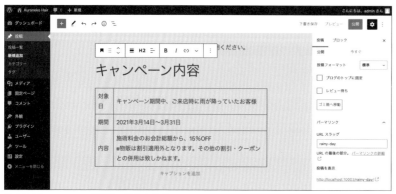

「雨の日キャンペーン開催」の記事を作成した

❷カテゴリーを設定する

追加した投稿の、カテゴリーを設定します。カテゴリーの設定は管理画面の他の場所からでも可能ですが、ここでは編集画面上でカテゴリーを設定する方法を説明します。

設定サイドバーの[投稿]タブ＞[カテゴリー]をクリックします。該当するカテゴリーがない場合は、[新規カテゴリーを追加]をクリックします。「新規カテゴリー名」に「キャンペーン」と入力し、[新規カテゴリーを追加]ボタンをクリックします。「キャンペーン」カテゴリーが追加され、チェックボックスにチェックが付いた状態で表示されます。

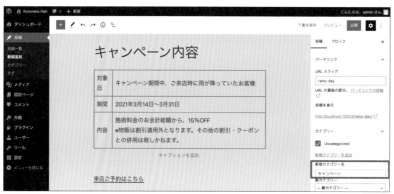

「新規カテゴリー名」に「キャンペーン」と入力する

なおカテゴリーが設定されていない投稿は、「Uncategoriezed」（日本語化されている場合は「未分類」）に自動的に分類されています。カテゴリーの設定後、このチェックを外しておいてください。

❸タグを設定する

次に、タグの設定を行います。設定サイドバーの［投稿］タブ＞［タグ］をクリックします。［新規タグを追加］に「ご予約, 雨の日」と入力し、Returnキー（またはEnterキー）キーを押します。

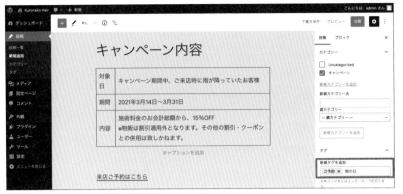

「新規タグを追加」に「ご予約, 雨の日」と入力する

設定が完了したら、［公開］ボタンをクリックして公開します。

Step 4-5 デモデータのインポート

Chpter 5以降の学習のために、その他の固定ページや投稿を用意しましょう。手動でひとつひとつ入力すると時間がかかるので、ここではインポート機能を活用します。WordPressには、XMLファイルでデータを出力して、異なるサイト間でデータを移行するしくみがあります。ここでは、固定ページや投稿のテキストデータや画像ファイルをインポートします。

❶インポーターをインストールする

管理画面左のメニューで［ツール］＞［インポート］を選択し、「WordPress」の［今すぐインストール］をクリックします。「WordPress Importer」というプラグインがインストールされます。

「WordPress」の［今すぐインストール］をクリックすると、Importerのインストールが始まる

❷インポーターを実行する

「今すぐインストール」の文字が「インポーターの実行」に変わります。[インポーターの実行]をクリックし、[ファイルを選択]ボタンからインポートするファイルを選択します。Step素材「kuroneko_sample」＞「Chapter3」＞「Step4」のkuronekohair-wordpress.xmlを選択し、[ファイルをアップロードしてインポート]ボタンをクリックします。

WordPress のインポート

WordPress eXtended RSS (WXR) ファイルをアップロードして、このサイトに投稿、コメント、カスタムフィールド、カテゴリー、タグをインポートしましょう。

アップロードする WXR (.xml) ファイルを選択し、「ファイルをアップロードしてインポート」をクリックしてください。

自分のコンピュータからファイルを選択: (最大サイズ: 300 MB) ［ファイルを選択］ kuronekohair...rdpress.xml

［ファイルをアップロードしてインポート］

インポートするファイルを選択する

ファイルが読み込まれると、「投稿者の割り当て」と「添付ファイルのインポート」の選択画面に切り替わります。「投稿者の割り当て」は、投稿を既存のユーザーに割り当てる欄のプルダウンメニューから、P.64で設定したユーザー名を選択してください。「添付ファイルのインポート」は、「添付ファイルをダウンロードしてインポートする」の欄にチェックを入れてください。[実行]ボタンをクリックすると、データをインポートできます。

WordPress のインポート

投稿者の割り当て

インポートしたコンテンツの編集と保存を簡単にするには、インポート項目の投稿者をこのサイト上の既存のユーザー (メインの管理者アカウントなど) に再度割り当てるとよいでしょう。

WordPress が新規ユーザーを作成する場合、パスワードが自動生成され、ユーザー権限が subscriber になります。必要であればユーザーの詳細を手作業で変更してください。

1. インポートする投稿者: kuroneko (kuroneko)
　　　 または新規ユーザを作成する。ログイン名: ［　　　　　］
　　　 あるいは投稿を既存のユーザーに割り当てる: ［admin (admin) ∨］

添付ファイルのインポート

☑ 添付ファイルをダウンロードしてインポートする

［実行］

投稿者と添付ファイルの設定をして [実行] をクリックする

インポートが完了すると、次の画面のように投稿記事が12件作成されていることが確認できます。また、固定ページに「コンセプト」というページが追加されています。

インポートされた投稿の一覧

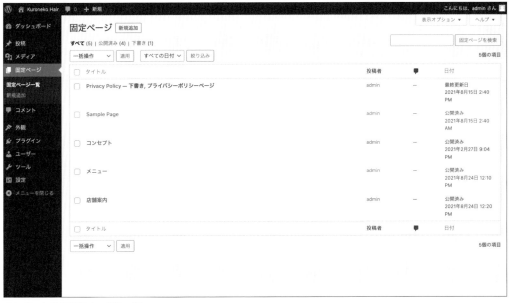

インポート後の固定ページの一覧

そして、フロントページには読み込まれた投稿がずらっと表示されています。これで、デモデータのインポートが完了しました。

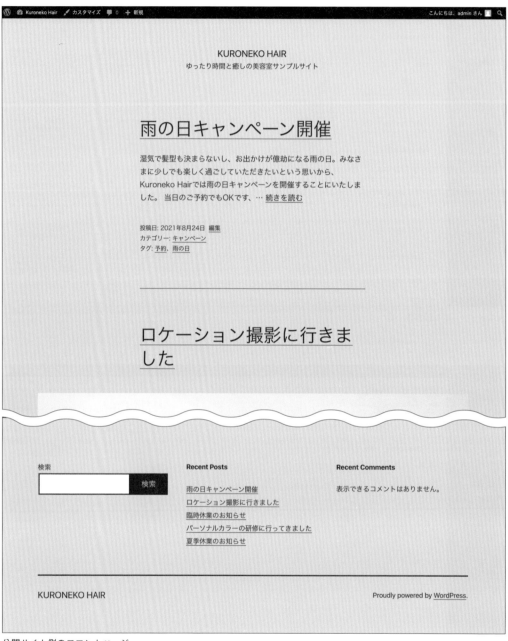

公開サイト側のフロントページ

Chapter

4

最低限のテーマを作成し
WordPress に認識させる

Chapter 4 は、とても短い Chapter です。WordPress が
PHP や CSS ファイルを認識しているしくみを知ることは、
オリジナルテーマを0から作るための自信につながります。
この Chapter の内容を理解することで、既存のテーマを改
造したり、コピー＆ペーストで継ぎ足したりといった、ブラッ
クボックスのあるテーマ作りからの脱却を図りましょう。
Chapter 4 の最後には、Chapter 5 から始めるテーマ作り
のための下準備を行います。読み飛ばすことなく、しっか
り準備しておきましょう。

01 テーマフォルダーを作成する

Step 1-1 テーマを確認する

WordPressをインストールすると、デフォルトのテーマが適用されます。WordPressの管理画面で[外観]＞[テーマ]を選択し、適用されているテーマを確認してみましょう（「/wp-admin/themes.php」というパスを入力しても確認できます）。

次の画面では、「Twenty Twenty-One」「Twenty Twenty」「Twenty Nineteen」という3つのWordPress公式テーマが表示されています。このうち、「有効：Twenty Twenty-One」のように「有効」と表記されているのが、現在適用されているテーマです。このChapterでは、この画面にオリジナルのテーマが表示されるように設定していきます。

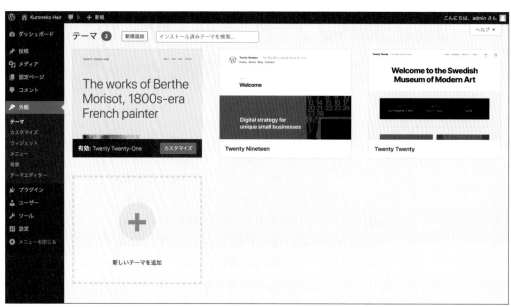

WordPressのテーマ管理画面

Step 1-2 テーマ用フォルダーを作成する

それでは、ローカル環境に作成されたWordPressのフォルダーを開いて、テーマが保存されている場所を探してみましょう。「Local」アプリの場合、P.66で紹介した方法で「app」＞「public」＞「wp-content」＞「themes」と開いていきます。すると、先ほど管理画面で確認した3つの公式テーマが保存されたフォルダーが見つかります。

ローカル環境のテーマフォルダー

これらのデフォルトテーマと同じように、本書のテーマ用のフォルダーを作成しましょう。フォルダーの名前は、どのテーマかがひと目でわかる名前をつけるとよいでしょう。ここでは「kuroneko-hair」とします。

ローカル環境のテーマフォルダーに「kuroneko-hair」フォルダーを作成する

これで、オリジナルテーマのためのフォルダーを作成できました。次のStepから、テーマに必要なファイルを作成し、「kuroneko-hair」フォルダーに保存していきます。

02 | テーマに必要なファイルを作る

■Step素材フォルダー	kuroneko_sample > Chapter4 > Step2
■学習するテーマファイル	●index.php　●style.css

テーマに必要なファイルを用意する

前ページでは、WordPress公式テーマのフォルダー一覧を表示しました。これらのフォルダーを開いて中を見てみると、たくさんのPHPファイルなどが並んでいることがわかります。テーマ制作の詳細を知らないと、こんなに多くのファイルを用意する必要があるのかと驚いてしまうかもしれません。しかしこれだけたくさんのファイルがあるのは、そのテーマがWordPressの機能を十分に生かしているからです。まずは、WordPressがテーマとして認識するために必要な、2つのファイルを用意するところから始めましょう。

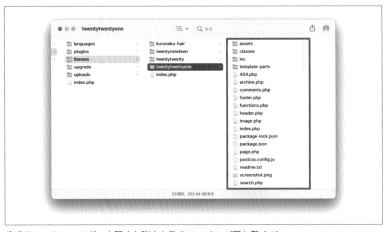

公式テーマのフォルダーを開くと膨大な数のファイルが現れ驚くが…

最低限必要なファイルは2つだけである

Chapter 4 最低限のテーマを作成しWordPressに認識させる

それでは、WordPressにテーマとして認識してもらうために必要な2つのファイル、index.phpとstyle.cssを作成しましょう。

❶ index.phpを作る

最初に、1つ目のファイル「index.php」を用意します。「index.php」は空の状態で作成しても構いませんが、ここでは今後のChapterで必要となるため、Step素材にある「index.html」をコピーして進めましょう。Step素材「kuroneko_sample」＞「Chapter4」＞「Step2」＞「HTML」フォルダーの直下にある「index.html」をコピーします。続いて、Step1で作成した「kuroneko-hair」フォルダーの中にペーストしてください。最後にファイル名を「index.php」にリネームすれば完了です。ファイルの中身はP.110で変更するので、ここではそのままにしておきます。

index.html を「kuroneko-hair」フォルダーにコピーする

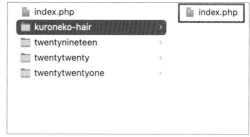

index.html を index.php にリネームする

❷ style.cssを作る

続いて、もう1つの必須ファイル「style.css」を用意します。Step素材「kuroneko_sample」＞「Chapter4」＞「Step2」＞「HTML」直下に、中身が空のstyle.cssがあります。このファイルを、同じく「kuroneko-hair」フォルダーの中にコピーしてください。この段階で、style.cssの内容は空っぽの状態です。

style.css を「kuroneko-hair」フォルダーにコピーする

③ テーマが認識されたかどうか確認する

ここまで用意できたら、テーマとして認識されるかどうか確認してみましょう。ローカル環境の WordPressの管理画面にログインして、[外観] > [テーマ] へ移動します。新しくテーマが追加されていることが確認できたでしょうか。P.97で設定したフォルダー名「kuroneko-hair」が表示されていれば、テーマとして認識することができています。しかし、デフォルトのテーマに対して「kuroneko-hair」にはサムネイル画像が表示されていません。

「kuroneko-hair」テーマが表示された

マウスカーソルを乗せると現れる「テーマの詳細」をクリックすると、次の画面が表示されます。フォルダー名の「kuroneko-hair」以外、何も情報がありません。「バージョン」の箇所にはバージョン番号がなく、「作者」も「匿名」と表示されています。これではテーマとして情報が不足していて、見た目もよくありません。次のStepで「テーマの詳細」画面に表示される情報を整えていきましょう。

テーマの画像が表示されていない

HINT テーマが認識されない場合は？

テーマとして認識するために必要なファイルが正しく存在していないと、[外観] > [テーマ]のページに「壊れているテーマ」というエラーメッセージが表示されます。「スタイルシートが見つかりません」や「テンプレートが不足しています。…省略…」のようにエラーの原因が説明されるので、内容に従って不足しているファイルを補ってください。「壊れているテーマ」すら表示されていない場合は、保存したフォルダーが間違っているかもしれません。次のように、「themes」フォルダーの中に「kuroneko-hair」フォルダーを保存できているか、確認してみましょう。

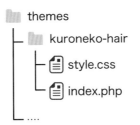

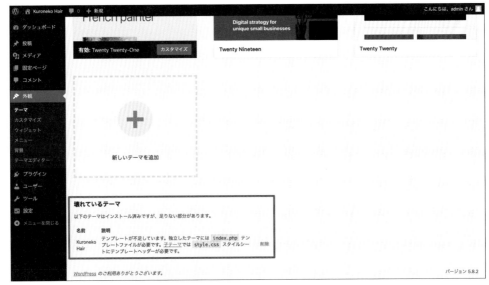

「壊れているテーマ」というエラーメッセージ

Chapter 4 最低限のテーマを作成しWordPressに認識させる

03 テーマの表示を整える

■Step素材フォルダー	kuroneko_sample > Chapter4 > Step3
■学習するテーマファイル	●screenshot.png　　●style.css

Step 3-1 テーマの情報を記述する

Step 2で、WordPressにテーマを認識させるところまで進めることができました。しかし、このままでは [外観] > [テーマ] の情報が不十分です。サムネイルの画像もないので、デフォルトのテーマに比べて判別しづらい状態です。このStepで、テーマの表示を整えていきましょう。

Step 2で確認したテーマの名前やバージョン、作者は、「style.css」に記入することによってWordPressに認識させることができます。空のままだったstyle.cssを開き、次のサンプルコードにならってテーマの情報を入力してください。ここで重要なのは、テーマの情報は /* */ で囲ったコメント内に入力するという点です。WordPressはこのコメント部分を解析し、テーマの情報として出力します。

```
/*
Theme Name: Kuroneko Hair
Theme URI: http://example.com/
Description: Kuroneko Hair のサンプルテーマです
Version: 1.0
Author: Kuroneko Hair
Author URI: http://example.com/
*/
```

書き方は、半角のコロン「:」を境として、左側にWordPressが指定するラベル名を入力し、右側にラベルの値を入力します。行単位で項目が認識されるため、CSSのようなセミコロン「;」は不要です。値の終わりには、改行を入れてください。

ラベル名は、大文字と小文字の区別なく認識します。また各行の順番は任意なので、「Theme Name」ラベルから始める必要はありません。ラベル名に余分なスペースやスペルミスがあると無視されるので、注意しましょう。

入力ができたら、保存します。ファイルの文字コードは、「UTF-8 (BOMなし)」で保存してください。保存できたら再度 [外観] > [テーマ] に移動し、「テーマの詳細」を開いてみましょう。「style.css」に入力した情報が画面に出力されているでしょうか。

style.cssに記述した内容が表示された

「テーマの詳細」に表示されている内容と、「style.css」に入力した内容を照らし合わせてみてください。次のように定義されていることがわかります。

Theme Name	テーマの名前。
Theme URI	テーマのURL。
Author	テーマの作成者。
Author URI	テーマの作成者またはその組織のウェブページのリンク。Authorの表示名にこのリンクが付与される。
Description	テーマの説明。改行に注意。
Version	テーマのバージョン。

 HINT ### その他のラベル

ここで入力した他にも、WordPressはテーマの情報として右に示したラベルを認識します。

これらは本書では取り扱いませんので、すべて把握する必要はありません。しかし、WordPress公式テーマディレクトリーへ登録する場合は、ほとんどの項目が必須となります。その際は、公式ドキュメント（https://developer.wordpress.org/themes/basics/main-stylesheet-style-css/#basic-structure）を確認することをおすすめします。

```
Requires at least
Tested up to
Requires PHP
License
License URI
Text Domain
Tags
Domain Path
```

Step 3-2 サムネイル画像を表示する

文字情報は、「style.css」に入力したことで表示が整いました。残るは、公式テーマのようなサムネイル画像です。WordPressは「screenshot.png」という名前のファイルをサムネイル画像として認識し、テーマ一覧の画面に表示させています。本書では、Step素材「kuroneko_sample」＞「Chapter4」＞「Step3」にscreenshot.pngを用意してあります。次の図のようなファイル構成になるように、「kuroneko-hair」フォルダーの中に「screenshot.png」を保存しましょう。

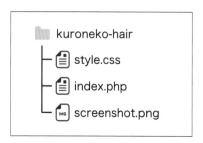

なお、「screenshot.png」の推奨サイズは1200×900pxです。実際の表示サイズはこれよりずっと小さいですが、Retinaディスプレイをはじめとした HiDPI対応の高解像度ディスプレイでも美しく見せるための推奨サイズとなっています。

ファイルの移動ができたら、［外観］＞［テーマ］で表示を確認してみましょう。テーマに画像が表示されて、判別しやすくなりました。

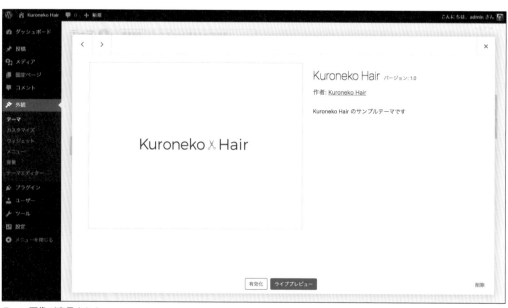

テーマ画像が表示された

テーマを有効化する

これで、テーマに必要な最低限のファイルと情報の用意ができました。「有効化」ボタンをクリックして、テーマを適用してください。左上の家のアイコンから[サイトを表示]をクリックして「Kuroneko Hair」のウェブサイトを表示すると、index.phpの内容が表示されます。index.htmlのファイルをindex.phpにリネームしたので、画面にはマークアップされたindex.htmlと同じHTMLが表示されているはずです。index.phpを正しく表示するための設定は、P.110で行います。

[サイトを表示]をクリックする

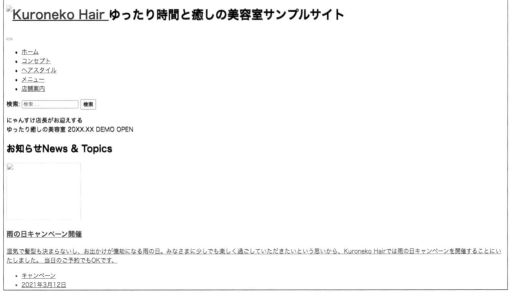

Step 3の手順でテーマを有効化した後のブラウザー表示

04 画像・CSS・JavaScriptを準備する

■Step素材フォルダー | kuroneko_sample > Chapter4 > Step4

Step 4-1 画像やCSS、JavaScriptファイルを移動する

Chapter 4の最後のStepでは、テンプレートファイルを書く前の下準備として、画像・CSS・JavaScriptファイルを用意します。本書のStep素材「kuroneko_sample」フォルダーには、「Kuroneko Hair」のウェブサイトに必要な画像やCSS、JavaScriptが用意されています。次に続くChapterから、Step素材「kuroneko_sample」フォルダーにあるHTMLファイルをPHPファイルに変更し、動作を確認しながら編集するというStepが続きます。確認の度に足りないファイルを移動していては作業が滞ってしまうので、この時点で画像やCSS、JavaScriptファイルを正しい場所に移動させておきましょう。

P.104で「screenshot.png」を移動したように、画像・CSS・JavaScriptのファイルもStep素材「kuroneko_sample」>「Chapter4」>「Step4」にある「assets」フォルダーを「kuroneko-hair」フォルダーに移動します。

> **HINT テーマフォルダーの中に画像・CSS・JavaScriptを含める理由**
>
> 画像をはじめとしたファイルを読み込む参照パスを理解している方であれば、テーマフォルダーの外に保存されているファイルをテンプレートファイルから読み込んでしまえばよいのではないか、と考えるかもしれません。確かに読み込むことはできますが、おすすめできません。P.28で、「テーマは着せ替え」と例えました。テーマのメリットを生かすには、テーマを構成するファイルはテーマフォルダーの中に保存されたファイルのみで完結させるべきです。ドメインやフォルダーの構成が変更になって読み込むパスが変わる場合や、サーバーの乗り換えに伴ってWordPressを移設する場合を考えてみてください。テーマフォルダーの外にファイルを保存していたら、どのような作業が発生するでしょうか。テーマフォルダーのみで完結するテーマを作ることは、そんな時の備えにもなるのです。

🐱 完成フォルダー・完成コード

これで、Chapter 4の作業は終わりです。今回用意できたファイルは次のようになりました。

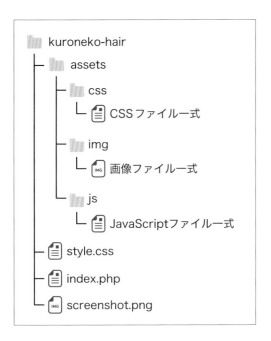

```
kuroneko-hair
├── assets
│   ├── css
│   │   └── CSSファイル一式
│   ├── img
│   │   └── 画像ファイル一式
│   └── js
│       └── JavaScriptファイル一式
├── style.css
├── index.php
└── screenshot.png
```

ここで用意したindex.phpは、ファイル名をindex.htmlからindex.phpに変更しただけで、ファイルの中身は変わっていません。このindex.phpをもとに、次のChapterからいよいよ本格的なテーマ作りが始まります。張り切っていきましょう！

index.php

```
<!DOCTYPE html>
<html lang="ja">

<head>
    <meta charset="UTF-8">
    <meta http-equiv="X-UA-Compatible" content="IE=edge">
    <meta name="viewport" content="width=device-width, initial-scale=1.0">
    <meta name="description" content="ゆったり時間と癒しの美容室サンプルサイト">
    <title>Kuroneko Hair</title>
    <link href="https://fonts.googleapis.com/css2?family=Noto+Sans+JP:wght@500&display=swap" rel="stylesheet">
    <link href="./assets/css/theme-styles.css" rel="stylesheet" media="all">
    <script src="https://code.jquery.com/jquery-3.5.1.min.js"></script>
```

```
        </head>

<body>
    <div class="content-Wrap">
        <header role="banner" class="header">
            中略
        </header>
        <main class="main">
            中略
        </main>
        <footer role="contentinfo" class="footer">
            中略
        </footer>
    </div>
    <script src="./assets/js/theme-common.js"></script>
</body>

</html>
```

style.css

```
/*
Theme Name: Kuroneko Hair
Theme URI: http://example.com/
Description: Kuroneko Hair のサンプルテーマです
Version: 1.0
Author: Kuroneko Hair
Author URI: http://example.com/
*/
```

5

ウェブサイト作成の
基本となるテンプレート
ファイルを作成する

Chapter 4 までは、WordPress のテーマ作成に欠かせな
いフォルダー構成やテンプレートファイルの種類と役割、
PHP とテンプレートタグの書き方について学び、最小構
成のファイルを使って WordPress にテーマとして認識さ
せることができました。

Chapter 5 からは、静的なコーディングを行った HTML ファ
イルを共通部分に分けたり、テンプレートタグに置き換え
たりしながら、本格的なテーマ作りを進めていきましょう。

01 ウェブサイトの共通部分を作成する

■Step素材フォルダー	kuroneko_sample > Chapter5 > Step1
■学習するテーマファイル	●index.php ●header.php ●footer.php ●functions.php

ヘッダー部分やフッター部分を独立したファイルにする

ウェブページは、大まかにヘッダー部分、記事部分、フッター部分から構成されています。そのうちヘッダー部分とフッター部分は、ウェブサイト全体の共通部分でもあります。これから作成する投稿ページや固定ページのテンプレートファイルには、共通部分のコードを直接記述することもできます。

しかし共通部分に変更があった場合、すべてのテンプレートファイルに修正を反映させる作業が必要になってしまいます。そこでヘッダー部分やフッター部分を独立したファイルにすることで、共通部分のファイルを修正するだけでウェブサイト全体に変更が反映されるようにします。

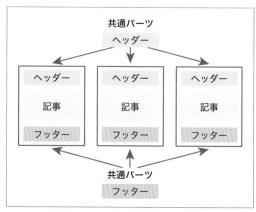

共通パーツ化のイメージ

WordPressでは、ヘッダー部分とフッター部分をそれぞれ「header.php」「footer.php」というテンプレートファイルとして作成し、決められたテンプレートタグを記述して共通部分を読み込みます。そこで、最初に静的コーディングしたHTMLファイルをもとにヘッダー部分とフッター部分のテンプレートファイルを作成し、ウェブページに読み込んで出力してみましょう。

ブラウザで表示したヘッダー部とフッター部

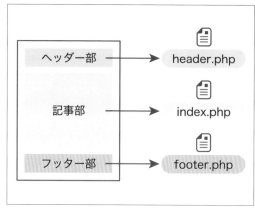

ファイルを分割するイメージ

このChapterの後半では、外部から読み込んでいるCSSファイルやJavaScriptファイルもWordPressのしくみを使って読み込みます。ウェブサイトの基本となる箇所なのでステップが少し多いですが、1つずつ落ち着いて進めば大丈夫です。それでは始めましょう！

Step 1-1 ## サイトの共通部分を分割して読み込む

あらかじめ用意されたHTMLファイルからサイトの共通部分を分割し、それぞれをPHPファイルとして作成していきましょう。

❶ヘッダー部分を分割する

最初に、ヘッダー部分にあたるテンプレートファイル「header.php」を作成します。「kuroneko-hair」フォルダー内にheader.phpという名前の空ファイルを作成し、テキストエディターで開きましょう。

次に、P.99で作成した「kuroneko-hair」フォルダー内のindex.phpを開きます。index.phpの1行目 <!DOCTYPE html>から</header>までを選択してカットし、header.phpにペーストします。ペーストできたら、index.phpとheader.phpを保存します。

header.php

```html
<!DOCTYPE html>          ← index.phpからカット＆ペーストする

<html lang="ja">


<head>
    <meta charset="UTF-8">
    <meta http-equiv="X-UA-Compatible" content="IE=edge">
    <meta name="viewport" content="width=device-width, initial-scale=1.0">
    <meta name="description" content="ゆったり時間と癒しの美容室サンプルサイト">
    <title>Kuroneko Hair</title>
    <link href="https://fonts.googleapis.com/css2?family=Noto+Sans+JP:wght@500&display=swap" rel="stylesheet">
    <link href="./assets/css/theme-styles.css" rel="stylesheet" media="all">
    <script src="https://code.jquery.com/jquery-3.5.1.min.js"></script>
</head>


<body>
    <div class="content-Wrap">
        <header role="banner" class="header">
            <h1 class="header-SiteName">
                <a href="/" class="header-SiteName_Link">
                    <img src="./assets/img/logo.png" alt="Kuroneko Hair">
                </a>
```

```
        <span class="header-Tagline">ゆったり時間と癒しの美容室サンプルサイト
        </span>
    </h1>
    <nav class="header-Nav">
      中略
    </nav>
  </header>
```

❷ フッター部分を分割する

header.phpの次は、フッター部分にあたるテンプレートファイル「footer.php」を作成します。「kuroneko-hair」フォルダー内にfooter.phpという名前の空ファイルを作成し、テキストエディターで開きましょう。

続いて、「kuroneko-hair」フォルダー内のindex.phpを開きます。index.phpの<footer role="contentinfo" class="footer">から</html>までを選択してカットし、footer.phpにペーストします。ペーストできたら、index.phpとfooter.phpを保存します。

footer.php

```
        <footer role="contentinfo" class="footer">  ◀──── index.phpからカット&ペーストする
    <div class="footer-Widgets">
      中略
    <p class="footer-Copyright">
        <small>&copy; 2021 Kuroneko Hair Sample </small>
    </p>
  </footer>
  </div>
  <script src="./assets/js/theme-common.js"></script>
  </body>
</html>
```

❸ テーマ共通のテンプレートファイルを読み込む

テーマ共通のテンプレートファイルとして分割したheader.phpとfooter.phpを、index.phpのHTMLをカットした部分に読み込んでみましょう。header.phpの読み込みにはテンプレートタグ「get_header()」、footer.phpの読み込みにはテンプレートタグ「get_footer()」を使います。

index.phpのヘッダー部分をカットした箇所に<?php get_header(); ?>を、フッターをカットした箇所に<?php get_footer(); ?>を記述します。記述できたら、index.phpを保存します。

`index.php`

```
<main class="main">

    <div class="container-fluid">

        <div class="home-Hero">
```
後略

↓

```
<?php get_header(); ?>
```
テンプレートタグを追加する
```
<main class="main">

    <div class="container-fluid">

        <div class="home-Hero">
```
後略

 `index.php`

前略

```
        </section>

    </div>

</main>
```

↓

前略

```
        </section>

    </div>

</main>
<?php get_footer(); ?>
```
テンプレートタグを追加する

テンプレートタグ get_header(ファイル名)

テーマフォルダーにあるheader.phpを読み込む。

引数

ファイル名（任意）：ファイルの名前（sample）を指定すると、指定したヘッダーファイル（header-sample.php）を読み込む。

テンプレートタグ get_footer(ファイル名)

テーマフォルダーにあるfooter.phpを読み込む。

引数

ファイル名（任意）：ファイルの名前（sample）を指定すると、指定したフッターファイル（footer-sample.php）を読み込む。

ここまでで、ヘッダー部分とフッター部分をテーマ共通のテンプレートファイルとして作成し、index.phpに読み込むことができました。この状態で、一度ウェブサイトを表示してみましょう。画像が読み込まれず、CSSが適用されていないことが確認できます。

画像が表示されず、CSSが適用されていない

現時点でサンプルサイトの画像やCSS、JavaScriptのファイルは、「./assets/css/theme-styles.css」のように相対パスで参照していますが、実際にはテーマフォルダー（/wp-content/themes/kuroneko-hair/）内のファイルを参照する必要があります。そこで、有効になっているテーマフォルダーへのパスを取得する関数「get_template_directory_uri()」を使って、ファイルのパスを修正しましょう。

例えばテーマのCSSファイルの場合、この関数を記述するとテーマフォルダーのURI（例：https://example.com/wp-content/themes/kuroneko-hair）を取得し、次のように出力されます。

get_template_directory_uri() 追加前のパス

```
<link href="./assets/css/theme-styles.css" rel="stylesheet" media="all">
```

get_template_directory_uri() 追加後のパス

```
<link href="https://example.com/wp-content/themes/kuroneko-hair/assets/css/theme-styles.css" rel="stylesheet" media="all">
```

それでは、header.phpとfooter.phpをテキストエディターで開き、CSS、JavaScript、画像の相対パスをget_template_directory_uri()関数を使って置き換えましょう。有効になっているテーマフォルダーまでのパスをget_template_directory_uri()関数を使って出力するには、P.44で解説した「echo」と「esc_url()」を組み合わせて次のように記述します。

```
<?php echo esc_url( get_template_directory_uri() ); ?>
```

この時、次のように「esc_url()」がない状態でもURIは出力されますが、セキュリティ上のリスクを減らすため、ここでは「esc_url()」を使用します。詳しくはP.233を参照してください。

```
<?php echo get_template_directory_uri(); ?>
```

header.php

```
<!DOCTYPE html>
<html lang="ja">


<head>
    中略
    <link href="https://fonts.googleapis.com/css2?family=Noto+Sans+JP:wght@500&display=swap" rel="stylesheet">
    <link href="./assets/css/theme-styles.css" rel="stylesheet" media="all">
    <script src="https://code.jquery.com/jquery-3.3.1.min.js"></script>
</head>


<body>
    <div class="content-Wrap">
        <header role="banner" class="header">
            <h1 class="header-SiteName">
                <a href="/" class="header-SiteName_Link">
                    <img src="./assets/img/logo.png" alt="Kuroneko Hair">
                </a>
                <span class="header-Tagline">ゆったり時間と癒しの美容室サンプルサイト
                </span>
            </h1>
    後略
```

⬇

```
<!DOCTYPE html>
<html lang="ja">


<head>
    中略
```

CSS ファイルの相対パスを関数に置き換える

```
    <link href="<?php echo esc_url( get_template_directory_uri() ); ?>/assets/css/
```

```
        theme-styles.css" rel="stylesheet" media="all">
        <script src="https://code.jquery.com/jquery-3.3.5.min.js"></script>
    </head>


<body>
    <div class="content-Wrap">
        <header role="banner" class="header">
            <h1 class="header-SiteName">
                <a href="/" class="header-SiteName_Link">
                    <img src="<?php echo esc_url( get_template_directory_uri() );
                    ?>/assets/img/logo.png" alt="Kuroneko Hair">
                </a>
                <span class="header-Tagline">ゆったり時間と癒しの美容室サンプルサイト
                </span>
            </h1>
```

画像ファイルの相対パス
を関数に置き換える

後略

footer.php

前略

```
        </footer>
    </div>
    <script src="./assets/js/theme-common.js"></script>
</body>


</html>
```

⬇

```
        </footer>
    </div>
    <script src="<?php echo esc_url( get_template_directory_uri() ); ?>/assets/js/
    theme-common.js"></script>
</body>


</html>
```

JavaScriptファイルの相対パスを関数に置き換える

index.php内の画像ファイルへのパスも、すべて同じように修正しましょう。

【前略】

```
<img src="./assets/img/rainy-day-thumb.jpg" alt="" width="200" height="150"
load="lazy">
```

【後略】

↓

【前略】

```
<img src="<?php echo esc_url( get_template_directory_uri() ); ?>/assets/img/rainy-
day-thumb.jpg" alt="" width="200" height="150" load="lazy">
```

画像ファイルの相対パスを関数に置き換える

【後略】

画像が読み込まれ、CSSが適用された

ここで、フロントページを再読み込みしてみましょう。CSS、JavaScript、画像の各ファイルが正しく読み込まれ、表示が静的コーディングされたHTMLと同じ状態になりました。

関数 **get_template_directory_uri()**

現在有効になっているテーマディレクトリーのURIを取得する。子テーマを使用している場合は、親テーマのテーマディレクトリーのURIを取得する。子テーマのディレクトリーを取得するには、get_stylesheet_directory_uri() を使用する。

Step 1-3 header.php を作り込む

この時点で、header.phpはテーマ共通のテンプレートファイルとして利用できるようになっています。しかし、このままではWordPressで設定した言語属性やウェブサイトのタイトル、キャッチフレーズなどの出力ができません。そのため、該当箇所を関数やテンプレートタグで置き換えていきます。

❶サイトの言語属性を出力する

HTMLでは、その文書で使われる言語の種類がhtmlタグのlang属性に記述されます。header.phpで、lang属性は「language_attributes()」関数で置き換えます。ここには、P.67で設定した「サイトの言語」が反映されます。サンプルサイトでは「日本語」を選択したので、「lang="ja"」と出力されます。

header.php

```
<!DOCTYPE html>
<html lang="ja">
<head>
    <meta charset="UTF-8">
    <meta http-equiv="X-UA-Compatible" content="IE=edge">
```
後略

⬇

```
<!DOCTYPE html>
<html <?php language_attributes(); ?>>        ← 関数に置き換える
<head>
    <meta charset="UTF-8">
    <meta http-equiv="X-UA-Compatible" content="IE=edge">
```
後略

関数 language_attributes(ドキュメントの種類)

WordPress「サイトの言語」で設定した言語属性をhtmlタグに出力する。

引数

ドキュメントの種類（任意）：「html」または「xhtml」を指定することで、ドキュメントの種類を変更できる。

---

❷文字コードを出力する

metaタグで記述している文書の文字コードを、テンプレートタグ「bloginfo()」で置き換えます。このテンプレートタグには複数のオプションがありますが、ここではカッコの中に「'charset'」を記述し、<?php bloginfo('charset'); ?>とします。WordPressで使用される文字コードは「UTF-8」なので、テンプレートタグへの置き換え後は変更前と同じく「charset="UTF-8"」と出力されます。

bloginfo()タグは、この後の「キャッチフレーズ」や「サイトのタイトル」の出力にも登場するので覚えておきましょう。

header.php

```
<!DOCTYPE html>
<html <?php language_attributes(); ?>>
<head>
    <meta charset="UTF-8">
    <meta http-equiv="X-UA-Compatible" content="IE=edge">
```
後略

```
<!DOCTYPE html>
<html <?php language_attributes(); ?>>
<head>
    <meta charset="<?php bloginfo( 'charset' ); ?>">  ◄── テンプレートタグに置き換える
    <meta http-equiv="X-UA-Compatible" content="IE=edge">
```
後略

テンプレートタグ bloginfo(表示する情報名)

WordPressの情報を出力する。

引数

表示する情報名：追加する機能名を指定する。

主な機能名

charset ：ウェブサイトの文字コードを出力する。
description ：一般設定「キャッチフレーズ」を出力する。
name ：一般設定「サイトのタイトル」を出力する。

---

③ キャッチフレーズを出力する

P.68で設定した「キャッチフレーズ」のテキストを、メタディスクリプションとして出力します。ここでもテンプレートタグ「bloginfo()」を使用します。カッコの中に「'description'」を指定し、<?php bloginfo('description'); ?>と記述します。

header.php

前略
```
<meta name="description" content="ゆったり時間と癒しの美容室サンプルサイト">
```
後略

前略

```
<meta name="description" content="<?php bloginfo( 'description' ); ?>">
```
◀── テンプレートタグに置き換える

後略

❹ロゴ画像のリンクと代替テキストを置き換える

ヘッダーのサイトロゴ部分には、ホームへのリンクが設定されたロゴ画像と、ウェブサイトの内容を端的に示すテキストであるタグラインが表示されています。Step 1-2でロゴ画像のパスは修正したので、ここではロゴ画像のリンク、ロゴ画像の代替テキスト、タグラインを変更します。

ロゴ画像のリンクは、テンプレートタグ「home_url()」でWordPressの一般設定「サイトアドレス(URL)」の内容を出力します。このテンプレートタグは、「echo」「esc_url()」と組み合わせて<?php echo esc_url(home_url()); ?>と記述します。

ロゴ画像の代替テキストは、テンプレートタグ「bloginfo('name')」でWordPressの一般設定「サイトのタイトル」を出力します。

WordPressの一般設定

タグラインは、メタディスクリプションと同じ「キャッチフレーズ」の設定を出力したいので、テンプレートタグ「bloginfo('description')」に置き換えます。

header.php

前略

```
<h1 class="header-SiteName">
    <a href="/" class="header-SiteName_Link">
        <img src="<?php echo esc_url( get_template_directory_uri() ); ?>/assets/img/
        logo.png" alt="Kuroneko Hair">
        <span class="header-Tagline">ゆったり時間と癒しの美容室サンプルサイト</span>
    </a>
</h1>
```

後略

⬇

```
<h1 class="header-SiteName">

    <a href="<?php echo esc_url( home_url() ); ?>" class="header-SiteName_Link">
```

◀ テンプレートタグに置き換える

```
        <img src="<?php echo esc_url( get_template_directory_uri() ); ?>/assets/img/

        logo.png" alt="<?php bloginfo( 'name' ); ?>">
```

◀ テンプレートタグに置き換える

```
    </a>

    <span class="header-Tagline"><?php bloginfo( 'description' ); ?></span>
```

◀ テンプレートタグに置き換える

```
</h1>
```

【後略】

テンプレートタグ home_url(パス, URLスキーム)

WordPressの一般設定「サイトアドレス (URL)」の内容を取得する。末尾のスラッシュは省略される。

引数

パス (任意) : ホームURLからの相対パス「'/'」や「'pagename'」などを記述すると、次のようなURLを出力する。
home_url('/') → https://example.com/
home_url('pagename') → https://example.com/pagename

URLスキーム (任意) : ホームURLに使うスキーム。http、https、相対パスが指定できる。

❺ bodyタグのクラスを動的に出力する

固定ページなどでページごとにデザインを変えたい場合、bodyタグに固有のクラス名をつけておくと、CSSを記述するときに便利です。WordPressではテンプレートタグ「body_class()」を使って、そのページの種類 (投稿、固定ページ…など) を表す文字列をbodyタグのclass属性として出力できます。

例えばフロントページでは「home」、投稿ページでは「single」、固定ページでは「page-id-123」といったクラス名が出力されます。

header.php

【前略】

```
<body>
```

【後略】

⬇

【前略】

```
<body <?php body_class(); ?>>
```
◀ テンプレートタグを追加する

【後略】

body_class() タグには、WordPress 本体だけでなく、プラグインが固有のクラス名を出力することもあります。また制作者が独自に設定したクラス名がある場合は、body_class('独自のクラス名');と記述します。こうすることで、WordPressから自動出力されるクラス名と一緒に固有のクラス名が出力されます。

テンプレートタグ body_class(クラス名)

bodyタグにclass属性を出力する。

引数

クラス名（任意）：任意の文字列を指定すると、クラス名として出力される。

---

⑥ WordPressがheadタグ内にコードを出力する場所を追加する

「wp_head()」関数は、WordPress本体やテーマ、プラグイン側で用意されているHTML、CSS、JavaScriptのコードを出力する重要な関数です。ここではwp_head()関数を使って、WordPressがheadタグ内にコードを出力するための場所を追加してみましょう。

wp_head()関数が書かれた場所に出力される代表的なものとして、WordPressでemoji（絵文字）を使うためのCSSやJavaScriptがあります。サンプルテーマでは、P.127で扱うCSSやJavaScriptを呼び出す関数などがアクションフック（P.59）として実行され（wp_headアクション）、コードが出力されます。wp_head()関数は、</head>の直前に記述します。

wp_head()関数が適切な場所に記述されていないと、WordPress本体や、テーマ、プラグインが正しく動作しない原因になります。忘れずに記述するようにしましょう。

header.php

前略

```
    <script src="https://code.jquery.com/jquery-3.5.1.min.js"></script>
</head>


<body <?php body_class(); ?>>
<div class="content-Wrap">
```
後略

↓

前略

```
    <script src="https://code.jquery.com/jquery-3.5.1.min.js"></script>
<?php wp_head(); ?>  ←──── 関数を追加する
</head>


<body <?php body_class(); ?>>
```

```
<div class="content-Wrap">
```
後略

関数 wp_head()

wp_headアクションを実行する。

❼WordPressがbody開始タグ直後にコードを出力する場所を追加する

WordPress 5.2から導入されたwp_body_open()関数は、<body>直後にJavaScriptコードなどを出力する場合に用いられます（wp_body_openアクション）。<body>直後にコードを出力する例としては、Googleタグマネージャーのトラッキングコードが挙げられます。

サンプルテーマではwp_body_openアクションを使いませんが、将来的にwp_body_openアクションに対応したプラグインを利用することを想定して、記述しておきます。wp_body_open()関数は、<body>直後に記述します。

header.php

前略

```
    <script src="https://code.jquery.com/jquery-3.5.1.min.js"></script>
<?php wp_head(); ?>
</head>

<body <?php body_class(); ?>>
<?php wp_body_open(); ?>    ←── 関数を追加する
<div class="content-Wrap">
```
後略

関数 wp_body_open()

wp_body_openアクションを実行する。
※WordPress 5.2以前のバージョンでは対応していません。

header.phpの作り込みは、ここでいったん終了です。ファイルを保存しましょう。うまく動かないな…という箇所があったら、単語のつづりが間違っていないか、「'」（シングルクオート）が抜けていないかなど確認してみましょう。

Step 1-4 footer.php を作り込む

続いて、footer.phpの作り込みを行います。header.phpと同じく、該当箇所を関数やテンプレートタグで置き換えていきます。

❶ WordPressがbody終了タグ直前にコードを出力する場所を追加する

header.phpを作り込む過程で、WordPressがコードを出力するための関数を追加しました。footer.phpにも同じ役割の関数「wp_footer()」があるので、追加しましょう。サンプルテーマでは、P.130でテーマ独自のJavaScriptを読み込む過程で、wp_footerアクションを利用します。

footer.php内の</body>の直前に<?php wp_footer(); ?>と記述し、ファイルを保存します。wp_header()関数と同じく、wp_footer()関数の記述がないとWordPress本体やプラグインが動作しない原因となるので、忘れないように記述してください。

footer.php

`前略`

```
<script src="<?php echo esc_url( get_template_directory_uri() ); ?>/assets/js/
theme-common.js"></script>
</body>
</html>
```

`前略`

```
<script src="<?php echo esc_url( get_template_directory_uri() ); ?>/assets/js/
theme-common.js"></script>
<?php wp_footer(); ?>    ← 関数を追加する
</body>
</html>
```

関数 wp_footer()

wp_footerアクションを実行する。

Step 1-5 ページタイトルをページごとに正しく表示する

header.phpには、次のようにサイト名が記述されたtitle要素があります。

header.php

`前略`

```
<title>Kuroneko Hair</title>
```

`後略`

header.phpはテーマ共通のテンプレートファイルですから、この記述ではheader.phpを読み込むすべてのページで、ページタイトルが同じ内容になってしまいます。そこで、各ページの適切なタイトル

を出力するようにしてみましょう。

❶ functions.php を作成する

タイトルを出力する命令は、header.php ではなく functions.php というファイルに記述します。
「function=機能、関数」という意味の通り、このファイルにはテーマの基本機能を有効化する関数や、
テーマ共通で利用する独自の関数などを記述します。functions.php がなくてもテーマは機能しますが、
WordPress の機能に関するさまざまな命令をこのファイルにまとめて記述することで、管理しやすい
テーマを作成できます。

最初に、「kuroneko-hair」フォルダー内に「functions.php」という名前の空ファイルを作成します。ファ
イル名に間違いがある（function.php など）と、WordPress に認識されず正しく動作しないので注意
しましょう。

functions.php を作成したらテキストエディターで開き、次のようにサンプルテーマ独自の関数「neko_
theme_setup()」を記述します。関数名は WordPress 本体やプラグインで定義されているものと被ら
ないよう、「neko_」という接頭辞をつけています。

functions.php

これは「neko_theme_setup()という関数を after_setup_theme というタイミング（アクションフッ
ク・P.58）で実行しなさい」という意味で、テーマの functions.php が読み込まれた直後に実行されま
す。記述できたら、ファイルをいったん保存します。

❷ ページタイトル機能を有効化する

ページごとのページタイトルを title タグで出力するには、「add_theme_support()」関数を使います。
この関数は、テーマ内で特定の機能を有効化するもので、ここでは neko_theme_setup() 関数内に
「add_theme_support('title-tag');」と記述します。引数に「'title-tag'」と指定することで、ページタ
イトル機能が有効化されます。

functions.php

```php
<?php
function neko_theme_setup() {
        ←──── ここに記述する
}
add_action( 'after_setup_theme', 'neko_theme_setup' );
```

```php
<?php
function neko_theme_setup() {
    add_theme_support( 'title-tag' );          ← 関数を記述する
}
add_action( 'after_setup_theme', 'neko_theme_setup' );
```

これで、ページごとのタイトルが<head>内へ自動的に出力されるようになりました。header.php内のtitle要素は不要なので、削除します。

header.php

〔前略〕

```html
<meta name="description" content="<?php bloginfo( 'description' ); ?>">
<title>Kuroneko Hair</title>          ← title要素を削除する
<link href="https://fonts.googleapis.com/css2?family=Noto+Sans+JP:wght@500&display=swap" rel="stylesheet">
```

〔後略〕

↓

〔前略〕

```html
<meta name="description" content="<?php bloginfo( 'description' ); ?>">
<link href="https://fonts.googleapis.com/css2?family=Noto+Sans+JP:wght@500&display=swap" rel="stylesheet">
```

〔後略〕

ファイルを保存し、フロントページを再読み込みしてみましょう。「サイトのタイトル - キャッチフレーズ」という形式で、ページタイトルがブラウザーのタブに表示されました。

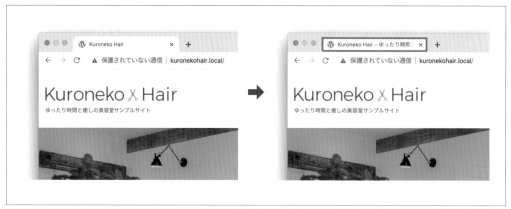

ページタイトルが表示された

このあと作成する投稿や固定ページなどでは、「ページタイトル - サイトのタイトル」という形式でページタイトルが表示されます。

フロントページ	サイトのタイトル - キャッチフレーズ
その他のページ	ページタイトル - サイトのタイトル

関数 add_theme_support(追加する機能名, 引数)

特定の機能をテーマに追加する。

引数

追加する機能名（必須）：追加する機能名を指定する。
引数（任意）　　　　　：追加する機能と一緒に渡す引数。

主な追加する機能名

post-thumbnails：投稿サムネイル
custom-header　：カスタムヘッダー
custom-logo　　：カスタムロゴ
html5　　　　　：HTML5

Step 1-6 テーマ独自のJavaScript・CSSファイルを読み込む

P.114で、header.phpに記述されたCSS、JavaScriptファイルへの相対パスをget_template_directory_uri()関数で置き換えました。これにより、HTML内の相対パスで参照しているCSS、JavaScriptを読み込むことができるようになりました。作成するテーマを、自分で運営するウェブサイトだけで利用するのであれば、この状態でもよいでしょう。

しかし、実際にはWordPress本体やプラグインが独自に読み込むCSS、JavaScriptファイルがあります。場合によっては、同じフレームワークの異なるバージョンが一緒に読み込まれたり、読み込む順序が意図した通りにならず、不具合の原因になったりします。

そのような問題を解決するため、WordPressでは「wp_enqueue_script()」「wp_enqueue_style()」という関数が用意されています。これらの関数を利用することで、テーマ独自のCSS、JavaScriptファイルの読み込みを管理できます。

❶ファイル読み込み用の関数を新しく定義する

最初に、functions.phpにファイル読み込み用の関数「neko_enqueue_scripts()」を記述します。このneko_enqueue_scripts()関数内に、wp_enqueue_script()関数やwp_enqueue_style()関数を記述していきます。

```php
<?php
function neko_theme_setup() {
    add_theme_support( 'title-tag' );
}
add_action( 'after_setup_theme', 'neko_theme_setup' );


function neko_enqueue_scripts(){          関数「neko_enqueue_scripts()」を新しく定義する

                              ここに関数を記述していく

}                                         関数「neko_enqueue_scripts()」を「wp_enqueue_scripts」に実行させる
add_action( 'wp_enqueue_scripts', 'neko_enqueue_scripts' );
```

この記述は、「neko_enqueue_scripts」という関数に書かれた内容を wp_enqueue_scripts というタイミング (アクションフック・P.58) で実行しなさい」という意味になります。

❷ jQuery を読み込む

サンプルテーマのJavaScriptファイル (theme-common.js) は、JavaScriptライブラリとしてよく使われるjQueryを利用しています。現時点では、header.phpに次のように記述して読み込んでいます。

header.php

```php
<!DOCTYPE html>
<html <?php language_attributes(); ?>>

<head>
    中略
    <link href="<?php echo esc_url( get_template_directory_uri() ); ?>/assets/css/
    theme-styles.css" rel="stylesheet" media="all">
    <script src="https://code.jquery.com/jquery-3.5.1.min.js"></script>
    <?php wp_head(); ?>
</head>
```

jQueryを読み込むには、先ほど記述した「neko_enqueue_scripts()」関数に「wp_enqueue_script('jquery');」と記述します。この記述によって、WordPress側で用意されているjQueryを読み込むことができます。読み込まれるjQueryのバージョンは、使用しているWordPressのバージョンによって異なります。

functions.php

前略

```php
function neko_enqueue_scripts(){

}
add_action( 'wp_enqueue_scripts', 'neko_enqueue_scripts' );
```

⬇

前略

```php
function neko_enqueue_scripts(){
    wp_enqueue_script( 'jquery' );    ◀━━ jQueryを読み込む記述をする
}
add_action( 'wp_enqueue_scripts', 'neko_enqueue_scripts' );
```

これでjQueryが読み込めたので、header.php内の記述は削除しておきます。

header.php

```php
<!DOCTYPE html>
<html <?php language_attributes(); ?>>

<head>
```
中略
```php
    <link href="<?php echo esc_url( get_template_directory_uri() ); ?>/assets/css/
    theme-styles.css" rel="stylesheet" media="all">
    <script src="https://code.jquery.com/jquery-3.5.1.min.js"></script>    ◀━━ 削除する
    <?php wp_head(); ?>
</head>
```

⬇

```php
<!DOCTYPE html>
<html <?php language_attributes(); ?>>

<head>
```
中略
```php
    <link href="<?php echo esc_url( get_template_directory_uri() ); ?>/assets/css/
    theme-styles.css" rel="stylesheet" media="all">
    <?php wp_head(); ?>
</head>
```

③テーマ独自のJavaScriptを読み込む

jQueryを読み込むことができたので、次はテーマ独自のJavaScriptファイル「theme-common.js」を読み込んでみましょう。現時点では、footer.phpに次のように記述されています。

footer.php

```
前略

        </footer>

    </div>

    <script src="<?php echo esc_url( get_template_directory_uri() ); ?>/assets/js/
    theme-common.js"></script>

    <?php wp_footer(); ?>

</body>

</html>
```

テーマ独自のJavaScriptファイルを読み込むには「wp_enqueue_script()」関数を使って次のように記述します。引数がいくつかあり、それぞれ次のような意味があります。

```
wp_enqueue_script( ハンドル名 , ファイルへのパス , 依存関係 , バージョン , 出力場所 );
```

ハンドル名	他に読み込むものと重複しない一意の名称にします。ここでは、「'kuroneko-theme-common'」とします。
ファイルへのパス	テーマフォルダー内のJavaScriptファイルへのパスを指定します。ここでは「get_template_directory_url()」関数と結合演算子を使い、「get_template_directory_uri() . '/assets/js/theme-common.js'」とします。
依存関係	指定するファイルより前に読み込むスクリプトがある場合に、そのスクリプトのハンドル名を指定します。サンプルテーマでは必要がないため、初期値の「array()」とします。
バージョン	読み込むスクリプトのバージョンを記述します。サンプルテーマでは「'1.0.0'」とします。
出力場所	スクリプトファイルをwp_footer()の場所に出力する場合「true」を指定します。省略時は初期値のfalseとなります。サンプルテーマでは「true」とします。

テーマ独自のJavaScriptファイルは、functions.phpのneko_enqueue_scripts()関数内に次のように記述して読み込みます。引数は1行で書いても問題ありませんが、改行しておくと見通しがよくなります。

functions.php

```
前略
function neko_enqueue_scripts() {
    wp_enqueue_script( 'jquery' );
    wp_enqueue_script(          ← テーマ独自のJavaScriptを読み込む記述をする
        'kuroneko-theme-common',
```

```
            get_template_directory_uri() . '/assets/js/theme-common.js',

            array(),

            '1.0.0',

            true

    );

    }

    add_action( 'wp_enqueue_scripts', 'neko_enqueue_scripts' );
```

P.114で外部ファイルのパスを置き換えたときには、次のようにHTML内のパスを記述しました。

```
<script src="<?php echo esc_url( get_template_directory_uri() ); ?>/assets/js/theme-
common.js"></script>
```

しかし、ここでのファイルパスの記述は次のようになります。

```
get_template_directory_uri() . '/assets/js/theme-common.js'
```

get_template_directory_uri()関数と、テーマフォルダー内のファイルパスを「.」(結合演算子)を使って結合させています。これにより、ファイルのパスは次のようになります。

```
https://example.com/wp-content/themes/kuroneko-hair/assets/js/theme-common.js
```

テーマ独自のJavaScriptが読み込めたので、footer.phpの読み込み記述を削除します。

footer.php

前略

```
        </footer>

    </div>

    <script src="<?php echo esc_url( get_template_directory_uri() ); ?>/assets/js/
    theme-common.js"></script>  ← 削除する

    <?php wp_footer(); ?>

</body>

</html>
```

⬇

前略

```
        </footer>

    </div>

    <?php wp_footer(); ?>

</body>

</html>
```

functions.phpを保存して、フロントページを再読み込みしてみましょう。ソースコードを表示し、次のようにjQueryとテーマ独自のJavaScriptファイルが読み込まれていれば作業は完了です。

jQuery（WordPress 5.8の例）

```
<script type='text/javascript' src='https://example.com/wp-includes/js/jquery/
jquery.min.js?ver=3.6.0' id='jquery-core-js'></script>
<script type='text/javascript' src='https://example.com/wp-includes/js/jquery/
jquery-migrate.min.js?ver=3.3.2' id='jquery-migrate-js'></script>
```

テーマ独自のJavaScript

```
<script type='text/javascript' src='https://example.com/wp-content/themes/kuroneko-
hair/assets/js/theme-common.js?ver=1.0.0' id='kuroneko-theme-common-js'></script>
```

関数

wp_enqueue_script(ハンドル名, ファイルへのパス, 依存関係, バージョン, 出力場所)

JavaScript ファイルの依存関係を考慮し、適切にファイルへのパスを出力する。

引数

ハンドル名（必須）	：読み込むファイルを区別するための一意な名称を指定する。
ファイルへのパス（任意）	：JavaScript ファイルのパス。
依存関係（任意）	：指定するJavaScript ファイルより先に読み込まれる必要のある JavaScript ファイルのハンドル名を配列で指定する。
バージョン（任意）	：JavaScript ファイルのバージョン。
出力場所（任意）	：初期値はfalseでwp_headerに出力される。trueを指定するとwp_footer() の場所に出力される。

❹テーマ独自のCSSファイルを読み込む

JavaScriptファイルの読み込みができたので、次はCSSファイルを読み込んでみましょう。現時点では、header.phpにはGoogleフォントとテーマ独自のCSSファイルの読み込みが記述されています。

header.php

```
前略
<link href="https://fonts.googleapis.com/css2?family=Noto+Sans+JP:wght@500&display=s
wap" rel="stylesheet">
<link href="<?php echo esc_url( get_template_directory_uri() ); ?>/assets/css/theme-
styles.css" rel="stylesheet" media="all">
後略
```

外部のCSSライブラリや独自のCSSファイルを読み込むには、「wp_enqueue_style()」関数を記述します。引数がいくつかあり、それぞれ次のような意味があります。

```
wp_enqueue_style( ハンドル名, ファイルへのパス, 依存関係, バージョン );
```

ハンドル名	他に読み込むものと重複しない一意の名称にします。Googleフォントは「'google fonts'」、テーマ独自のCSSファイルは「'kuroneko-theme-styles'」とします。
ファイルへの パス	テーマフォルダー内のCSSファイルへのパスを指定します。 テーマ独自のCSSファイルは「get_template_directory_url()」関数と結合演算子を使い、「get_template_directory_uri() . '/assets/css/theme-styles.css'」とします。ウェブフォントなど、テーマ外のCSSファイルを読み込む場合はフルパスを指定します。
依存関係	指定するファイルより前に読み込むCSSファイルがある場合に指定します。Googleフォント、テーマ独自のCSSとも必要ないため、初期値の「array()」とします。
バージョン	読み込むCSSファイルのバージョンを記述します。Googleフォント、テーマ独自のCSSとも「'1.0.0'」とします。

CSSファイルは、functions.phpのneko_enqueue_scripts()関数内に次のように記述して読み込みます。

functions.php

`前略`

```php
function neko_enqueue_scripts() {
    wp_enqueue_script( 'jquery' );
    wp_enqueue_script(
        'kuroneko-theme-common',
        get_template_directory_uri() . '/assets/js/theme-common.js',
        array(),
        '1.0.0',
        true
    );
}
add_action( 'wp_enqueue_scripts', 'neko_enqueue_scripts' );
```

⬇

`前略`

```php
function neko_enqueue_scripts() {
    wp_enqueue_script( 'jquery' );
    wp_enqueue_script(
        'kuroneko-theme-common',
        get_template_directory_uri() . '/assets/js/theme-common.js',
        array(),
        '1.0.0',
        true
    );
```

Chapter 5 ウェブサイト作成の基本となるテンプレートファイルを作成する

```
    wp_enqueue_style( ◄──── Googleフォントを読み込む記述をする

        'googlefonts',

        'https://fonts.googleapis.com/css2?family=Noto+Sans+JP:wght@500&display=sw

        ap',

        array(),

        '1.0.0'

    );

    wp_enqueue_style( ◄──── テーマ独自のCSSファイルを読み込む記述をする

        'kuroneko-theme-styles',

        get_template_directory_uri() . '/assets/css/theme-styles.css',

        array(),

        '1.0.0'

    );

}

add_action( 'wp_enqueue_scripts', 'neko_enqueue_scripts' );
```

CSSファイルの読み込みができたので、header.php内のCSSを読み込む記述は削除しましょう。

header.php

前略

```
<meta name="description" content="<?php bloginfo( 'description' ); ?>">

<link href="https://fonts.googleapis.com/css2?family=Noto+Sans+JP:wght@500&display=s

wap" rel="stylesheet"> ◄── 削除する

<link href="<?php echo esc_url( get_template_directory_uri() ); ?>/assets/css/theme-

styles.css" rel="stylesheet" media="all"> ◄── 削除する

<?php wp_head(); ?>
```

後略

↓

前略

```
<meta name="description" content="<?php bloginfo( 'description' ); ?>">

<?php wp_head(); ?>
```

後略

functions.phpを保存して、フロントページを再読み込みしてみましょう。フロントページのソースコードを表示し、次のようにCSSファイルが読み込まれていれば作業は完了です。

フロントページのソースコード

```
<link rel='stylesheet' id='googlefonts-css'  href='https://fonts.googleapis.com/css2
?family=Noto+Sans+JP%3Awght%40500&#038;display=swap&#038;ver=1.0.0' type='text/css'
media='all' />
<link rel='stylesheet' id='kuroneko-theme-styles-css'  href='https://example.com/wp-
content/themes/kuroneko-hair/assets/css/theme-styles.css?ver=1.0.0' type='text/css'
media='all' />
```

関数

wp_enqueue_style(ハンドル名 , ファイルへのパス , 依存関係 , バージョン , メディア属性)

CSSファイルの依存関係を考慮し、適切にファイルへのパスを出力する。

引数

ハンドル名 (必須)	：読み込むファイルを区別するための一意な名称を指定する。
ファイルへのパス (任意)	：CSSファイルのパス。
依存関係 (任意)	：指定するCSSファイルより先に読み込まれる必要のあるCSSファイルのハンドル名を配列で指定する。
バージョン (任意)	：CSSファイルのバージョン。
メディア属性 (任意)	：all、screen、printなどのmedia属性を指定する。省略時は初期値の'all'となる。

完成コード

Step1の作業は、これで終わりです。ここで作成したファイルは次のようになりました。

index.php

```
<?php get_header(); ?>    ← header.php を読み込む
<main class="main">
    <div class="container-fluid">
        <div class="home-Hero">
            <div class="home-Hero_Inner">
                <p class="home-Hero_Txt">
                    にゃんすけ店長がお迎えする<br>ゆったり癒しの美容室
                    <span>20XX.XX DEMO OPEN</span>
                </p>
            </div>
        </div>
        中略
    </div>
</main>
<?php get_footer(); ?>    ← footer.php を読み込む
```

header.php

```php
<!DOCTYPE html>
<html <?php language_attributes(); ?>>
```
← サイトの言語属性を出力する

```php
<head>
    <meta charset="<?php bloginfo( 'charset' ); ?>">
```
← 文字コードを出力する

```php
    <meta http-equiv="X-UA-Compatible" content="IE=edge">
    <meta name="viewport" content="width=device-width, initial-scale=1.0">
    <meta name="description" content="<?php bloginfo( 'description' ); ?>">
```
← キャッチフレーズを出力する

```php
    <?php wp_head(); ?>
```
← wp_head アクションを実行する

```php
</head>

<body <?php body_class(); ?>>
```
← クラスを動的に出力する

```php
    <?php wp_body_open(); ?>
```
← wp_body_open アクションを実行する

```php
    <div class="content-Wrap">
        <header role="banner" class="header">
            <h1 class="header-SiteName">
                <a href="<?php echo esc_url( home_url() ); ?>" class="header-Site
                Name_Link">
```
← サイトトップへのリンクを出力する

```php
                    <img src="<?php echo esc_url( get_template_directory_uri() );
                    ?>/assets/img/logo.png" alt="<?php bloginfo( 'name' ); ?>">
                </a>
```
← 画像のパスを修正・ブログ名を代替テキストに出力する

```php
                <span class="header-Tagline"><?php bloginfo( 'description' ); ?></
                span>
```
← キャッチフレーズを出力する

```php
            </h1>
```
[中略]
```php
        </header>
```

footer.php

```php
        <footer role="contentinfo" class="footer">
            <div class="footer-Widgets">
```
[中略]
```php
            </div>
            <p class="footer-Copyright">
                <small>&copy; 2021 Kuroneko Hair Sample </small>
            </p>
        </footer>
    </div>
    <?php wp_footer(); ?>
```
← wp_footer アクションを実行する

```php
</body>
```

functions.php

```php
<?php
function neko_theme_setup() {          ← 関数「neko_theme_setup」を新しく定義する
    add_theme_support( 'title-tag' );  ← ページタイトル機能を有効化する
}
add_action( 'after_setup_theme', 'neko_theme_setup' );  ← 関数「neko_theme_setup」を「after_setup_theme」に実行させる


function neko_enqueue_scripts() {       ← 関数「neko_enqueue_scripts」を新しく定義する
    wp_enqueue_script( 'jquery' );      ← WordPressのjQueryを読み込む
    wp_enqueue_script(                  ← テーマ独自のJavaScriptファイルを読み込む
        'kuroneko-theme-common',
        get_template_directory_uri() . '/assets/js/theme-common.js',
        array(),
        '1.0.0'
    );
    wp_enqueue_style(                   ← Googleフォントを読み込む
        'googlefonts',
        'https://fonts.googleapis.com/css2?family=Noto+Sans+JP:wght@500&display=swap',
        array(),
        '1.0.0'
    );
    wp_enqueue_style(                   ← テーマ独自のCSSファイルを読み込む
        'kuroneko-theme-styles',
        get_template_directory_uri() . '/assets/css/theme-styles.css',
        array(),
        '1.0.0'
    );
}
add_action( 'wp_enqueue_scripts', 'neko_enqueue_scripts' );  ← 関数「neko_enqueue_scripts」を「wp_enqueue_scripts」に実行させる
```

02 固定ページ用のテンプレートファイルを作成する

■Step素材フォルダー	kuroneko_sample > Chapter5 > Step2
■学習するテーマファイル	●page.php ●functions.php ●sidebar.php

固定ページのテンプレートファイルを確認する

Step 1ではヘッダー部分とフッター部分のパーツ化と作り込みを行ってきましたが、ここからはWordPressならではのテンプレート作成が始まります。最初に行うのが、固定ページ用のテンプレートファイルの作成です。サンプルサイトでは、「メニュー」や「店舗案内」のページが固定ページにあたります。

固定ページは、固定ページ用のテンプレートファイルと、P.80で作成した「固定ページ」の登録データと組み合わせることによってウェブページとして出力されます。ここでは、P.87で作成した「店舗案内」ページを例に、固定ページ用のテンプレートファイル「page.php」の作成を解説します。最初に、固定ページに使われるテンプレートの優先順位を確認しておきましょう。

●固定ページのテンプレート優先順位

優先順位	テンプレート
1	page-$slug.php
2	page-$id.php
3	page.php
4	singular.php
5	index.php

Step 2で作成するpage.phpは、優先順位が3番目のテンプレートです。これはどういうことでしょうか？ 例えば、次のような固定ページがあるとします。

ページタイトル	店舗案内
スラッグ名 ($slug)	about
ページID ($id)	10

この固定ページが表示される場合、テンプレートの第1優先はスラッグ名のついた「page-about.php」、次に固定ページのIDが振られた「page-10.php」、それらがなければ第3優先の「page.php」、第4優先に投稿と固定ページどちらにも使える「singular.php」、singular.phpがなければ最終的に必須テンプレートの「index.php」が表示される、といった具合です。

ウェブサイト作成の基本となるテンプレートファイルを作成する

Chapter 5

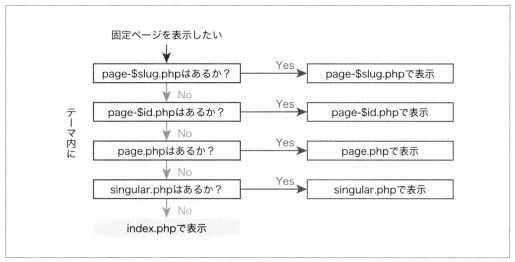

固定ページのテンプレート選択イメージ

WordPressのテーマ作成ではむやみに優先度の高いテンプレートファイルを作るのではなく、固定ページのテンプレートとしてもっとも基本となる「page.php」を作成し、必要に応じて「page-$slug.php」や「page-$id.php」といったより絞り込まれたテンプレートを利用するのがよいでしょう。ページの内容に合わせて、テンプレートを上手に使い分けることが大切です。

Step 2-1 ▶ page.php を作成する

では、固定ページ用のテンプレート「page.php」を作り始めましょう。最初に、テンプレートファイルの基本構造を作成していきます。Step 1で作成した「header.php」や「footer.php」と同じく「page.php」も、元になるHTMLファイルに対してPHPを記述していきます。

❶土台となるファイルを作成する

Step素材「kuroneko_sample」>「Chapter5」>「Step2」>「HTML」にあるpage.htmlを「kuroneko-hair」フォルダーにコピーし、拡張子を「.php」に変更します。

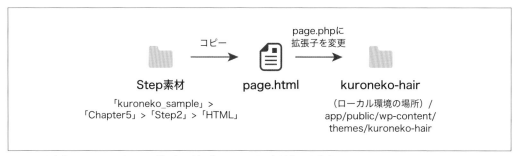

page.html を「kuroneko-hair」フォルダーにコピーし、page.php とリネームする

❷ ヘッダーとフッターを読み込む

P.110でパーツ化したヘッダー部分とフッター部分を、page.phpにも読み込みます。page.phpをテキストエディターで開き、ヘッダー部分は<!DOCTYPE html>から</header>までを<?php get_header(); ?>で置き換えます。フッター部分は<footer role="contentinfo" class="footer">から</html>を<?php get_footer(); ?>で置き換えましょう。

page.php

```
<!DOCTYPE html>
<html lang="ja">
<head>
```
中略
```
</header>
<div class="container-fluid content">
```
後略

⬇

```
<?php get_header(); ?>
```
◀━━ テンプレートタグで置き換える
```
<div class="container-fluid content">
```
後略

page.php

前略
```
        <footer role="contentinfo" class="footer">
            <div class="footer-Widgets">
```
中略
```
            </div>
            <p class="footer-Copyright">
                <small>&copy; 2021 Kuroneko Hair Sample </small>
            </p>
        </footer>
    </div>
    <script src="./assets/js/theme-common.js"></script>
</body>
</html>
```

⬇

前略
```
<?php get_footer(); ?>
```
◀━━ テンプレートタグで置き換える

❸ループを記述する

P.53で学んだループの基本形を、<article>〜</article>を挟むようにして記述します。ループは投稿があるかどうかを判定し、投稿があれば内容を表示するしくみでした。

page.php

```
<?php get_header(); ?>
<div class="container-fluid content">
    <div class="row">
        <div class="col-lg-8">
            <main class="main">
                                        ← この部分に記述する
                <article>
                中略
                </article>
                                        ← この部分に記述する
            </main>
        </div>
後略
```

⬇

```
<?php get_header(); ?>
<div class="container-fluid content">
    <div class="row">
        <div class="col-lg-8">
            <main class="main">
                <?php if( have_posts() ) : ?>
                    <?php
                    while( have_posts() ) :        ← ループを追記する
                        the_post();
                    ?>
                <article>
                中略
                </article>
                <?php endwhile; ?>               ← ループの終了を追記する
                <?php endif; ?>
            </main>
        </div>
後略
```

❹ページ固有のIDとクラスを出力する

ループ内のarticleタグに、テンプレートタグ「the_ID()」と「post_class()」を使ってページ固有のIDと
クラスを出力するようにします。こうすることで、特定のページだけ独自にCSSで装飾をしたり、
JavaScriptで操作するといったことがしやすくなります。

page.php

```
前略
<main class="main">
<?php if( have_posts() ) : ?>
    <?php
    while( have_posts() ) :
        the_post();
        ?>
    <article>          ← この部分に追加する
        <header class="content-Header">
            <h1 class="content-Title">
                店舗案内
            </h1>
        </header>
後略
```

⬇

```
前略
<main class="main">
<?php if( have_posts() ) : ?>
    <?php
    while( have_posts() ) :
        the_post();
        ?>
    <article id="post-<?php the_ID(); ?>" <?php post_class(); ?>>   ← 属性とテンプレートタグを追加する
        <header class="content-Header">
            <h1 class="content-Title">
                店舗案内
            </h1>
        </header>
後略
```

ソースコード上は、次のようにIDとクラスが出力されます。

```
<article id="post-38" class="post-38 page type-page status-publish hentry">
```

テンプレートタグ the_ID()

現在の投稿または固定ページのIDを出力する。必ずループの中で使用する。

テンプレートタグ post_class(クラス名 , 投稿ID)

現在の投稿または固定ページに関連するクラス（投稿ID、投稿タイプ、カテゴリー、タグなど）を出力する。

引数

クラス名（任意）：任意の文字列を指定すると、独自のクラスとして出力される。複数ある場合は半角スペースで区切る。または、配列でも指定できる。

投稿ID（任意）　：表示される投稿／固定ページのID。初期値は現在の投稿／固定ページ。

Step 2-2 サイドバーを分割する

ここで、テンプレートファイルの元となるHTMLファイル（page.html）を見てみると、固定ページにはサイドバーがあることがわかります。P.110でヘッダー部分とフッター部分を分割した手順で、サイドバーもパーツ化してみましょう。

サイドバーが表示されたpage.html

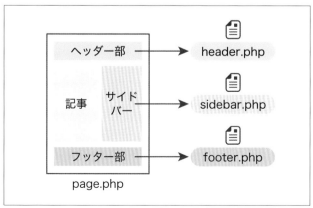

ファイルの分割イメージ

❶ sidebar.phpを作成する

「kuroneko-hair」フォルダー内に、「sidebar.php」という名前の空ファイルを作成します。続いて、page.phpの<div class="col-lg-4">で囲まれた部分をカットし、sidebar.phpにペーストして保存します。

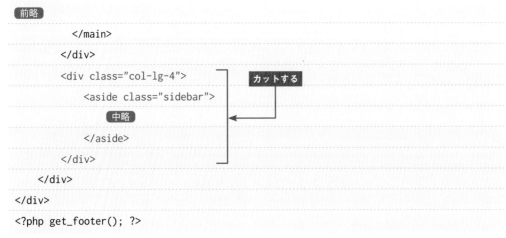

```
page.php

前略
        </main>
      </div>
      <div class="col-lg-4">          ┐  カットする
          <aside class="sidebar">    │
          中略                        │  ←
          </aside>                   │
      </div>                          ┘
    </div>
  </div>
<?php get_footer(); ?>
```

```
sidebar.php                                      page.phpからペーストする

<div class="col-lg-4">   ←
    <aside class="sidebar">
        <div class="widget_block">
            <h2>カテゴリー</h2>
            <ul class="wp-block-categories-list wp-block-categories">
                <li><a href="#">お知らせ</a></li>
                <li><a href="#">アイテム</a></li>
                <li><a href="#">キャンペーン</a></li>
                <li><a href="#">ブログ</a></li>
            </ul>
        </div>
        <div class="widget_block">
            <h2>アーカイブ</h2>
            <ul class="wp-block-archives-list wp-block-archives">
                <li><a href="#">2021年3月</a></li>
                <li><a href="#">2020年11月</a></li>
                <li><a href="#">2020年10月</a></li>
                <li><a href="#">2020年9月</a></li>
            </ul>
```

```
                </div>
            </aside>
        </div>
```

❷ page.php にテンプレートタグを追加する

page.phpのサイドバーのソースコードがあった場所に、テンプレートタグ「get_sidebar()」を追記します。このテンプレートタグは、get_header()やget_footer()と同じようにテーマフォルダー内のサイドバーファイル（sidebar.php）を読み込む役割があります。

page.php

前略
```
                    </main>
                </div>

                    ← ここに記述する

            </div>
        </div>
        <?php get_footer(); ?>
```

⬇

前略
```
                    </main>
                </div>
                <?php get_sidebar(); ?>   ← テンプレートタグを記述する
            </div>
        </div>
        <?php get_footer(); ?>
```

page.phpを保存し、固定ページ一覧からいずれかのページを表示してみましょう。ヘッダーとフッター、そしてサイドバーが読み込まれていれば大丈夫です。

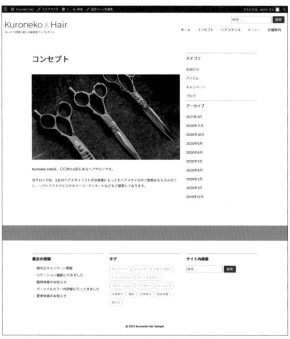

ヘッダー、フッター、サイドバーが読み込まれた固定ページ

sidebar.phpの作成は、いったんこれで終了です。続きの作業（ウィジェットエリアの追加）は、P.271で行います。

テンプレートタグ get_sidebar(ファイル名)

テーマフォルダーにあるsidebar.phpを読み込む。

引数

ファイル名（任意）：ファイルの名前を指定すると、指定したサイドバーファイルを読み込む。

Step 2-3 タイトルを出力する

固定ページの土台が完成したら、次はコンテンツ部分をテンプレートタグで置き換えていきます。最初に、ページタイトル部分をテンプレートタグに置き換えてみましょう。

テンプレートタグ「the_title()」を使って、固定ページ編集画面の「タイトル」に入力した文字列がh1要素に出力されるようにします。「the_title()」はこのあとも頻繁に利用するテンプレートタグなので、しっかり覚えておきましょう。

`page.php`

```
前略

<header class="content-Header">

    <h1 class="content-Title">

        店舗案内

    </h1>

</header>

後略
```

⬇

```
前略

<header class="content-Header">

    <h1 class="content-Title">

        <?php the_title(); ?>  ←  テンプレートタグに置き換える

    </h1>

</header>

後略
```

テンプレートタグ the_title(タイトル前の文字列, タイトル後の文字列, タイトルの表示/非表示)

現在の投稿のタイトルを表示/取得する。必ずループの中で使用する。

引数

タイトル前の文字列 (オプション) ：タイトルの前に出力する文字列。
タイトル後の文字列 (オプション) ：タイトルの後に出力する文字列。
タイトルの表示/非表示 (オプション) ：タイトルを表示する。初期値は「true」。

Step 2-4 本文を出力する

続いて、本文にあたる部分をテンプレートタグに置き換えます。固定ページ編集画面の「本文」に入力した内容は、テンプレートタグ「the_content()」を使って表示します。

the_content() タグは、投稿や固定ページの編集画面「本文」に入力した内容を丸ごと出力するテンプレートタグです。編集画面に入力した「見出し」や「画像」なども、そのままの構成で出力されます。

<table class="table-striped">から</iframe>までをカットし、the_content() タグに置き換えます。

`前略`

```php
<main class="main">
<?php if ( have_posts() ) : ?>
    <?php
    while ( have_posts() ) :
        the_post();
        ?>
    <article id="post-<?php the_ID(); ?>" <?php post_class(); ?>>
        <header class="content-Header">
            <h1 class="content-Title">
                <?php the_title(); ?>
            </h1>
        </header>
        <div class="content-Body">
            <div class="content-EyeCatch">
                <img src="./assets/img/shop.jpg" alt="">
            </div>
            <table class="table-striped">          ← カットする
                <tbody>
                    <tr>
                        <td>住所</td>
                        <td>〒000-0000 □□県〇〇市△△区☆☆町000</td>
                    </tr>
                    <tr>
                        <td>電話番号</td>
                        <td>000-000-0000</td>
                    </tr>
                    <tr>
                        <td>営業時間</td>
                        <td>平日 10:00〜19:00 / 土・日 9:00〜19:00<br>※受付：カット
                        は閉店1時間前まで、カラーまたはパーマは2時間前まで</td>
                    </tr>
                    <tr>
                        <td>休業日</td>
                        <td>毎週月曜・第2 &amp; 第4火曜日</td>
                    </tr>
                    <tr>
                        <td>スタッフ</td>
                        <td>スタイリスト3名／アシスタント2名</td>
```

```
          </tr>
         </tbody>
        </table>
        <iframe src="https://www.google.com/maps/embed?pb=!1m18!1m12!1m3!1d3280.
          039827139448!2d137.73227565048458!3d34.70417539044434!2m3!1f0!2f0!3f0!3
          m2!1i1024!2i768!4f13.1!3m3!1m2!1s0x601ade7760d07ed9%3A0xf0a52daac3b91a51
          !2z5rWc5p2-!5e0!3m2!1sja!2sjp!4v1619326103946!5m2!1sja!2sjp"
          width="100%" height="450" style="border:0;" allowfullscreen=""
          loading="lazy"></iframe>
       </div>
      </article>
      <?php endwhile; ?>
  <?php endif; ?>
</main>
```

後略

前略

```
<main class="main">
<?php if ( have_posts() ) : ?>
    <?php
    while ( have_posts() ) :
        the_post();
        ?>
    <article id="post-<?php the_ID(); ?>" <?php post_class(); ?>>
        <header class="content-Header">
            <h1 class="content-Title">
                <?php the_title(); ?>
            </h1>
        </header>
        <div class="content-Body">
            <div class="content-EyeCatch">
                <img src="./assets/img/shop.jpg" alt="">
            </div>
            <?php the_content(); ?>          テンプレートタグに置き換える
        </div>
    </article>
    <?php endwhile; ?>
<?php endif; ?>
</main>
```

後略

テンプレートタグ the_content(続きリンクの文字列, 分割点前の表示)

投稿または固定ページの本文をすべて、または一部を出力する。必ずループの中で使用する。

引数

続きリンクの文字列 (オプション)：アーカイブテンプレートで使用する場合、「続き」ブロック
(<!--more-->) で分割された本文の続きを読むためのリンクに
表示する文字列。省略時は (さらに…) と表示される。

分割点前の表示 (オプション) ：分割された本文の続きに移動したとき、分割点より前の内容を
表示するかどうか。初期値は「false」。

Step 2-5 アイキャッチ画像を出力する

本文上部にある画像は、「アイキャッチ画像」と呼ばれるものです。アイキャッチ画像は必須というわけではありませんが、本文への視覚的な導入として用いられることが多い要素です。

固定ページのアイキャッチ画像

アイキャッチ画像の機能は、テーマ側で有効化する必要があります。サンプルテーマでこの機能を有効化し、固定ページのアイキャッチ画像を編集画面から登録して、公開サイト側に表示させてみましょう。

❶アイキャッチ画像パネルを有効化する

アイキャッチ画像を有効化するには、functions.phpに設定を記述します。P.124でページタイトルの機能を有効化したのと同じように「add_theme_support()」関数を使い、add_theme_support('post-thumbnails');と記述します。

functions.php

```
function neko_theme_setup() {
    add_theme_support( 'title-tag' );
        ←──── ここに関数を記述する
}
```

```
add_action( 'after_setup_theme', 'neko_theme_setup' );
```
（後略）

↓

```
function neko_theme_setup() {
    add_theme_support( 'title-tag' );
    add_theme_support( 'post-thumbnails' );    ← 関数を記述する
}
add_action( 'after_setup_theme', 'neko_theme_setup' );
```
（後略）

これで、固定ページ編集画面の設定サイドバーにアイキャッチ画像パネルが表示されるようになりました。

アイキャッチパネルが表示された

関数 add_theme_support('post-thumbnails')

投稿や固定ページでアイキャッチ画像機能を有効にする。
テーマ内の functions.php に記述する。

❷アイキャッチ画像サイズを指定する

アイキャッチ画像の機能が有効になりましたが、現時点ではアップロードした画像がそのままの縦横比で出力されてしまいます。WordPressでは画像を任意のサイズで出力するしくみが用意されているので、それを利用してみましょう。

WordPressにアップロードした画像は、WordPress管理画面の［設定］＞［メディア］で設定した値で自動的にリサイズされます。その自動生成された画像を利用することもできますが、ウェブページのデ

ザインであらかじめサイズが決まっている場合は独自の画像サイズを用意した方が便利です。

ここではfunctions.phpにテーマ独自の画像サイズ「page_eyecatch」を定義しましょう。画像サイズの登録には、「add_image_size()」関数を使います。

functions.phpを開き、neko_theme_setup()の中にadd_image_size('page_eyecatch', 1100, 610, true);と記述します。この場合、「横1100px、縦610pxに切り抜いた画像をpage_eyecatchというサイズ名として登録する」という意味になります。

functions.php

```php
function neko_theme_setup() {
    add_theme_support( 'title-tag' );
    add_theme_support( 'post-thumbnails' );
    ← ここに関数を記述する
}
add_action( 'after_setup_theme', 'neko_theme_setup' );
後略
```

↓

```php
function neko_theme_setup() {
    add_theme_support( 'title-tag' );
    add_theme_support( 'post-thumbnails' );
    add_image_size( 'page_eyecatch', 1100, 610, true ); ← 関数を記述する
}
add_action( 'after_setup_theme', 'neko_theme_setup' );
後略
```

関数 add_image_size(画像サイズ名, 画像幅, 画像高, 切り抜き可否)

新しい画像サイズを登録する。

引数

画像サイズ名 (必須) ：新しく登録する画像サイズの名称。
画像幅 (オプション) ：新しく登録する画像サイズの幅 (px)。
画像高 (オプション) ：新しく登録する画像サイズの高さ (px)。
切り抜き可否 (オプション)：画像の切り抜きをするかどうか。初期値は「false」。

❸アイキャッチ画像を登録する

これで、アイキャッチ画像の機能を有効化し、パネルの表示と独自の画像サイズ登録ができました。では、固定ページにアイキャッチ画像を登録してみましょう。固定ページ「店舗案内」の編集画面を開き、「固定ページ」タブの「アイキャッチ画像」パネルを表示します。

固定ページ編集画面のアイキャッチパネル

「アイキャッチ画像を設定」をクリックし、表示された画面で「ファイルをアップロード」タブを選択します。Step素材「kuroneko_sample」＞「Chapter5」＞「Step2」にある「shop.jpg」を画面にドロップして、アップロードします。「アイキャッチ画像を設定」をクリックし、登録画像を確定します。

ファイルをアップロードし、設定する

これでアイキャッチ画像が固定ページに設定されるので、固定ページ編集画面の「更新」をクリックして設定を保存しましょう。

❹アイキャッチ画像を出力する

page.phpのimg要素を、アイキャッチ画像を出力するテンプレートタグ「the_post_thumbnail()」に置き換えます。アイキャッチ画像のサイズは新しく登録した「page_eyecatch」を指定し、<?php the_post_thumbnail('page_eyecatch'); ?>と記述します。

アイキャッチ画像に代替テキストが必要な場合は、画像選択画面の「代替テキスト」欄に入力します。alt属性と代替テキストは、テンプレートタグが自動で出力します。

画像選択画面の「代替テキスト」欄

page.php

前略

```
<div class="content-Body">
    <div class="content-EyeCatch">
        <img src="./assets/img/shop.jpg" alt="">
    </div>
    <?php the_content(); ?>
</div>
```

後略

⬇

```
<div class="content-Body">

    <div class="content-EyeCatch">

        <?php the_post_thumbnail( 'page_eyecatch' ); ?>  ←  テンプレートタグに置き換える

    </div>

    <?php the_content(); ?>

</div>
```

後略

関数 the_post_thumbnail(サイズ , 属性)

投稿または固定ページのアイキャッチ画像を出力する。ループの中でのみ使用できる。

引数

サイズ（オプション）：画像サイズをキーワードまたは配列で指定。
属性（オプション） ：アイキャッチ画像のimg要素に付加する属性や値を配列で記述。

❺ アイキャッチ画像がある場合のみ表示させる

これでアイキャッチ画像を表示させる設定ができましたが、現時点ではアイキャッチ画像の登録がない場合、img要素を囲む<div class="content-EyeCatch"></div>が出力されてしまいます。登録がある場合のみ、アイキャッチ画像とdivタグが出力されるようにしてみましょう。

テンプレートタグには、特にその役割から条件分岐タグと呼ばれるものがあります。条件分岐タグはifと組み合わせることによって、PHPの処理を振り分けます。ここでは条件分岐タグ「has_post_thumbnail()」を使って、アイキャッチ画像の登録の有無を判別する条件分岐を記述します。

page.php

前略

```
<div class="content-Body">

    <div class="content-EyeCatch">

        <?php the_post_thumbnail( 'page_eyecatch' ); ?>

    </div>

    <?php the_content(); ?>

</div>
```

後略

⬇

```php
<div class="content-Body">
    <?php if ( has_post_thumbnail() ) : ?>          ← 条件分岐を追記する
    <div class="content-EyeCatch">
        <?php the_post_thumbnail( 'page_eyecatch' ); ?>
    </div>
    <?php endif; ?>          ← 条件分岐の終了を追記する
    <?php the_content(); ?>
</div>
```

これで、固定ページへのアイキャッチ画像の登録ができました。ウェブページを再読み込みして、表示を確認してみましょう。

固定ページにアイキャッチ画像が表示された

条件分岐タグ　has_post_thumbnail(投稿ID)

現在の投稿もしくは固定ページに、アイキャッチ画像が登録されているかチェックする。

引数

投稿ID（オプション）：投稿のID。

HINT **アイキャッチ画像のサイズ指定方法**

Step 2で紹介した他にも、アイキャッチ画像のサイズ指定にはいくつかの方法があります。

❶数値で直接指定する

テンプレートタグ「the_post_thumbnail()」の引数に、配列（幅,高さ）で指定する方法です。

```php
<?php the_post_thumbnail( array( 900, 560 ) ); ?>
```

❷WordPressのメディア設定サイズを利用する

WordPress管理画面の［設定］＞［メディア］で画像サイズを設定し、決められたキーワードを指定する方法です。

```php
<?php the_post_thumbnail( 'キーワード' ); ?>
```

●キーワードの種類

thumbnail	サムネイルのサイズ（初期値 幅150px 高さ150px）
medium	中サイズ（初期最大値 幅300px 高さ300px）
large	大サイズ（初期最大値 幅1024px 高さ1024px）
full	フルサイズ（アップロードした画像の元サイズ）

設定した数値よりも小さな画像がアップロードされた場合、そのサイズより大きなサムネイルは自動作成されません。また数値を0にすることで、そのサイズの画像は作成されなくなります。

❸独自の画像サイズを定義し指定する

本章で紹介した「add_image_size()」関数を使った指定方法です。ウェブサイトのデザインに沿ったサイズの画像を生成できて便利な反面、複数の画像サイズを定義すると、画像ファイルもその数だけ生成されることになります。サーバー容量の小さいレンタルサーバーなどの場合は注意してください。

```php
<?php the_post_thumbnail( 'page_eyecatch' ); ?>
```

❹アイキャッチ画像の初期サイズを設定する

functions.phpに「set_post_thumbnail_size()」関数を記述し、the_post_thumbnail()の初期値として指定する方法です。

```php
set_post_thumbnail_size( 1100, 610, true ); //幅，高さ，切り抜き可否
```

Step 2の作業はこれで終わりです。ここで作成したファイルは、次のようになりました。

page.php

```php
<?php get_header(); ?>
<div class="container-fluid content">
    <div class="row">
        <div class="col-lg-8">
            <main class="main">
            <?php if( have_posts() ) : ?>
                <?php
                while( have_posts() ) :
                    the_post();
                ?>
                <article id="post-<?php the_ID(); ?>" <?php post_class(); ?>>
                    <header class="content-Header">
                        <h1 class="content-Title">
                            <?php the_title(); ?>
                        </h1>
                    </header>
                    <div class="content-Body">
                        <?php if ( has_post_thumbnail() ) : ?>
                        <div class="content-EyeCatch">
                            <?php the_post_thumbnail( 'page_eyecatch' ); ?>
                        </div>
                        <?php endif; ?>
                        <?php the_content(); ?>
                    </div>
                </article>
                <?php endwhile; ?>
            <?php endif; ?>
            </main>
        </div>
        <?php get_sidebar(); ?>
    </div>
</div>
<?php get_footer(); ?>
```

- header.php を読み込む
- 固定ページの存在有無を判定する
- 固定ページの出力を開始する
- ページ固有のIDとクラスを出力する
- ページタイトルを出力する
- アイキャッチが登録されていたら処理を開始する
- page_eyecatch に指定されたサイズの画像を取得して表示
- アイキャッチの処理を終了する
- 本文を出力する
- 固定ページの出力を終了する
- 固定ページの有無判定を終了する
- sidebar.php を読み込む
- footer.php を読み込む

functions.php

```php
<?php
function neko_theme_setup() {
    add_theme_support( 'title-tag' );
    add_theme_support( 'post-thumbnails' );
    add_image_size( 'page_eyecatch', 1100, 610, true );
}
add_action( 'after_setup_theme', 'neko_theme_setup' );
```

← テーマでアイキャッチ画像パネルを有効化する

← 新しい画像サイズを登録する

〔後略〕

sidebar.php

```html
<div class="col-lg-4">
    <aside class="sidebar">
        <div class="widget_block">
            <h2>カテゴリー</h2>
            <ul class="wp-block-categories-list wp-block-categories">
                <li><a href="#">お知らせ</a></li>
                <li><a href="#">アイテム</a></li>
                <li><a href="#">キャンペーン</a></li>
                <li><a href="#">ブログ</a></li>
            </ul>
        </div>
        <div class="widget_block">
            <h2>アーカイブ</h2>
            <ul class="wp-block-archives-list wp-block-archives">
                <li><a href="#">2021年3月</a></li>
                <li><a href="#">2020年11月</a></li>
                <li><a href="#">2020年10月</a></li>
                <li><a href="#">2020年9月</a></li>
            </ul>
        </div>
    </aside>
</div>
```

← サイドバーをパーツ化した

03 投稿ページ用のテンプレートファイルを作成する

■Step素材フォルダー	kuroneko_sample > Chapter5 > Step3
■学習するテーマファイル	●single.php

投稿ページのテンプレートファイルを確認する

Step 2では、固定ページ用のテンプレートである「page.php」を作成しました。Step 3では、投稿ページ用のテンプレートファイルを作成していきましょう。

作業に入る前に、投稿ページに使われるテンプレートの優先順位を確認しておきましょう。第1優先のsingle-post.phpは、WordPressの標準投稿のみに使われるテンプレートです。第2優先のsingle.phpは、Chapter 8で解説するカスタム投稿記事の表示にも使用できます。そのため、ここでは第2優先のsingle.phpを投稿ページ用のテンプレートファイルとします。

●投稿ページのテンプレート優先順位

優先順位	テンプレート
1	single-post.php
2	single.php
3	singular.php
4	index.php

このStepでは、P.89で作成した「雨の日キャンペーン開催」の投稿を使って、single.phpの作成を解説していきます。single.phpにはpage.phpで扱った基本的な内容に加え、投稿日やカテゴリー、タグなど、投稿ならではの情報が含まれます。page.phpよりも少し複雑な手順になりますが、全体の構成をしっかり把握しながら進めていきましょう。

Step 3-1 single.php を作成する

最初に、single.phpの土台となるファイルを作成しましょう。

❶土台となるファイルを作成する

Step素材「kuroneko_sample」>「Chapter5」>「Step3」>「HTML」にあるsingle.htmlを「kuroneko-hair」フォルダーにコピーし、single.phpとリネームします。

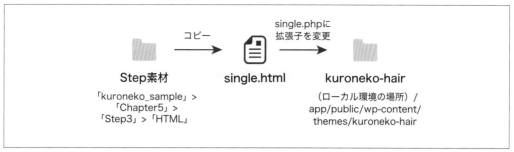

single.html を「kuroneko-hair」フォルダーにコピーし、single.php とリネームする

❷共通部分と記事部分をテンプレートタグで置き換える

single.phpをテキストエディターで開きます。Step 2のpage.php作成で学んだテンプレートタグと関数を思い出しながら、共通部分と記事部分を置き換えてみましょう。

single.php

```php
<?php get_header(); ?>          ← ヘッダーを読み込む
<div class="container-fluid content">
    <div class="row">
        <div class="col-lg-8">
            <main class="main">
            <?php if( have_posts() ) : ?>
                <?php
                while( have_posts() ) :      ← ループを追記する
                    the_post();
                ?>
                <article id="post-<?php the_ID(); ?>" <?php post_class(); ?>>   ←
                    <header class="content-Header">      固有のIDとクラス
                                                         を出力する
                        <h1 class="content-Title">
                            <?php the_title(); ?>     ← ページタイトルを出力する
                        </h1>
                        <div class="content-Meta">
                            <a href="#">キャンペーン</a>
                            <a href="#" class="content-Meta_Date">
                                <time datetime="2021-03-12">2021年3月12日</time>
                            </a>
                        </div>
                    </header>
                    <div class="content-Body">
                        <?php if ( has_post_thumbnail() ) : ?>   ← 条件分岐を追加する
                        <div class="content-EyeCatch">
```

```
                <?php the_post_thumbnail( 'page_eyecatch' ); ?>    ←──── アイキャッチ画像
            </div>                                                       を出力する
            <?php endif; ?>    ←──────── 条件分岐の終了を追加する
            <?php the_content(); ?>    ←──────── 本文を出力する
        </div>
        <footer class="content-Footer">
            <ul class="content-Tags" aria-label="タグ">
                <li><a href="#" rel="tag">ご予約</a></li>
                <li><a href="#" rel="tag">雨の日</a></li>
            </ul>
            <nav class="content-Nav" aria-label="前後の記事">
                <div class="content-Nav_Prev">
                    &lt; <a href="#" rel="prev">前のページタイトル</a>
                </div>
                <div class="content-Nav_Next">
                    <a href="#" rel="next">次のページタイトル</a> &gt;
                </div>
            </nav>
        </footer>
    </article>
    <?php endwhile; ?>    ←──────── ループの終了を追加する
    <?php endif; ?>
    </main>
</div>
<?php get_sidebar(); ?>    ←──────── サイドバーを読み込む
    </div>
</div>
<?php get_footer(); ?>    ←──────── フッターを読み込む
```

「雨の日キャンペーン開催」の投稿には、まだアイキャッチ画像が登録されていません。P.152と同じ手順で、Step素材「kuroneko_sample」>「Chapter5」>「Step3」にあるrainy-day.jpgを登録しましょう。

画像を登録できたら、single.phpをいったん保存し、「雨の日キャンペーン開催」の投稿を表示してみましょう。投稿がエラーなしで表示されれば問題ありません。これでsingle.phpの元となるファイルが作成できました。現時点では静的コーディングのデザインサンプルと表示が異なりますが、本文のテーブルなど、ブロックの表示はP.290で整えていきます。

single.phpの基本部分を置き換え、投稿が表示された

Step 3-2 投稿の日付を表示する

投稿タイトルの下には、いつ公開されたかがわかるように日付の表示があります。この日付を、テンプレートタグで出力してみましょう。投稿の日付を出力するには、テンプレートタグ「get_the_date()」を使います。

投稿の日付

①日付表示を関数で置き換える

最初に、日付が出力される箇所を「get_the_date()」タグで置き換えましょう。get_the_date()は、echo
と組み合わせて<?php echo get_the_date(); ?>と記述します。

single.php

前略

```
<div class="content-Meta">
    <a href="#">キャンペーン</a>
    <a href="#" class="content-Meta_Date">
        <time datetime="2021-03-12">2021年3月12日</time>
    </a>
</div>
```

後略

↓

前略

```
<div class="content-Meta">
    <a href="#">キャンペーン</a>
    <a href="#" class="content-Meta_Date">
        <time datetime="<?php echo get_the_date(); ?>"><?php echo get_the_date();
        ?></time>
    </a>
</div>
```

テンプレートタグで置き換える

後略

❷日付書式を追加する

この段階では、P.68で指定した日付書式に従い「2021年3月12日」と出力されます。しかし、timeタグのdatetime属性は「2021-03-12」と出力したいので、get_the_date()タグの引数に日付書式を記述して、任意の形式で日付が出力されるようにします。datetime属性の日付書式は、次のようになります。

日付の書式	Y-m-d
出力結果	2021-03-12

先ほど置き換えた関数に日付書式を追記しましょう。

`single.php`

投稿を再読み込みしてソースコードを確認し、次のように実際の投稿日が出力されていれば問題ありません。

```
<time datetime="2021-03-12">2021年3月12日</time>
```

テンプレートタグ get_the_date(日時書式)

現在の投稿の投稿日を表示する。必ずループの中で使用する。

引数

日付書式（オプション）：時間を表示する書式。初期値は WordPress で設定された形式が表示される。

HINT **get_the_date() を使う理由**

投稿の日付を出力するテンプレートタグには、「the_date()」というものもあります。しかしこのテンプレートタグは、ループ内で同じ日付を1回しか表示できません。そのため本書では、datetime属性とtime要素の両方に同じ日付を出力するためにテンプレートタグ「get_the_date()」を利用しています。

HINT **日付や時間の書式**

WordPressでは、PHPと同じ日付や時間の書式が利用できます。次の表は、よく使う日付や時間の書式をまとめたものです。

区分	書式	意味	表示例
年	Y	4桁の数字	2021
	y	2桁の数字	21
月	m	2桁の数字	01 〜 12
	n	1桁か2桁の数字	1 〜 12
	F	フルスペル	January 〜 December
	M	3文字の省略形	Jan 〜 Dec
日	d	2桁の数字	01 〜 31
	j	1桁か2桁の数字	1 〜 31
曜日	l	フルスペル	Monday 〜 Sunday
	D	3文字の省略形	Mon 〜 Sun
時間帯（午前/午後）	A	大文字	AM / PM
	a	小文字	am / pm
時（12時間）	h	2桁の数字	01 〜 12
	g	1桁か2桁の数字	1 〜 12
時（24時間）	H	2桁の数字	01 〜 24
	G	1桁か2桁の数字	1 〜 24
分	i	2桁の数字	00 〜 59
秒	s	2桁の数字	00 〜 59

❸月別アーカイブへのリンクを追加する

サンプルサイトの投稿ページでは、投稿日のリンクからその月に投稿された記事一覧（月別アーカイブ）が開くようにします。月別アーカイブのURLは、次の形式になります。アーカイブページのテンプレートファイルは、次のStep 4で作成します。

```
http://example.com/2021/03（※4桁の年/2桁の月）
```

しかし、WordPressには投稿が属する月別アーカイブのURLを取得するテンプレートタグがありません。どうしたらよいでしょうか？

「2021/03」は、投稿の投稿年、投稿月にあたります。そのため、❶で使った「get_the_date()」タグを使えば取得できそうです。また「get_month_link()」関数を使うと、引数に年・月を指定することで任意の月別アーカイブのURLを出力できます。この2つを組み合わせて、投稿が属する月別アーカイブのURLを出力してみましょう。

最初に、日付の表示で使った「get_the_date('Y')」で投稿年、「get_the_date('m')」で投稿月を取得し、それぞれ「$neko_post_year」「$neko_post_month」という変数（P.45）に格納します。それぞれに日付書式を指定し、4桁の年、2桁の月が得られるようにします。

```php
<?php
    $neko_post_year  = get_the_date( 'Y' );  ← 投稿年を取得し変数に格納する
    $neko_post_month = get_the_date( 'm' );  ← 投稿月を取得し変数に格納する
?>
```

続いて「get_month_link()」関数の引数として投稿年・月の変数を設定し、echoを使って <?php echo get_month_link($neko_post_year, $neko_post_month); ?> と href属性に記述します。

```
<a href="<?php echo get_month_link( $neko_post_year, $neko_post_month ); ?>">文字列</a>
```

月別アーカイブのURL取得のしくみ

```
前略

<div class="content-Meta">
    <a href="#">キャンペーン</a>
    <a href="#" class="content-Meta_Date">
        <time datetime="<?php echo get_the_date( 'Y-m-d' ); ?>"><?php echo get_the_
        date(); ?></time>
    </a>
</div>

後略
```

↓

```
前略

<div class="content-Meta">
    <a href="#">キャンペーン</a>
    <?php
        $neko_post_year   = get_the_date( 'Y' );    ← 投稿年を取得し変数に格納する
        $neko_post_month  = get_the_date( 'm' );    ← 投稿月を取得し変数に格納する
    ?>
    <a href="<?php echo get_month_link( $neko_post_year, $neko_post_month ); ?>"
    class="content-Meta_Date">     ↑ 関数に置き換える
        <time datetime="<?php echo get_the_date( 'Y-m-d' ); ?>"><?php echo get_the_
        date(); ?></time>
    </a>
</div>

後略
```

投稿を再読み込みして、ソースコードを確認してみましょう。次のようにリンクが出力されていれば問題ありません。

```
<a href="https://example.com/2021/03/">
    <time datetime="2021-03-12">2021年3月12日</time>
</a>
```

WordPressのテーマ作成では、このように情報を個別に取得し、それらの結果を組み合わせて使うことがよくありますので覚えておきましょう。

指定した年・月の月別アーカイブのURLを返す。年 / 月に「''」もしくは「false」を設定すると、当月のリンクを返す。

引数
年 (必須)：アーカイブの年。
月 (必須)：アーカイブの月。

Step 3-3 カテゴリーを表示する

WordPressには、「カテゴリー」という投稿の分類機能があります。P.89で作成した投稿では、「キャンペーン」というカテゴリーを作成し、投稿に設定しました。サンプルサイトの投稿ページでは、ページタイトルの下にカテゴリー名が出力されます。テンプレートタグを使って、投稿に設定したカテゴリー名を表示させてみましょう。

投稿カテゴリーの表示位置

カテゴリー名の表示には、テンプレートタグ「the_category()」を使います。the_category()タグで出力されるカテゴリー名は、各カテゴリーのアーカイブページへのリンクも含まれます。カテゴリー名とそれを囲むaタグを、<?php the_category(', '); ?>と書き換えましょう。

前略

```
<div class="content-Meta">
    <a href="#">キャンペーン</a>
    <?php
        $neko_post_year  = get_the_date( 'Y' );
        $neko_post_month = get_the_date( 'm' );
    ?>
    <a href="<?php echo get_month_link( $neko_post_year, $neko_post_month ); ?>"
    class="content-Meta_Date">
        <time datetime="<?php echo get_the_date( 'Y-m-d' ); ?>"><?phpe cho get_the_
        date(); ?></time>
    </a>
</div>
```

後略

↓

前略

```
<div class="content-Meta">
    <?php the_category( ', ' ); ?>        ← テンプレートタグに置き換える
    <?php
        $neko_post_year  = get_the_date( 'Y' );
        $neko_post_month = get_the_date( 'm' );
    ?>
    <a href="<?php echo get_month_link( $neko_post_year, $neko_post_month ); ?>"
    class="content-Meta_Date">
        <time datetime="<?php echo get_the_date( 'Y-m-d' ); ?>"><?php echo get_the_
        date(); ?></time>
    </a>
</div>
```

後略

the_category()タグに引数の指定がない場合は、次のようにulタグでカテゴリーが出力されます。

the_category()での出力例

```
<ul class="post-categories">
    <li>
        <a href="https://example.com/category/cat1/" rel="category tag">カテゴリー
        1</a>
    </li>
    <li>
        <a href="https://example.com/category/cat2/" rel="category tag">カテゴリー
        2</a>
    </li>
</ul>
```

引数に「区切り文字」を指定すると、指定した文字列でカテゴリーが区切られます。それにより、カテゴリーのリンクとテキストのみを出力できます。ここでは、区切り文字に「,」を指定します。

the_category(',')での出力例

```
<a href="https://example.com/category/cat1/" rel="category tag">カテゴリー1</a>,
<a href="https://example.com/category/cat2/" rel="category tag">カテゴリー2</a>
```

テンプレートタグ the_category(区切り文字, 親カテゴリーの表示方法, 投稿ID)

現在の投稿が属するカテゴリーへのリンクを表示。必ずループの中で使用します。

引数

区切り文字（オプション）：カテゴリーリンクを区切る文字や記号。
親カテゴリーの表示方法：投稿が子カテゴリーに属するときの表示方法。
（オプション）　　　　　　'multiple' の場合、親と子のカテゴリーリンクをそれぞれ出力する。
　　　　　　　　　　　　　　'single' の場合、「親／子」のカテゴリー名表示に対し、子カテゴリーへのリンクのみを出力する。
投稿のID（オプション）　：カテゴリーを取得する投稿のID。初期値は現在の投稿のカテゴリー。

P.91で、「ご予約」「雨の日」というタグを投稿に設定しました。サンプルサイトでは投稿ページの本文下にタグを表示する箇所があるので、投稿に設定したタグを出力してみましょう。

タグの表示箇所

投稿に設定されたタグの出力には、テンプレートタグ「the_tags()」を使います。出力されるタグは、各タグのアーカイブページへリンクします。the_tags()タグを引数なしで記述した場合、次のようなHTMLが出力されます。

the_tags()での出力例

```
<a href="http://example.com/tag/tag1/" rel="tag">タグ1</a>,
<a href="http://example.com/tag/tag2/" rel="tag">タグ2</a>
```

the_tags()タグには、「タグ一覧前の文字列」「区切り文字」「最後のタグ後の文字列」の3つの引数が用意されています。それぞれにHTMLを記述することで、サンプルサイトのようなソースコードにすることができます。ulタグで囲まれた箇所を、<?php the_tags('<ul class="content-Tags" aria-label="タグ"><li>','</li><li>','</li></ul>'); ?>に置き換えましょう。

single.php

前略

```
<footer class="content-Footer">
    <ul class="content-Tags" aria-label="タグ">
        <li><a href="#">ご予約</a></li>
        <li><a href="#">雨の日</a></li>
    </ul>
    <nav class="content-Nav" aria-label="前後の記事">
```

後略

```
<footer class="content-Footer">
    <?php the_tags('<ul class="content-Tags" aria-label="タグ"><li>','</li><li>','</
    li></ul>'); ?>  ◀━━ テンプレートタグで置き換える
    <nav class="content-Nav" aria-label="前後の記事">
```

この例では、引数の「タグ一覧前の文字列」として「<ul class="content-Tags" aria-label="タグ"><li>」、「区切り文字」として「</li><li>」、「最後のタグ後の文字列」として「</li></ul>」を設定することで、置き換え前と同じマークアップで出力できます。

the_tags()タグの引数

```
<?php the_tags(
    '<ul class="content-Tags" aria-label="タグ"><li>', 第1引数：タグ一覧前の文字列
    '</li><li>', 第2引数：区切り文字
    '</li></ul>' 第3引数：最後のタグ後の文字列
); ?>
```

出力されるタグのHTML

```
<ul class="content-Tags" aria-label="タグ">
    <li><a href="#">ご予約</a></li>
    <li><a href="#">雨の日</a></li>
</ul>
```

投稿を再読み込みして、表示を確認してみましょう。置き換え前と同じ表示で、投稿に設定したタグが出力されていれば問題ありません。

テンプレートタグ the_tags(タグ一覧前の文字列, 区切り文字, 最後のタグ後の文字列)

現在の投稿が属するタグへのリンクを表示する。必ずループの中で使用する。

引数

タグ一覧前の文字列 (オプション) ：タグ一覧の前に出力する文字列。初期値は「タグ:」。
区切り文字 (オプション) ：タグリンクを区切る文字や記号。初期値は「,」(コンマ)。
最後のタグ後の文字列 (オプション) ：最後のタグリンクの後に出力する文字列。

Step 3の作業はこれで終わりです。ここで作成したファイルは、次のようになりました。

single.php

```php
<?php get_header(); ?>          ← header.php を読み込む
<div class="container-fluid content">
    <div class="row">
        <div class="col-lg-8">
            <main class="main">
            <?php if( have_posts() ) : ?>        ← 投稿の存在有無を判定する
                <?php          ← 投稿の出力を開始する
                while( have_posts() ) :
                    the_post();
                ?>
                                                 ← 投稿固有のIDとクラスを出力する
                <article id="post-<?php the_ID(); ?>" <?php post_class(); ?>>
                    <header class="content-Header">
                        <h1 class="content-Title">
                            <?php the_title(); ?>      ← ページタイトルを出力する
                        </h1>
                        <div class="content-Meta">
                            <?php the_category( ', ' ); ?>      ← カテゴリーを出力する
                            <?php          ← 投稿年・投稿月を取得し変数に格納する
                                $neko_post_year  = get_the_date( 'Y' );
                                $neko_post_month = get_the_date( 'm' );
                            ?>
                                           ← 投稿が属する月別アーカイブURLを出力する
                            <a href="<?php echo get_month_link( $neko_post_year,
                            $neko_post_month ); ?>" class="content-Meta_Date">
                                <time datetime="<?php echo get_the_date( 'Y-m-d' );
                                ?>"><?php echo get_the_date(); ?></time>      ← 投稿日を出力する
                            </a>
                        </div>
                    </header>
                    <div class="content-Body">      ← アイキャッチが登録されていたら処理を開始する
                        <?php if ( has_post_thumbnail() ) : ?>
                        <div class="content-EyeCatch">
                            <?php the_post_thumbnail( 'page_eyecatch' ); ?>
                        </div>          ← page_eyecatch に指定されたサイズの画像を取得して表示する
```

```
                    <?php endif; ?>          ← アイキャッチの処理を終了する

                    <?php the_content(); ?>  ← 本文を出力する

                </div>

                <footer class="content-Footer">

                    <?php the_tags('<ul class="content-Tags" aria-label="タグ

                    "><li>','</li><li>','</li></ul>'); ?>  ← タグを出力する

                    <nav class="content-Nav" aria-label="前後の記事">

                        <div class="content-Nav_Prev">

                            &lt; <a href="#" rel="prev">前のページタイトル</a>

                        </div>

                        <div class="content-Nav_Next">

                            <a href="#" rel="next">次のページタイトル</a> &gt;

                        </div>

                    </nav>

                </footer>

            </article>

            <?php endwhile; ?>    ← 投稿の出力を終了する

            <?php endif; ?>       ← 投稿の有無判定を終了する

            </main>

        </div>

        <?php get_sidebar(); ?>   ← sidebar.php を読み込む

    </div>

</div>

<?php get_footer(); ?>    ← footer.php を読み込む
```

04 アーカイブページ用のテンプレートファイルを作成する

■Step素材フォルダー	kuroneko_sample > Chapter5 > Step4	
■学習するテーマファイル	●archive.php　　●loop-post.php	●parts-pagination.php

アーカイブページのテンプレートファイルを確認する

ここまでに、固定ページ用の「page.php」と投稿ページ用の「single.php」のテンプレートを作成しました。固定ページと投稿ページは、いずれもそれぞれのページで完結した情報を掲載するものです。それに対して、ブログサイトなどで見かけるアーカイブページは、投稿の抜粋を一覧にし、ウェブサイト内の回遊性を高めるものです。

WordPressには、月別アーカイブ、カテゴリーアーカイブ、作成者アーカイブなど、さまざままアーカイブ機能があり、それぞれのアーカイブにはdate.phpやcategory.php、author.phpなどのテンプレートファイルがあります。テーマ内にそれらのテンプレートファイルがない場合、汎用的に使われるのが「archive.php」です。

例えばカテゴリーアーカイブと作成者アーカイブでデザインが異なる場合、それぞれのテンプレートファイルcategory.phpとauthor.phpを作る必要があります。一方、すべてのアーカイブページで同じデザインの場合は、archive.phpが1つあれば問題ありません。

●アーカイブのテンプレート優先順位

優先順位	カテゴリー	日付	タグ	作成者
1	category-$slug.php	date.php	tag-$slug.php	author-$nickname.php
2	category-$id.php	-	tag-$id.php	author-$id.php
3	category.php	-	tag.php	author.php
4	archive.php			
5	index.php			

サンプルサイトでは、archive.phpを使ってカテゴリーアーカイブ、タグアーカイブ、月別アーカイブを表示します。archive.phpはアーカイブテンプレートの基本となるものですから、構造をしっかり押さえて作っていきましょう。

Step 4-1 archive.php を作成する

最初に、archive.phpの土台となるファイルを作成していきましょう。

❶土台となるファイルを作成する

Step素材「kuroneko_sample」>「Chapter5」>「Step4」>「HTML」にあるarchive.htmlを「kuroneko-hair」フォルダーにコピーし、archive.phpとリネームします。

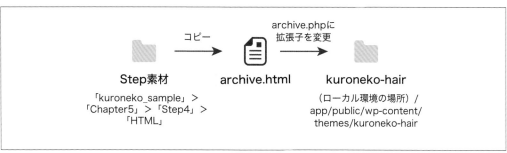

archive.html を「kuroneko-hair」フォルダーにコピーし、archive.php とリネームする

❷共通部分をテンプレートタグで置き換える

archive.phpをテキストエディターで開きます。page.phpやsingle.phpと同じように、ヘッダー、フッター、サイドバーをテンプレートタグで置き換えます。

archive.php

```
<?php get_header(); ?>        ◀━━ ヘッダーを読み込む
<div class="container-fluid content">
    <div class="row">
        <div class="col-lg-8">
            <main class="main">
                <header class="content-Header">
                    <h1 class="content-Title">
                        お知らせ
                    </h1>
                </header>
                <article class="module-Article_Item">
                    <a href="#" class="module-Article_Item_Link">
                        <div class="module-Article_Item_Img">
                            <img src="./assets/img/dummy-image.png" alt=""
                            width="200" height="150" load="lazy">
                        </div>
                        <div class="module-Article_Item_Body">
```

```
<h2 class="module-Article_Item_Title">臨時休業のお知らせ
</h2>
<p>いつもKuroneko Hairをご利用いただき、ありがとうございま
す。 誠に勝手ながら、防火設備点検のため下記期間を臨時休業と
させていただきます。 休業期間：2020年11月3日（火） ご不便を
おかけいたしますが、何卒</p>
<ul class="module-Article_Item_Meta">
    <li class="module-Article_Item_Cat">お知らせ</li>
    <li class="module-Article_Item_Date"><time
    datetime="2020-10-23">2020年10月23日</time></li>
</ul>
    </div>
</a>
</article>
```
中略
```
<nav class="navigation pagination" role="navigation" aria-label="投
稿">
  <div class="nav-links">
    <a class="prev page-numbers" href="#">&lt;<span class="sr-only">
    前</span></a>
    <a class="page-numbers" href="#">1</a>
    <span aria-current="page" class="page-numbers current">2</span>
    <a class="page-numbers" href="#">3</a>
    <a class="next page-numbers" href="#"> <span class="sr-only">
    次</span>&gt;</a>
  </div>
</nav>
</main>
</div>
<?php get_sidebar(); ?>    ← サイドバーを読み込む
</div>
</div>
<?php get_footer(); ?>    ← フッターを読み込む
```

Step 4-2 ページタイトルを表示する

archive.phpを作成できたら、続いてアーカイブページにタイトルを表示してみましょう。

❶カテゴリーアーカイブとタグアーカイブのタイトルを表示する

最初に、カテゴリーアーカイブとタグアーカイブのタイトルを表示する設定を行います。WordPress には、「the_archive_title()」というテンプレートタグがあります。ページタイトル部分に記述することでアーカイブの種類を問わずタイトルを出力できる便利なタグですが、ページタイトルの前にアーカイブの種類を表す文字列が表示されます。

the_archive_title() タグではページタイトル前にアーカイブの種類を示す文字列が表示される

実際のウェブサイトではアーカイブタイトルだけを出力したいことが多いため、本書ではアーカイブタイトルの表示に「single_term_title()」というテンプレートタグを使います。single_term_title() タグは、カテゴリー、タグ、その他のタクソノミー (P.344) ページのタイトルを表示します。それでは、アーカイブタイトルをテンプレートタグで置き換えてみましょう。

`archive.php`

投稿ページのカテゴリーリンク、もしくはタグ一覧からアーカイブページを開いてみましょう。投稿一覧上にアーカイブタイトルが表示されていれば問題ありません。

タイトルが表示されたカテゴリーアーカイブページ

タイトルが表示されたタグアーカイブページ

テンプレートタグ single_term_title(文字列 , タイトルの表示)

現在のアーカイブページのタクソノミー名を表示、または取得する。

引数

文字列（オプション） ：タクソノミー名の前に出力するテキスト。
タイトルの表示（オプション） ：タクソノミー名を表示する場合はtrue（初期値）、PHPで使う値として取得する場合はfalseを指定する。

❷月別アーカイブのタイトルを表示する

「single_term_title()」タグで、カテゴリーやタグアーカイブのタイトルを表示できました。それでは、月別アーカイブページはどうでしょうか。投稿ページの投稿日リンクから、月別アーカイブページを開いてみましょう。

タイトルが表示されていない月別アーカイブページ

このように、月別アーカイブページではarchive.phpが採用されているにも関わらず、タイトルが表示されていません。❶でも触れた通り、「single_term_title()」タグはカテゴリー、タグ、その他のタクソ

ノミーページのタイトルを表示するテンプレートタグです。そのため、月別アーカイブのタイトルは表示されていないのです。

そこで、月別アーカイブの場合はarchive.phpのタイトル部分を条件分岐し、別の内容を表示させてみましょう。P.155で、条件分岐タグ「has_post_thumbnail()」について学びました。条件分岐タグにはこのほかにも多くの種類があり、月別アーカイブかどうかを調べるには「is_month()」タグを使います。

それでは、is_month()タグとP.163で学んだget_the_date()タグを使って、月別アーカイブのタイトルを表示してみましょう。アーカイブタイトルの表示箇所に月別アーカイブの条件分岐を<?php if(is_month()): ?><?php endif; ?>と追記し、条件分岐内に月別アーカイブ用のテンプレートタグを記述します。それ以外の場合の処理をさせるために、<?php else: ?>で分岐させ、そのあとに<?php single_term_title(); ?>を記述します。get_the_date()タグの引数は「Y年n月」とし、「2021年3月」と出力されるようにします。

archive.php

前略

```html
<header class="content-Header">
    <h1 class="content-Title">
        <?php single_term_title(); ?>
    </h1>
</header>
```

後略

⬇

前略

```php
<header class="content-Header">
    <h1 class="content-Title">
        <?php if( is_month() ): ?>            ← 月別アーカイブの場合の条件を追加する
            <?php echo get_the_date( 'Y年n月' ); ?>    ← 月別アーカイブでのタイトル出力を追加する
        <?php else: ?>            ← その他の場合の分岐を追加する
            <?php single_term_title(); ?>
        <?php endif; ?>            ← 条件分岐の終了を追加する
    </h1>
</header>
```

後略

ファイルを保存し、月別アーカイブページを再読み込みしてみましょう。「2021年3月」というようにタイトルが表示されていれば、アーカイブタイトルの出力は完了です。

月別アーカイブのタイトルが表示された

条件分岐タグ is_month()

月別アーカイブページが表示されているか判定する。

WordPressの日付に関する条件分岐タグには、次のようなものがあります。必要に応じて利用してください。

is_date()	日付別アーカイブページ（月別、年別、日別、時間別）が表示されている場合。
is_year()	年別アーカイブページが表示されている場合。
is_month()	月別アーカイブページが表示されている場合。
is_day()	日別アーカイブページが表示されている場合。
is_time()	毎時別、毎分別、毎秒別のアーカイブページが表示されている場合。

Step 4-3 投稿一覧のパーツをテンプレートタグで置き換える

ページタイトルを出力できたので、次はアーカイブページに投稿一覧を出力しましょう。

❶投稿一覧のループを記述する

投稿一覧を表示するためのループを記述します。3つある投稿部分のHTML（<article class="module-Article_Item"> から </article>）を1つだけ残して削除し、page.php、single.phpと同じようにループの基本型を投稿一覧の前後に記述します。

archive.php

前略

```
<div class="container-fluid content">
```

```
    <div class="row">
        <div class="col-lg-8">
            <main class="main">
                <header class="content-Header">
                    中略
                </header>
```

←──── ここに記述する

```
                <article class="module-Article_Item">
                    <a href="#" class="module-Article_Item_Link">
                        中略
                    </a>
                </article>
```

←──── ここに記述する

```
                <nav class="navigation pagination" role="navigation" aria-label="投稿">
```

後略

↓

前略

```
<div class="container-fluid content">
    <div class="row">
        <div class="col-lg-8">
            <main class="main">
                <header class="content-Header">
                    中略
                </header>
                <?php if( have_posts() ) : ?>
                    <?php
                    while ( have_posts() ) :        ←──── ループを記述する
                        the_post();
                    ?>
                <article class="module-Article_Item">
                    <a href="#" class="module-Article_Item_Link">
                        中略
                    </a>
                </article>
                    <?php endwhile; ?>              ←──── ループの終了を記述する
                <?php endif; ?>
                <nav class="navigation pagination" role="navigation" aria-label="投稿">
```

後略

❷投稿部分のHTMLをテンプレートタグで置き換える

page.php、single.phpで学んだテンプレートタグで、投稿部分の記述を置き換えてみましょう。article タグには「module-Article_Item」というクラスが付いているので、置き換えるテンプレートタグ「post_class()」の引数に「module-Article_Item」を設定し、<?php post_class('module-Article_Item'); ?> と記述します。

また投稿のサムネイルは、新しい画像サイズ「archive_thumbnail」(横200px縦150px)として functions.phpに記述を追加します。アイキャッチ画像がない場合はテーマ内の代替画像を表示したいので、条件分岐と代替画像のimgタグを追記します。投稿へのリンクは「the_permalink()」タグを使って出力します。

archive.php

前略

```html
<article class="module-Article_Item">
    <a href="#" class="module-Article_Item_Link">
        <div class="module-Article_Item_Img">
            <img src="./assets/img/dummy-image.png" alt="" width="200" height="150"
            load="lazy">
        </div>
        <div class="module-Article_Item_Body">
            <h2 class="module-Article_Item_Title">臨時休業のお知らせ</h2>
            <p>いつもKuroneko Hairをご利用いただき、ありがとうございます。 誠に勝手な
            がら、防火設備点検のため下記期間を臨時休業とさせていただきます。 休業期間:
            2020年11月3日(火) ご不便をおかけいたしますが、何卒</p>
            <ul class="module-Article_Item_Meta">
                <li class="module-Article_Item_Cat">お知らせ</li>
                <li class="module-Article_Item_Date"><time datetime="2020-10-23">
                2020年10月23日</time></li>
            </ul>
        </div>
    </a>
</article>
```

後略

⬇

前略

idを追加しclassをテンプレートタグで置き換える

```html
<article id="post-<?php the_ID(); ?>" <?php post_class( 'module-Article_Item' ); ?>>
    <a href="<?php the_permalink(); ?>" class="module-Article_Item_Link">
        <div class="module-Article_Item_Img">
            <?php if( has_post_thumbnail() ): ?>
```

テンプレートタグで置き換える

アイキャッチ画像の分岐を追加する

```
        <?php the_post_thumbnail( 'archive_thumbnail' ); ?>    ◀ テンプレートタグを追加する
    <?php else: ?> ◀━━━━━━ アイキャッチ画像がない場合の分岐を追加する
        <img src="<?php echo esc_url( get_template_directory_uri() ); ?>/assets/
        img/dummy-image.png" alt="" width="200" height="150" load="lazy">
    <?php endif; ?> ◀━━━ アイキャッチ画像の分岐を追加する          代替画像のパス
                                                               を置き換える
    </div>
    <div class="module-Article_Item_Body">          テンプレートタグで置き換える
        <h2 class="module-Article_Item_Title"><?php the_title(); ?></h2>
        <p>いつもKuroneko Hairをご利用いただき、ありがとうございます。 誠に勝手な
        がら、防火設備点検のため下記期間を臨時休業とさせていただきます。 休業期間：
        2020年11月3日（火） ご不便をおかけいたしますが、何卒</p>
        <ul class="module-Article_Item_Meta">
            <li class="module-Article_Item_Cat">お知らせ</li>
            <li class="module-Article_Item_Date">
                <time datetime="<?php echo get_the_date( 'Y-m-d' ); ?>"><?php
                echo get_the_date(); ?></time> ◀━━ テンプレートタグで置き換える
            </li>
        </ul>
    </div>
    </a>
</article>
```
後略

functions.php

```
<?php
function neko_theme_setup() {
    add_theme_support( 'title-tag' );
    add_theme_support( 'post-thumbnails' );
    add_image_size( 'page_eyecatch', 1100, 610, true );
    add_image_size( 'archive_thumbnail', 200, 150, true );  ◀ 画像サイズを追加する
}
add_action( 'after_setup_theme', 'neko_theme_setup' );
```
後略

テンプレートタグ the_permalink()

現在の投稿のパーマリンクを表示する。必ずループの中で使用する。

❸過去にアップロードした画像をリサイズする

WordPressの「メディア設定」で画像サイズの値を変更したり、functions.phpに新しい画像サイズを追加したりする場合、それより前にアップロードされた画像は新しいサイズでの自動作成が行われません。サンプルサイトでは、P.91でインポートした画像や、P.152、P.162で登録したアイキャッチ画像がそれにあたります。そのような場合は、「Regenerate Thumbnails」プラグインを利用すると、過去にアップロードした画像を新しいサイズで作成し直すことができます。

それでは、WordPressに「Regenerate Thumbnails」プラグインをインストールしましょう。管理画面の[プラグイン]>[新規追加]からプラグイン追加ページを開き、右上の検索フォームに「Regenerate Thumbnails」と入力します。表示されたプラグインをインストールし、有効化しましょう。

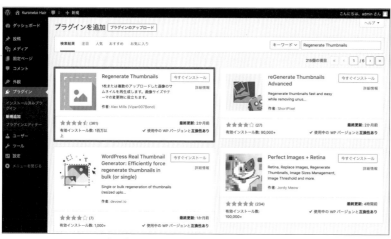

Regenerate Thumbnailsプラグインをインストール・有効化する

メニューの[ツール]>[Regenerate Thumbnails]から、設定画面を開きます。ここでは、アイキャッチ画像として登録されている画像のみをリサイズしたいので、「10件のアイキャッチ画像からのみサムネイルを再作成」をクリックします。「完了しました。」の表示が出れば、画像の再作成は完了です。

Regenerate Thumbnailsの設定画面

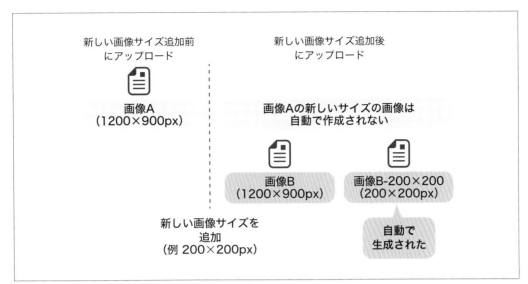

新しい画像サイズ追加前
にアップロード

画像A
(1200×900px)

新しい画像サイズを
追加
(例 200×200px)

新しい画像サイズ追加後
にアップロード

画像Aの新しいサイズの画像は
自動で作成されない

画像B
(1200×900px)

画像B-200×200
(200×200px)

自動で
生成された

WordPressの画像リサイズのしくみ

❹投稿の抜粋を出力する

page.phpやsingle.phpでは、「the_content()」タグを使って本文を出力しました。archive.phpの投稿一覧で本文すべてを出力するのは長すぎるので、代わりに投稿の抜粋を出力します。投稿の抜粋の出力は、テンプレートタグ「the_excerpt()」を使います。the_excerpt()タグは投稿編集画面の「抜粋」欄に入力された文字を出力しますが、「抜粋」欄が未入力の場合は投稿本文のテキストを取り出し、自動で作成されます。

投稿画面の抜粋欄

the_excerpt()タグはpタグに囲まれた状態で出力されるので、抜粋文とそれを囲むpタグを「the_excerpt()」タグに置き換えます。

前略

```php
<article id="post-<?php the_ID(); ?>" <?php post_class( 'module-Article_Item' ); ?>>
    <a href="<?php the_permalink(); ?>" class="module-Article_Item_Link">
```

中略

```php
        <div class="module-Article_Item_Body">
            <h2 class="module-Article_Item_Title"><?php the_title(); ?></h2>
            <p>いつもKuroneko Hairをご利用いただき、ありがとうございます。 誠に勝手な
            がら、防火設備点検のため下記期間を臨時休業とさせていただきます。 休業期間：
            2020年11月3日（火）ご不便をおかけいたしますが、何卒</p>
            <ul class="module-Article_Item_Meta">
                <li class="module-Article_Item_Cat">お知らせ</li>
                <li class="module-Article_Item_Date">
                    <time datetime="<?php echo get_the_date( 'Y-m-d' ); ?>"><?php
                    echo get_the_date(); ?></time>
                </li>
            </ul>
        </div>
    </a>
</article>
```

後略

⬇

前略

```php
<article id="post-<?php the_ID(); ?>" <?php post_class( 'module-Article_Item' ); ?>>
    <a href="<?php the_permalink(); ?>" class="module-Article_Item_Link">
```

中略

```php
        <div class="module-Article_Item_Body">
            <h2 class="module-Article_Item_Title"><?php the_title(); ?></h2>
            <?php the_excerpt(); ?>    ⟵ テンプレートタグで置き換える
            <ul class="module-Article_Item_Meta">
                <li class="module-Article_Item_Cat">お知らせ</li>
                <li class="module-Article_Item_Date">
                    <time datetime="<?php echo get_the_date( 'Y-m-d' ); ?>"><?php
                    echo get_the_date(); ?></time>
                </li>
            </ul>
        </div>
    </a>
```

```
</article>
```

後略

 HINT 抜粋のテキストが CSS クラスを含む HTML タグに囲まれている場合

ウェブページのデザインによっては、抜粋のテキストを囲むpタグにCSSクラスが必要なことがあります。このような場合、the_excerpt()タグで抜粋のテキストのみを置き換えると、pタグが二重になってしまいます。

the_excerpt()で置き換えた例

```
<p class="excerpt">これはお知らせの概要文です。</p>
/* テンプレートタグの置き換え */
<p class="excerpt"><?php the_excerpt() ); ?></p>
/* 出力結果 */
<p class="excerpt"><p>これはお知らせの概要文です。</p></p>
```

このような場合は「get_the_excerpt()」関数を使います。get_the_excerpt()関数は抜粋のテキストのみを出力できるため、pタグの入れ子を避けることができます。get_the_excerpt()関数は、echoとesc_htmlを組み合わせて記述します。

get_the_excerpt()で置き換えた例

```
<p class="excerpt">これはお知らせの概要文です。</p>
/* テンプレートタグの置き換え */
<p class="excerpt"><?php echo esc_html( get_the_excerpt() ); ?></p>
/* 出力結果 */
<p class="excerpt">これはお知らせの概要文です。</p>
```

テンプレートタグ the_excerpt()

現在の投稿の抜粋を文末に [...] をつけて出力する。抜粋文からは、HTMLタグと画像は取り除かれる。必ずループの中で使用する。

関数 get_the_excerpt(投稿ID)

現在の投稿の抜粋を取得する。

引数

投稿ID（オプション）：取得したい投稿のIDまたはWP_Postオブジェクトを指定。

❺カテゴリー名を出力する

投稿が属するカテゴリー名を出力します。single.phpでは、カテゴリーを表示するためにthe_category()タグを使いました。the_cateogry()タグは、該当カテゴリーへのリンクを含んだ状態で出力されるテンプレートタグです。

一方、サンプルテーマのarchive.phpでは投稿内容をaタグで囲っているため、カテゴリー名の表示に「the_category()」タグを使うと、aタグが二重に出力されてしまいます。そのため、ここでは投稿が属するカテゴリー名を1件だけ出力する方法を解説します。まずは、置き換えたコードを見てみましょう。

archive.php

前略

```php
<article id="post-<?php the_ID(); ?>" <?php post_class( 'module-Article_Item' ); ?>>
    <a href="<?php the_permalink(); ?>" class="module-Article_Item_Link">
```

中略

```php
        <div class="module-Article_Item_Body">
            <h2 class="module-Article_Item_Title"><?php the_title(); ?></h2>
            <?php the_excerpt(); ?>
            <ul class="module-Article_Item_Meta">
                <li class="module-Article_Item_Cat">お知らせ</li>
                <li class="module-Article_Item_Date">
                    <time datetime="<?php echo get_the_date( 'Y-m-d' ); ?>"><?php
                    echo get_the_date(); ?></time>
                </li>
            </ul>
        </div>
    </a>
</article>
```

後略

⬇

```
<article id="post-<?php the_ID(); ?>" <?php post_class( 'module-Article_Item' ); ?>>
    <a href="<?php the_permalink(); ?>" class="module-Article_Item_Link">
```

中略

```
        <div class="module-Article_Item_Body">
            <h2 class="module-Article_Item_Title"><?php the_title(); ?></h2>
            <?php the_excerpt(); ?>
            <ul class="module-Article_Item_Meta">
                <?php
                    $neko_category_list = get_the_category();
                    if ( $neko_category_list ) :
                ?>
                <li class="module-Article_Item_Cat">
                    <?php echo esc_html( $neko_category_list[0]->name ); ?>
                </li>
                <?php endif; ?>
                <li class="module-Article_Item_Date">
                    <time datetime="<?php echo get_the_date( 'Y-m-d' ); ?>"><?php
                    echo get_the_date(); ?></time>
                </li>
            </ul>
        </div>
    </a>
</article>
```

後略

> 投稿が属するカテゴリー情報を取得して変数に格納する

> $neko_category_listに値がある場合の条件分岐を追加

> カテゴリー情報の最初のカテゴリー名を取り出して出力する

> 条件分岐の終了を追加

カテゴリー名を囲むliタグの前に、「$neko_category_list = get_the_category();」という記述があります。これは、「この投稿が属するカテゴリー情報を配列（情報のまとまり）として取得し、$neko_category_listという変数に格納する」という命令です。複数のカテゴリーに属する場合は、属するカテゴリーの数だけカテゴリー情報が格納されます。

その次の「if ($neko_category_list) :」は、「$neko_category_list に値がある場合に処理を開始する」という条件分岐です。条件分岐内の<?php echo esc_html($neko_category_list[0]->name); ?>は「$neko_category_listに格納されたカテゴリーに関する情報群から最初の情報群（[0]）を指定し、その情報群に含まれるカテゴリー名（name）だけを取り出して出力する」という意味になります。

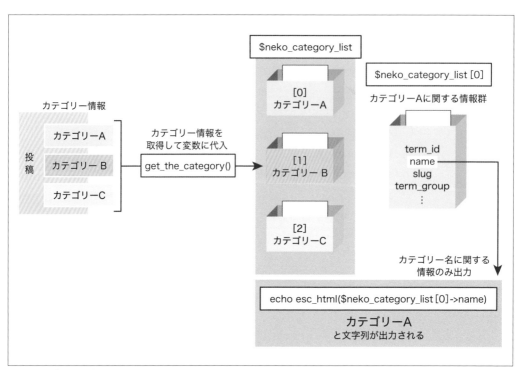

カテゴリー名の出力処理例

これで、カテゴリー名を出力できました。投稿一覧の表示に関する作業はこれで終わりです。ファイルを保存して、管理画面のメニュー[投稿]＞[カテゴリー]からカテゴリー一覧を開き、[おしらせ]にマウスカーソルを合わせると表示される[表示]をクリックしてアーカイブページを開いてみましょう。投稿一覧に「1ページに表示する最大投稿数」(P.69)で設定した件数の投稿が表示され、タイトルやリンク、抜粋など、このStepで作業した内容が出力されていれば完了です。

Step 4-3作業後の「お知らせ」アーカイブページ

関数	get_the_category(投稿ID)

現在の投稿が属するカテゴリーの情報を配列として取得する。投稿がカテゴリーに属していない場合は、空の配列を返す。

引数

投稿ID（オプション）：特定の投稿ID。

Step 4-4 投稿一覧の投稿部分をパーツ化する

Step 4-3で、archive.phpでの投稿一覧部分が完成しました。ここで、フロントページを見てみましょう。サンプルサイトでは、アーカイブページの投稿部分とフロントページのお知らせ一覧の投稿部分が、同じ構造のHTMLになっています。Step4-3で作成したループをアーカイブテンプレートとフロントページそれぞれに書くこともできますが、コードを管理する上では1つにまとめた方がよいでしょう。

フロントページの投稿一覧

アーカイブページの投稿一覧

それでは、この投稿部分をどのようにまとめたらよいでしょうか。P.143で、サイドバーをテンプレートファイルとしてパーツ化しました。基本的には、投稿部分のパーツ化も同じことを行います。ただし、ヘッダーやサイドバー、フッターはテンプレートファイルの命名規則がありましたが、それ以外の汎用テンプレートファイルは次のようなルールで自由に名前を決めることができます。

　　汎用テンプレート名−任意の名称 .php

汎用テンプレートファイルが増えた場合、ファイル名でその内容を把握できた方が便利です。そのため、「汎用テンプレート名」にはテンプレートの役割を、「任意の名称」にはテンプレートの内容や適用箇所がわかるような名前をつけておくとよいでしょう。例えば「loop.php」と「loop-sample.php」という2つの汎用テンプレートファイルがあった場合、「loop」は「ループするHTMLが書かれている」という「役割」、「sample」は「sampleという箇所に適用する」という意味合いになります。

また、汎用テンプレートファイルはテーマフォルダー直下だけでなく、任意のフォルダー内に設置することもできます。

それでは、Step 4-3で作成したループ内の投稿部分をパーツ化してみましょう。サンプルテーマでは、テーマフォルダー直下に「template-parts」という名称のフォルダーを作成し、その中に汎用テンプレートファイルを作成します。作成した汎用テンプレートファイルは、テンプレートタグ「get_template_part()」で読み込みます。

❶汎用テンプレートファイルを作成する

「kuroneko-hair」フォルダーに「template-parts」という名称のフォルダー、その中に「loop-post.php」という名称の空ファイルを作成します。

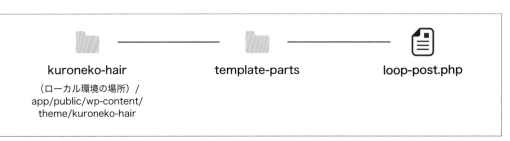

kuroneko-hair
（ローカル環境の場所）/
app/public/wp-content/
theme/kuroneko-hair

template-parts

loop-post.php

「kuroneko-hair」フォルダーに新規のフォルダーと空ファイルを作成する

作成したloop-post.phpを、テキストエディターで開きます。archive.phpの<article id="post-<?php the_ID(); ?>" <?php post_class('module-Article_Item'); ?>>から</article>までをカットして、loop-post.phpにペーストします。ここまでできたら、ファイルをいったん保存しましょう。

`loop-post.php`

```php
<article id="post-<?php the_ID(); ?>" <?php post_class( 'module-Article_Item' ); ?>>
    <a href="<?php the_permalink(); ?>" class="module-Article_Item_Link">
        <div class="module-Article_Item_Img">
        <?php if( has_post_thumbnail() ): ?>
            <?php the_post_thumbnail( 'archive_thumbnail' ); ?>
        <?php else: ?>
            <img src="<?php echo esc_url( get_template_directory_uri() ); ?>/assets/
            img/dummy-image.png" alt="" width="200" height="150" load="lazy">
        <?php endif; ?>
        </div>
        <div class="module-Article_Item_Body">
            <h2 class="module-Article_Item_Title"><?php the_title(); ?></h2>
            <?php the_excerpt(); ?>
            <ul class="module-Article_Item_Meta">
                <?php
                    $neko_category_list = get_the_category();
                    if ( $neko_category_list ) :
                ?>
```

```
                <li class="module-Article_Item_Cat">
                    <?php echo esc_html( $neko_category_list[0]->name ); ?>
                </li>
                <?php endif; ?>
                <li class="module-Article_Item_Date">
                    <time datetime="<?php echo get_the_date( 'Y-m-d' ); ?>"><?php
                    echo get_the_date(); ?></time>
                </li>
            </ul>
        </div>
    </a>
</article>
```

❷ ループ内に読み込む

❶で作成した「template-parts/loop-post.php」は、「get_template_part()」タグでarchive.phpに読み込みます。汎用テンプレートファイル名が「汎用テンプレート名 - 任意の名称.php」の場合、get_template_part()では次のように引数を設定します。このとき、名称をつなぐハイフンと拡張子の.phpは省略します。

```
<?php get_template_part( '汎用テンプレート名 ', ' 任意の名称 ' ); ?>
```

フォルダー内に汎用テンプレートファイルがある場合は、次のように記述します。

```
<?php get_template_part( ' フォルダー名/汎用テンプレート名 ', ' 任意の名称 ' ); ?>
```

では、archive.phpでソースコードをカットした場所に、パーツ化した汎用テンプレートファイル「loop-post.php」を読み込んでみましょう。この汎用テンプレートファイルは「template-parts」というフォルダー内にありますから、<?php get_template_part('template-parts/loop', 'post'); ?>と記述します。

`archive.php`

`前略`

```
<main class="main">
    <header class="content-Header">
        <h1 class="content-Title">
            <?php if ( is_month() ) : ?>
                <?php echo get_the_date( 'Y年n月 ' ); ?>
            <?php else : ?>
                <?php single_term_title(); ?>
            <?php endif; ?>
        </h1>
```

```
        </header>
        <?php if ( have_posts() ) : ?>
            <?php
            while ( have_posts() ) :
                the_post();
                ?>
```

←──── ここに記述する

```
        <?php endwhile; ?>
        <?php endif; ?>
```

中略

```
</main>
```

後略

↓

前略

```
<main class="main">
    <header class="content-Header">
        <h1 class="content-Title">
            <?php if ( is_month() ) : ?>
                <?php echo get_the_date( 'Y年n月' ); ?>
            <?php else : ?>
                <?php single_term_title(); ?>
            <?php endif; ?>
        </h1>
    </header>
    <?php if ( have_posts() ) : ?>
        <?php
        while ( have_posts() ) :
            the_post();
            ?>
            <?php get_template_part( 'template-parts/loop', 'post' ); ?> ←┐
        <?php endwhile; ?>                          テンプレートタグを記述する
    <?php endif; ?>
```

中略

```
</main>
```

後略

これで、パーツ化した投稿部分が読み込まれました。アーカイブページを開き、確認してみましょう。パーツ化する前と同じように表示されていれば問題ありません。

> **テンプレートタグ** get_template_part(名称1, 名称2, 引数)
>
> 汎用的に作成されたテンプレートファイルを読み込む。
>
> 引数
>
> **名称1（必須）** ：テンプレートファイルの汎用テンプレートファイル名。
> **名称2（オプション）**：テンプレートファイルの任意の名称。
> **引数（オプション）** ：テンプレートファイルに引き継ぐ引数（WordPress 5.5から追加）。使用しな
> 　　　　　　　　　　　い場合は省略できる。

Step 4-5 ページネーションを追加する

Step4-3で、アーカイブページに表示される投稿数は、表示設定「1ページに表示する最大投稿数」で指定した数であると解説しました。それでは、カテゴリーやタグに「最大投稿数」を超える投稿が属している場合、表示はどうなるでしょうか？その場合もやはり、アーカイブページには「最大投稿数」分の投稿が新しいものから順に表示されます。

例えば「最大投稿数」の設定が7で、特定のカテゴリーに10件の投稿が属している場合、そのアーカイブページには新しいものから7件の投稿が表示され、残り3件の投稿は表示されません。これでは訪問者は、表示されていない3件の投稿に気づくことすらできません。

そこで、アーカイブページにページネーション（ページ送り）を設置して、残りの投稿も見られるようにしましょう。ページネーションの出力には、「the_posts_pagination()」関数を使います。

アーカイブページのページネーションデザイン

❶関数を記述する

archive.phpには、次のようなページネーションのHTML記述があります。これはthe_posts_pagination()関数によって出力されるHTMLに、少し手を加えたものです。サンプルテーマでは、事前にCSSで装飾を加えてあります。

archive.php

[前略]

```
<nav class="navigation pagination" role="navigation" aria-label="投稿">
    <div class="nav-links">
        <a class="prev page-numbers" href="#">&lt;<span class="sr-only">前</span></a>
        <a class="page-numbers" href="#">1</a>
        <span aria-current="page" class="page-numbers current">2</span>
        <a class="page-numbers" href="#">3</a>
        <a class="next page-numbers" href="#"> <span class="sr-only">次</span>&gt;</a>
    </div>
</nav>
```

[後略]

このHTMLを、the_posts_pagination()関数で置き換えてみましょう。とてもシンプル記述になりました。

archive.php

[前略]

```
<?php the_posts_pagination(); ?>
```

[後略]

archive.phpを保存し、カテゴリー「お知らせ」のアーカイブページを再読み込みしてみましょう。

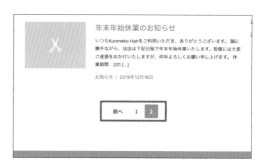

ページネーションが表示された

ページネーションは表示されましたが、先頭と末尾に表示される内容が元のデザインと異なります。この部分は、the_posts_pagination()関数の引数で変更できます。引数は、連想配列 (P.47) で指定します。サンプルサイトでは、ページネーションの「前へ」「次へ」の文字列を、「<」「>」に変更し、スクリーンリーダー用のテキストを追加しています。引数「prev_text」「next_text」へは、それぞれ「<<span class="sr-only">前</span>」「<span class="sr-only">次</span>>」と指定します。

archive.php

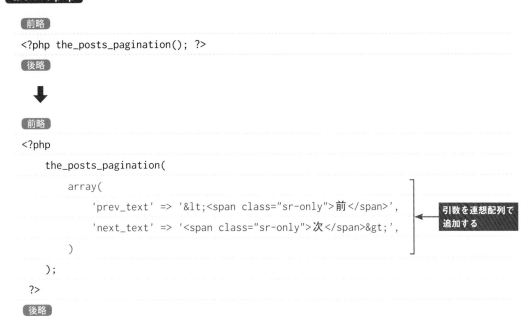

```php
前略
<?php the_posts_pagination(); ?>
後略
```

⬇

```php
前略
<?php

    the_posts_pagination(
        array(
            'prev_text' => '&lt;<span class="sr-only">前</span>',
            'next_text' => '<span class="sr-only">次</span>&gt;',
        )
    );

?>
後略
```

引数を連想配列で追加する

もう一度保存して、アーカイブページを再読み込みしてみましょう。静的コーディングでの表示と同じページネーションになりました。

引数を指定したページネーション

アーカイブページ向けのページネーションを表示する。

引数

配列（オプション）　　　　　　：引数を連想配列で指定する。

連鎖配列に指定する主なキー

mid_size（整数）　　　　　　：現在のページの両側に出力するリンク項目数。初期値は2。
prev_text（文字列）　　　　　：前のページへのリンクテキスト。初期値は「前へ」。
next_text（文字列）　　　　　：次のページへのリンクテキスト。初期値は「次へ」。
screen_reader_text（文字列）：スクリーンリーダー向けのタイトルとして出力するテキスト。初期
　　　　　　　　　　　　　　　　　値は「投稿ナビゲーション」。

 HINT　スクリーンリーダー用クラスの CSS を追加する

the_posts_pagination() 関数が出力するHTMLは、ウェブアクセシビリティに対応したマーク
アップとなっています。WordPressが出力するh2タグに付いているクラス「screen-reader-
text」は、スクリーンリーダーでの読み上げに対処したものです。これはWordPress側で自動的
に出力されるクラスで、CSSもWordPress側に用意されていますが、WordPress 5.7以前を使
用する場合には作成するテーマ側でCSSを記述しておく必要があります。ご自身でテーマを作成
する場合は、CSSファイルに次のように記述してください。

CSS

```css
/* Text meant only for screen readers. */
.screen-reader-text {
    border: 0;
    clip: rect(1px, 1px, 1px, 1px);
    clip-path: inset(50%);
    height: 1px;
    margin: -1px;
    overflow: hidden;
    padding: 0;
    position: absolute !important;
    width: 1px;
    word-wrap: normal !important;
}
.screen-reader-text:focus {
    background-color: #eee;
    clip: auto !important;
    clip-path: none;
    color: #444;
    display: block;
```

```
        font-size: 1em;

        height: auto;

        left: 5px;

        line-height: normal;

        padding: 15px 23px 14px;

        text-decoration: none;

        top: 5px;

        width: auto;

        z-index: 100000; /* Above WP toolbar. */

    }
```

出典：https://make.wordpress.org/accessibility/handbook/markup/the-css-class-screen-reader-text/

Step 4-6 ページネーションをパーツ化する

ページネーションは、このStepで作成しているアーカイブページだけでなく、Chapter 6で扱う検索結果ページや、Chapter 8で扱うカスタム投稿アーカイブページなどでも必要となります。そのため、P.193で投稿部分を汎用テンプレートファイルにしたように、ページネーション部分も同じようにパーツ化しておくと便利です。手順を思い出しながら、ページネーション部分を汎用テンプレートファイルにしてみましょう。

❶汎用テンプレートファイルを作成する

テーマフォルダー内の「template-parts」フォルダーに「parts-pagination.php」という名前の空ファイルを作成し、テキストエディターで開きましょう。archive.phpのページネーション部分をカットし、parts-pagination.phpにペーストします。それぞれのファイルをいったん保存します。

archive.php

前略

```php
<main class="main">

    <header class="content-Header">

        <h1 class="content-Title">

            <?php if ( is_month() ) : ?>

                <?php echo get_the_date( 'Y年n月' ); ?>

            <?php else : ?>

                <?php single_term_title(); ?>

            <?php endif; ?>

        </h1>

    </header>

    <?php if ( have_posts() ) : ?>
```

```php
        <?php
        while ( have_posts() ) :
            the_post();
            ?>
            <?php get_template_part( 'template-parts/loop', 'post' ); ?>
        <?php endwhile; ?>
    <?php endif; ?>
    <?php                       ◀── カットする
        the_posts_pagination(
            array(
                'prev_text' => '&lt;<span class="sr-only">前</span>',
                'next_text' => '<span class="sr-only">次</span>&gt;',
            )
        );
    ?>
</main>
```

後略

parts-pagination.php

```php
    <?php                       ◀── ペーストする
        the_posts_pagination(
            array(
                'prev_text' => '&lt;<span class="sr-only">前</span>',
                'next_text' => '<span class="sr-only">次</span>&gt;',
            )
        );
    ?>
```

❷ archive.php に読み込む

続いて、archive.phpのページネーション部分をカットした場所に「template-parts/parts-pagination.php」を読み込みます。汎用テンプレートファイルを読み込むにはget_template_part()タグを使い、`<?php get_template_part( 'template-parts/parts', 'pagination' ); ?>`と記述します。

archive.php

前略

```php
<main class="main">
    <header class="content-Header">
        <h1 class="content-Title">
```

中略

```
                </h1>
        </header>
        <?php if ( have_posts() ) : ?>
            <?php
            while ( have_posts() ) :
                the_post();
                ?>
                <?php get_template_part( 'template-parts/loop', 'post' ); ?>
            <?php endwhile; ?>
        <?php endif; ?>
```

ここに記述する ←

```
</main>
```

後略

↓

前略

```
<main class="main">
    <header class="content-Header">
        <h1 class="content-Title">
```

中略

```
            </h1>
        </header>
        <?php if ( have_posts() ) : ?>
            <?php
            while ( have_posts() ) :
                the_post();
                ?>
                <?php get_template_part( 'template-parts/loop', 'post' ); ?>
            <?php endwhile; ?>
        <?php endif; ?>
        <?php get_template_part( 'template-parts/parts', 'pagination' ); ?> ←
</main>
```

テンプレートタグを記述する

後略

アーカイブページを再読み込みしてみましょう。置き換え前と同じ状態で、ページネーションが表示されれば大丈夫です。

完成コード

Step 4の作業は、これで終わりです。ここで作成したファイルは次のようになりました。

functions.php

```php
<?php
function neko_theme_setup() {
    add_theme_support( 'title-tag' );
    add_theme_support( 'post-thumbnails' );
    add_image_size( 'page_eyecatch', 1100, 610, true );
    add_image_size( 'archive_thumbnail', 200, 150, true );  ← 新しい画像サイズを登録する
}
add_action( 'after_setup_theme', 'neko_theme_setup' );
function neko_enqueue_scripts(){
    wp_enqueue_script( 'jquery' );
    wp_enqueue_script(
        'kuroneko-theme-common',
        get_template_directory_uri() . '/assets/js/theme-common.js',
        array(),
        '1.0.0',
        true
    );
    wp_enqueue_style(
        'googlefonts',
        'https://fonts.googleapis.com/css2?family=Noto+Sans+JP:wght@500&display=sw
ap',
        array(),
        '1.0.0'
    );
    wp_enqueue_style(
        'kuroneko-theme-styles',
        get_template_directory_uri() . '/assets/css/theme-styles.css',
        array(),
        '1.0.0'
    );
}
add_action( 'wp_enqueue_scripts', 'neko_enqueue_scripts' );
```

```php
<?php get_header(); ?>
<div class="container-fluid content">
    <div class="row">
        <div class="col-lg-8">
            <main class="main">
                <header class="content-Header">
                    <h1 class="content-Title">
                        <?php if( is_month() ): ?>
                            <?php echo get_the_date( 'Y年n月' ); ?>
                        <?php else: ?>
                            <?php single_term_title(); ?>
                        <?php endif; ?>
                    </h1>
                </header>
                <?php if( have_posts() ) : ?>
                    <?php
                    while ( have_posts() ) :
                        the_post();
                    ?>
                        <?php get_template_part( 'template-parts/loop', 'post' ); ?>
                    <?php endwhile; ?>
                <?php endif; ?>
                <?php get_template_part( 'template-parts/parts', 'pagination' ); ?>
            </main>
        </div>
        <?php get_sidebar(); ?>
    </div>
</div>
<?php get_footer(); ?>
```

header.php を読み込む

月別アーカイブか判定する

月別アーカイブの年月を出力する

その他のアーカイブタイプの場合

アーカイブタイトルを出力する

アーカイブタイプの判定を終了する

投稿の存在有無を判定する

投稿の出力を開始する

template-parts/loop-post.php を読み込む

投稿の出力を終了する

投稿の有無判定を終了する

template-parts/parts-pagination.php を読み込む

sidebar.php を読み込む

footer.php を読み込む

投稿固有のIDとクラスを出力する

```php
<article id="post-<?php the_ID(); ?>" <?php post_class( 'module-Article_Item' ); ?>>
    <a href="<?php the_permalink(); ?>" class="module-Article_Item_Link">
        <div class="module-Article_Item_Img">
            <?php if( has_post_thumbnail() ): ?>a
```

投稿のパーマリンクを出力する

アイキャッチ画像が登録されていたら処理を開始する

```
                <?php the_post_thumbnail( 'archive_thumbnail' ); ?>
        <?php else: ?>
            <img src="<?php echo esc_url( get_template_directory_uri() ); ?>/assets/
            img/dummy-image.png" alt="" width="200" height="150" load="lazy">
        <?php endif; ?>
        </div>
        <div class="module-Article_Item_Body">
            <h2 class="module-Article_Item_Title"><?php the_title(); ?></h2>
            <?php the_excerpt(); ?>
            <ul class="module-Article_Item_Meta">
                <?php
                    $neko_category_list = get_the_category();
                    if ( $neko_category_list ) :
                ?>
                <li class="module-Article_Item_Cat">
                    <?php echo esc_html( $neko_category_list[0]->name ); ?>
                </li>
                <?php endif; ?>
                <li class="module-Article_Item_Date">
                    <time datetime="<?php echo get_the_date( 'Y-m-d' ); ?>"><?php
                    echo get_the_date(); ?></time>
                </li>
            </ul>
        </div>
    </a>
</article>
```

archive_thumbnail に指定されたサイズの画像を取得して表示する

アイキャッチ画像の登録がない場合

アイキャッチ画像の処理を終了する

テーマフォルダー内の代替画像を呼び出す

投稿タイトルを出力する

投稿の抜粋を出力する

投稿が所属するカテゴリー情報を取得して変数に格納する

変数 $neko_category_list に値があるか判定する

投稿が所属するカテゴリーから最初の1件の名前を表示する

変数 $neko_category_list の値有無判定を終了する

投稿の公開日を出力する

parts-pagination.php

```
<?php
    the_posts_pagination(
        array(
            'prev_text' => '&lt;<span class="sr-only">前</span>',
            'next_text' => '<span class="sr-only">次</span>&gt;',
        )
    );
?>
```

ページネーションを表示する

「前へ」の文字列を変更する

「次へ」の文字列を変更する

05 ナビゲーションを作成する

■Step素材フォルダー	kuroneko_sample > Chapter5 > Step5
■学習するテーマファイル	●functions.php ●header.php

ナビゲーションのメニューを作成する

Chapter 5では、ここまでに投稿ページや固定ページ、アーカイブページを表示するテンプレートファイルを作成してきました。ウェブサイトのコンテンツを表示する基本のテンプレートファイルがいったん完成したところで、ナビゲーションのメニューを作成してみましょう。

WordPressには「カスタムメニュー」という機能があり、この機能を設定することで管理画面から好みの項目をメニュー化してウェブサイトに表示できます。ナビゲーションのメニュー項目の管理が簡単になる他、それぞれのメニュー項目に独自のクラスが付くため、メニューをCSSで装飾する場合にも便利です。早速、カスタムメニュー機能をサンプルサイトに追加してみましょう。

Step 5-1 カスタムメニューを有効にする

カスタムメニューを使うには、最初に機能を有効化する必要があります。機能を有効化するには「register_nav_menu()」もしくは「register_nav_menus()」、いずれかの関数をfunctions.phpに記述します。register_nav_menu() 関数は1つのカスタムメニューを、register_nav_menus() 関数は複数のカスタムメニューをまとめて登録できます。

サンプルサイトのナビゲーションはヘッダーに1か所あるだけなので、ここではregister_nav_menu() 関数を使います。ここではカスタムメニュー識別子を「main-menu」、カスタムメニューの名前を「メインメニュー」とし、neko_theme_setup() 関数内にregister_nav_menu('main-menu', 'メインメニュー');と記述します。カスタムメニューの識別子と名前は、任意の名称で構いません。

```
                        有効化
                                        ひとつの
    register_nav_menu()      →          メニューを
                                        設定できる

                                        複数の
    register_nav_menus()     →          メニューを
                                        設定できる

    functions.php
```

カスタムメニュー用関数の違い

functions.php

```php
function neko_theme_setup() {
    add_theme_support( 'title-tag' );
    add_theme_support( 'post-thumbnails' );
    add_image_size( 'page_eyecatch', 1100, 610, true );
    add_image_size( 'archive_thumbnail', 200, 150, true );
}
add_action( 'after_setup_theme', 'neko_theme_setup' );
```

後略

⬇

```php
function neko_theme_setup() {
    add_theme_support( 'title-tag' );
    add_theme_support( 'post-thumbnails' );
    add_image_size( 'page_eyecatch', 1100, 610, true );
    add_image_size( 'archive_thumbnail', 200, 150, true );
    register_nav_menu( 'main-menu', 'メインメニュー' );    ◀── 関数を記述する
}
add_action( 'after_setup_theme', 'neko_theme_setup' );
```

後略

メニュー設定画面はWordPressの管理画面の［外観］＞［メニュー］から開きます。新しいメニューを作成すると、「メニューの位置」に「メインメニュー」の選択肢が表示されるようになります。カスタムメニューの初期導入は、これで完了です。

メニュー設定画面

なお、実際にウェブサイトを制作する場合は、複数のナビゲーションがある場合もあります。その場合は、register_nav_menu()関数をメニューの数だけ記述することもできますが、register_nav_menus()関数を使ってまとめて記述すると、管理しやすくなります。

register_nav_menus()関数の場合のメニュー設定画面

register_nav_menus()関数を使って、メインメニューの他に識別子「footer-menu」、メニュー名「フッターメニュー」というメニューを追加したい場合は、次のように記述します。

functions.php

```php
function neko_theme_setup() {
    add_theme_support( 'title-tag' );
    add_theme_support( 'post-thumbnails' );
    add_image_size( 'page_eyecatch', 1100, 610, true );
    add_image_size( 'archive_thumbnail', 200, 150, true );
    register_nav_menus( array(          ← 関数を記述する
        'main-menu' => 'メインメニュー',
        'footer-menu' => 'フッターメニュー'
    ) );
}
add_action( 'after_setup_theme', 'neko_theme_setup' );
```
後略

関数 register_nav_menu(識別子, メニュー名)

カスタムメニューを1つ登録する。

引数

識別子（必須）　：カスタムメニューの識別子（半角英数字）。
メニュー名（必須）：カスタムメニューの名称。

関数 register_nav_menus(配列)

カスタムメニューを複数登録する。

引数

配列 (必須)：カスタムメニューの識別子と名称を連想配列で指定する。

Step 5-2 メニューを作成する

カスタムメニュー機能が有効になったので、「Main Menu」という名前のメニューを作成します。管理画面のメニュー[外観] > [メニュー]を選択し、「メニューを編集」画面を表示しましょう。

❶ メニュー名を入力する

「メニュー名」に「Main Menu」と入力し❶、「メニューを作成」をクリックします❷。「メニュー名」はウェブサイト上には表示されないので、管理しやすい名称で構いません。

❷ メニュー項目を追加・編集する

固定ページがすでに作成されている場合は、メニュー項目として各ページが登録されています。項目が登録されていない場合は、左側の「メニュー項目を追加」から項目を追加します❶。「Sample Page」は「▼」ボタンから追加オプションを開き、削除しておきましょう。各項目はドラッグして並び替えられるので、「ホーム」「コンセプト」「メニュー」「店舗案内」の順に並べます❷。「メニューの位置」で「メインメニュー」にチェックを入れ❸、「メニューを保存」をクリックします❹。これでメインメニューが登録できました。

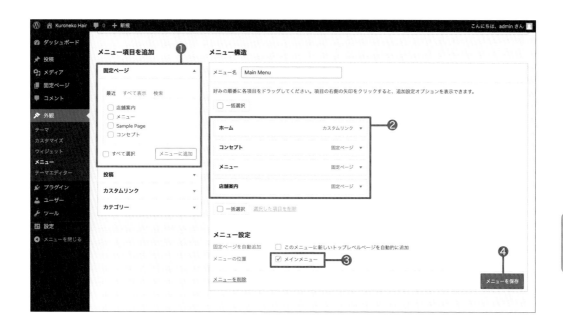

ここでは触れませんが、投稿やカテゴリーも同じようにメニューに登録できる他、任意のURLも「カスタムリンク」として登録できます。追加したメニュー項目の文字列は、各項目の「▼」ボタンをクリックして表示される設定画面から変更できます。また、メニュー項目を入れ子状態にして多階層にすることも可能です。

メニュー項目の設定画面

入れ子状態にしたメニュー項目

メニュー項目に個別の CSS クラスを設定する

ウェブサイトのデザインによっては、メニュー項目に個別のクラスを設定したり、リンク先のページを新規タブで開いたりしたい場合があります。この場合、メニュー設定画面上部の「表示オプション」を開き、「詳細メニュー設定を表示」から「リンクターゲット」や「CSS クラス」にチェックを入れてください。メニューに、オプションの設定項目が表示されます。

表示オプション

メニューにオプション項目が表示された

Step 5-3 header.php に記述する

Step 5-2でメニューを作成しましたが、まだウェブサイトのナビゲーションには表示されていません。header.phpにあるナビゲーション部分のHTMLを、メニューを出力するテンプレートタグ「wp_nav_menu()」に置き換えます。wp_nav_menu() タグの引数は、連想配列として設定します。

最初に、Step 5-1 で定義した識別子「main-menu」のメニューを表示してみましょう。メニューの表示位置を指定する引数「theme_location」には、メニューの識別子「main-menu」を値として設定し、「'theme_location' => 'main-menu',」と記述します。

前略

```
<div class="header-Nav_Inner" id="global-Nav" aria-hidden="true">
    <ul class="header-Nav_Items">  ← ここを置き換える
        <li><a href="#">ホーム</a></li>
        <li><a href="#">コンセプト</a></li>
        <li><a href="#">ヘアスタイル</a></li>
        <li><a href="#">メニュー</a></li>
        <li><a href="#">店舗案内</a></li>
    </ul>
    <form role="search" method="get" class="search-form" action="#">
        <label>
            <input type="search" class="search-field" placeholder="検索 &hellip;"
            value="" name="s" />
        </label>
        <input type="submit" class="search-submit" value="検索" />
    </form>
</div>
```

後略

↓

前略

```
<div class="header-Nav_Inner" id="global-Nav" aria-hidden="true">
    <?php  ← テンプレートタグで置き換える
        wp_nav_menu(
            array(
                'theme_location' => 'main-menu',  ← メニューの位置を指定する
            )
        );
        ?>
    <form role="search" method="get" class="search-form" action="#">
        <label>
            <input type="search" class="search-field" placeholder="検索 &hellip;"
            value="" name="s" />
        </label>
        <input type="submit" class="search-submit" value="検索" />
    </form>
</div>
```

後略

header.phpを保存し、ウェブページを再読み込みしてみましょう。Step 5-2で登録したメニュー項目が表示されましたが、ナビゲーションの見た目が変わってしまいました。

ナビゲーションの見た目が変わってしまった

この記述では、次のようなHTMLが出力されます。メニューのulタグにはクラス「header-Nav_Items」がなく、さらにul要素は<div class="menu-main-menu-container"></div>で囲われています。これでは静的コーディングでのデザインが再現できません。

出力されるHTML

```
<div class="header-Nav_Inner" id="global-Nav" aria-hidden="true">
    <div class="menu-main-menu-container">  ← wp_nav_menu()で出力されるHTML
        <ul id="menu-main-menu" class="menu">
            <li id="menu-item-61" class="menu-item menu-item-type-custom menu-item-
            object-custom current-menu-item current_page_item menu-item-home menu-
            item-61"><a href="https://example.com/" aria-current="page">ホーム</a></
            li>
            中略
        </ul>
    </div>
    中略
</div>
```

静的マークアップのHTMLと同じように、ulタグに任意のクラス「header-Nav_Items」をつけ、さらにdivタグで囲まれないようにするには、連想配列に「'menu_class' => 'header-Nav_Items',」と「'container' => false,」を追加します。

header.php

前略

```
<div class="header-Nav_Inner" id="global-Nav" aria-hidden="true">
    <?php
        wp_nav_menu(
            array(
                'theme_location' => 'main-menu',
                'menu_class'     => 'header-Nav_Items',      ──→ 引数を追加する
                'container'      => false,
            )
        );
    ?>
    中略
</div>
```

後略

引数追加後に出力されるHTML

前略

```
<div class="header-Nav_Inner" id="global-Nav" aria-hidden="true">
    <ul id="menu-main-menu" class="header-Nav_Items">   ←── 任意のクラスが出力された
        <li id="menu-item-61" class="menu-item menu-item-type-custom menu-
        itemobject-custom current-menu-item current_page_item menu-item-home menu-
        item-61"><a href="https://example.com/" aria-current="page">ホーム</a></li>
        中略
    </ul>
    中略
</div>
```

後略

なお、wp_nav_menu()タグで出力されるHTMLに見られる「current-menu-item」や「current_page_item」といった「current_」で始まるクラスは、メニュー項目にある投稿ページや固定ページがブラウザーで表示されている場合に出力されます。現在表示されているページに該当するメニュー項目のデザインを変えたい場合に便利です。

それでは、ウェブページを再読み込みしてみましょう。ナビゲーションの表示が元通りになったことが確認できました。

元通りの表示になったナビゲーション

テンプレートタグ wp_nav_menu(配列)

カスタムメニューを表示する。

引数

配列（オプション）：表示するメニューを連想配列で指定する。

連想配列に指定する主なキー

theme_location（オプション）：メニューの表示位置。register_nav_menu()で登録されている必要がある。

menu_class（オプション）　　：メニューのul要素に指定するクラス。

menu_id（オプション）　　　　：メニューのul要素に指定するID。

container（オプション）　　　：メニューのul要素を囲むタグ（div または nav）の指定。囲まない場合は false を指定する。

container_class（オプション）：メニューのul要素を囲むタグのクラス。

container_id（オプション）　　：メニューのul要素を囲むタグのID。

items_wrap（オプション）　　：メニューのul要素のフォーマット。
　　　　　　　　　　　　　　　　　 <ul id="%1$s" class="%2$s">%3$s</ul>
　　　　　　　　　　　　　　　　　 「%1$s」→menu_idの値を挿入
　　　　　　　　　　　　　　　　　 「%2$s」→menu_classの値を挿入
　　　　　　　　　　　　　　　　　 「%3$s」→メニュー項目を挿入

完成コード

Step 5の作業は、これで終わりです。ここで作成したファイルは次のようになりました。

functions.php

```php
<?php
function neko_theme_setup() {
    add_theme_support( 'title-tag' );
    add_theme_support( 'post-thumbnails' );
    add_image_size( 'page_eyecatch', 1100, 610, true );
    add_image_size( 'archive_thumbnail', 200, 150, true );
    register_nav_menu( 'main-menu', 'メインメニュー' );          ← カスタムメニューを登録する
}
add_action( 'after_setup_theme', 'neko_theme_setup' );
function neko_enqueue_scripts() {
    wp_enqueue_script( 'jquery' );
    wp_enqueue_script(
        'kuroneko-theme-common',
        get_template_directory_uri() . '/assets/js/theme-common.js',
        array(),
        '1.0.0',
        true
    );
    wp_enqueue_style(
        'googlefonts',
        'https://fonts.googleapis.com/css2?family=Noto+Sans+JP:wght@500&display=sw
        ap',
        array(),
        '1.0.0'
    );
    wp_enqueue_style(
        'kuroneko-theme-styles',
        get_template_directory_uri() . '/assets/css/theme-styles.css',
        array(),
        '1.0.0'
    );
}
add_action( 'wp_enqueue_scripts', 'neko_enqueue_scripts' );
```

header.php

```php
<!DOCTYPE html>
<html <?php language_attributes(); ?>>


<head>
    中略
</head>


<body <?php body_class(); ?>>
    <?php wp_body_open(); ?>
    <div class="content-Wrap">
        <header role="banner" class="header">
            <h1 class="header-SiteName">
                中略
            </h1>
            <nav class="header-Nav">
                <button type="button" class="header-NavToggle" aria-controls="global
                -Nav" aria-expanded="false" aria-label="メニュー開閉">
                    <span class="header-NavToggle_Bar"></span>
                </button>
                <div class="header-Nav_Inner" id="global-Nav" aria-hidden="true">
                    <?php
                        wp_nav_menu(
                            array(
                                'theme_location' => 'main-menu',
                                'menu_class'     => 'header-Nav_Items',
                                'container'      => false,
                            )
                        );
                    ?>
                    <form role="search" method="get" class="search-form" action="#">
                        <label>
                            <input type="search" class="search-field" placeholder="
                            検索 &hellip;" value="" name="s" />
                        </label>
                        <input type="submit" class="search-submit" value="検索" />
                    </form>
                </div>
            </nav>
        </header>
```

> カスタム
> メニューを
> 出力する

ウェブサイト作成の基本となるテンプレートファイルを作成する

Chapter
5

06 フロントページ用の テンプレートを作成する

■Step素材フォルダー	kuroneko_sample > Chapter5 > Step6
■学習するテーマファイル	●index.php　●front-page.php

フロントページのテンプレートファイルを確認する

ホーム、トップページなど、「ウェブサイトの一番上のページ」にはいろいろな呼び名がありますが、本書では「フロントページ」、ナビゲーション上の名前を「ホーム」としています。Step 6では、フロントページ用のテンプレートを作成し、お知らせの投稿一覧を作り込みます。

お知らせの投稿一覧部分のデザインとHTMLの構成は、アーカイブページの投稿一覧と同じです。P.193でパーツ化した投稿部分を利用して、お知らせの投稿一覧を作り込みます。

ここまでは、P.99で作成したindex.phpをフロントページのテンプレートとして使ってきました。ここで、フロントページのテンプレート優先順位を確認しておきましょう。

●フロントページのテンプレート優先順位

優先順位	テンプレート
1	front-page.php
2	home.php
3	index.php

フロントページのテンプレートとして優先順位が一番高いテンプレートは、どれでしょうか？優先順位の表を見ると「front-page.php」であることがわかります。ここまで使用してきたindex.phpは、WordPressのテーマファイルでは必要最低限かつ、あらゆるコンテンツの表示をカバーするもっとも汎用的な位置づけのテンプレートファイルです。フロントページのように、固有の要素を多く配置するページのテンプレートしての使用は避けた方がよいでしょう。

なお本書で作成するテーマでは、汎用的なページテンプレートは必要ないため、index.phpを汎用的に使うためのカスタマイズ方法には触れません。しかしindex.phpはテーマの必須テンプレートのため削除せずに残し、Chapter 8で投稿インデックスページのテンプレートとして利用します。

Step 6-1 front-page.php を作成する

まずはindex.phpを複製し、ファイル名をfront-page.phpに変更します。

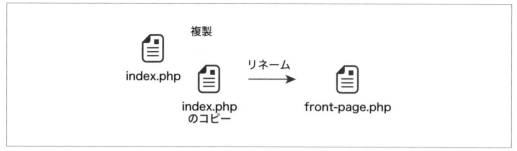

index.php を複製しリネームする

元のindex.phpをテキストエディターで開き、記述内容をすべて削除して次のように書き換えてください。これは、表示されているページがindex.phpであることをわかりやすくするための一時的な記述です。ここで書き換えたindex.phpは、P.374でのカスタマイズに使用します。

`index.php`

```php
<?php echo 'index page'; ?>
```

これで、フロントページ用テンプレートファイル「front-page.php」を使う準備ができました。

Step 6-2 お知らせにループを読み込む

ここからは、フロントページのお知らせ一覧を作り込んでいきます。最初にStep素材「kuroneko_sample」>「Chapter5」>「Step6」>「HTML」にあるindex.htmlをブラウザーで開き、お知らせ一覧の表示を確認しましょう。最新の投稿が3件表示されています。

index.htmlのお知らせ部分

P.193で、フロントページとアーカイブページの投稿一覧が同じHTMLで構成されていることに触れ、投稿部分をパーツ化しました。このとき作成した「loop-post.php」を、archive.phpと同様にお知らせ部分に読み込みましょう。P.195で解説したloop-post.phpの読み込み記述をコピーし、front-page.phpにある投稿3件分のHTMLと置き換えます。

archive.php

前略

```php
<?php if( have_posts() ) : ?>      ← コピーする
    <?php
    while ( have_posts() ) :
        the_post();
        ?>
        <?php get_template_part( 'template-parts/loop', 'post' ); ?>
    <?php endwhile; ?>
<?php endif; ?>
```

後略

front-page.php

前略

```html
<section class="home-News">
    <h2 class="home-News_Title">お知らせ<span>News &amp; Topics</span></h2>
    <div class="row justify-content-center">
        <div class="col-lg-10">
            <article class="module-Article_Item">      ← 投稿3件分の記述を削除する
                <a href="#" class="module-Article_Item_Link">
                    中略
                </a>
            </article>
            <article class="module-Article_Item">
                <a href="#" class="module-Article_Item_Link">
                    中略
                </a>
            </article>
            <article class="module-Article_Item">
                <a href="#" class="module-Article_Item_Link">
                    中略
                </a>
            </article>
        </div>
    </div>
```

```
        <p class="home-News_More">

            <a href="#" class="home-News_More_Link">もっと見る</a>

        </p>

    </section>
```

⬇

前略

```
<section class="home-News">

    <h2 class="home-News_Title">お知らせ<span>News &amp; Topics</span></h2>

    <div class="row justify-content-center">

        <div class="col-lg-10">

            <?php if( have_posts() ) : ?>  ◀── archive.php からコピー&ペーストする

                <?php

                while ( have_posts() ) :

                    the_post();

                    ?>

                    <?php get_template_part( 'template-parts/loop', 'post' ); ?>

                <?php endwhile; ?>

            <?php endif; ?>

        </div>

    </div>

    <p class="home-News_More">

        <a href="#" class="home-News_More_Link">もっと見る</a>

    </p>

</section>
```

後略

Step 6-3 条件を指定して投稿一覧を表示する

front-page.phpをいったん保存し、ブラウザーでフロントページを再読み込みしてみましょう。静的コーディングでのデザインに従うと、ここには3件の投稿を表示させることになります。しかし、お知らせ部分には3件以上の投稿が表示されています。3件の表示に変更するには、どうしたらよいでしょうか。これには、WordPressが投稿データを取得し、表示するしくみを理解しておく必要があります。

お知らせ

News & Topics

雨の日キャンペーン開催

湿気で髪型も決まらないし、お出かけが億劫になる雨の日。みなさまに少しでも楽しく過ごしていただきたいという思いから、Kuroneko Hairでは雨の日キャンペーンを開催することにいたしました。当日のご予約でもOKです、[...]

キャンペーン / 2021年4月24日

ロケーション撮影に行きました

こんにちは、Kuroneko Hair スタッフのサビです。先日イメージ写真の撮影を行いに行ってきました。場所は〇〇市の△△砂丘です。お天気にも恵まれ、スムーズな撮影ができました。写真もめちゃくちゃ良いものが撮れていま [...]

ブログ / 2020年11月22日

臨時休業のお知らせ

いつもKuroneko Hairをご利用いただき、ありがとうございます。誠に勝手ながら、防火設備点検のため下記期間を臨時休業とさせていただきます。休業期間：2020年11月3日（火）ご不便をおかけいたしますが、何卒 [...]

お知らせ / 2020年10月23日

パーソナルカラーの研修に行ってきました

こんにちは、Kuroneko Hair スタッフのサビです。先日、メーカー主催のパーソナルカラーの研修に行ってきました。身の回りのもの・目に見えるものすべてに色ってついていますが、「なぜ色がついて見えるのか」といった [...]

ブログ / 2020年9月16日

夏季休業のお知らせ

いつもKuroneko Hairをご利用いただき、ありがとうございます。誠に勝手ながら、当店は下記日程で夏季休業をいたします。皆様には大変ご迷惑をおかけいたしますが、何卒よろしくお願い申し上げます。休業期間：2020 [...]

お知らせ / 2020年8月1日

雑誌に掲載されました

現在発売中の雑誌「LOVE NEKO HAIR 7月号」に、当店スタイリストが担当したページが掲載されています。当店でも大人気の「ミケのお手入れシリーズ」のヘアオイルを使った、お手軽スタイリングを解説しました。ぜひチェ [...]

お知らせ / 2020年7月16日

もっと見る

ヘアスタイル

Hairstyles

投稿が3件以上表示されたフロントページのお知らせ部分

❶ WordPressが投稿を表示するしくみ

ここで、WordPressが投稿を表示するしくみを振り返ってみましょう。P.22で、WordPressの基本的なページ出力のしくみについて学びました。WordPressではURLによるリクエストで取得するページを指定し、そのURLの情報に基づいてウェブページを表示しています。この「URLによる出力ページのリクエスト」のことを「メインクエリー」と呼びます。クエリーとは、「どのような条件でページの表示（ループの実行）を行うかという問い合わせ」と考えればよいでしょう。

例えば、WordPressの標準設定下で「https://example.com/?p=1」というリクエストがあったとします。するとWordPressは、IDが1の「投稿」を呼び出します。また「https://example.com/?cat=2」というリクエストであれば、IDが2の「カテゴリー」を呼び出します。フロントページ（https://example.com/）のリクエストであれば、最新の投稿一覧が呼び出されます。

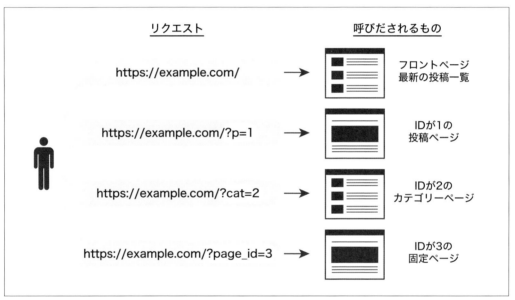

メインクエリーで呼び出されるもの

P.221では、front-page.phpにarchive.phpと同じ基本形のループを記述したため、フロントページでは最新の投稿一覧が表示されました。P.221で記述したこの基本形のループのことを、「メインループ」と呼ぶこともあります。

❷ サブクエリーとサブループ

メインクエリーの表示条件はWordPress内部にあらかじめ用意されているため、single.phpやpage.php、archive.phpなどのテンプレートではデータ取得の条件を記述する必要がありません。一方、フロントページのお知らせ一覧のように「最新の投稿3件だけ」といった特定の条件で出力したい場合は、メインクエリーとは別に独自のクエリーを作成して投稿を呼び出します。この独自に作成するクエリーを「サブクエリー」と呼び、サブクエリーで取得した情報によって出力するループのことを「サブループ」と呼びます。例えば、カテゴリーIDが2の投稿を表示する場合、メインクエリーでは「カテゴリーIDが

2の投稿」という条件になりますが、サブクエリーではさまざまな条件で投稿の表示をコントロールできます。

メインクエリーとサブクエリーの違い

サブクエリーは「WP_Query」で定義します。サブループの基本的な記述は、次の通りです。記述内にある「$my_query」という変数名は、任意の文字列にしても構いません。

サブループの基本的な記述

```php
<?php
    $my_query = new WP_Query( 引数 );      ←①取得するデータを配列で定義する
    if ( $my_query -> have_posts() ) :     ←②投稿データの存在有無を判定する
?>
    <?php
        while( $my_query -> have_posts() ) :   ←③投稿データのある間出力処理を続ける
            $my_query -> the_post();           ←④複数の投稿データから1つ取り出し次の投稿に進む
    ?>
        // 表示する内容
    <?php
        endwhile;                    ←投稿データの出力を終了する
        wp_reset_postdata();         ←⑤取得した投稿データをリセットする
    ?>
<?php endif; ?>                ←投稿データの有無判定を終了する
```

まず、取得する投稿の条件をnew WP_Query()の引数に連想配列で定義します。WP_Query()が取得条件をWordPressにリクエストすると、返ってきた値が$my_queryという変数に格納されます❶。$my_queryに投稿が存在すれば投稿の出力に進み❷、投稿がある間は処理を続けます❸❹。サブクエリーで注意が必要なのはこのあとです。

メインループで表示が行われているところに new WP_Query() で独自クエリーを定義すると、メインループの投稿データがサブループに差し替えられます。このままではページの表示に影響が出てしまうため、サブループの処理が終わった時点でメインループの状態に戻さなくてはいけません。

そこで「wp_reset_postdata()」関数を記述し、サブループの投稿データをメインループの状態にリセットします❺。「WP_Query() と wp_reset_postdata() は必ずセットで使用する」と覚えておきましょう。

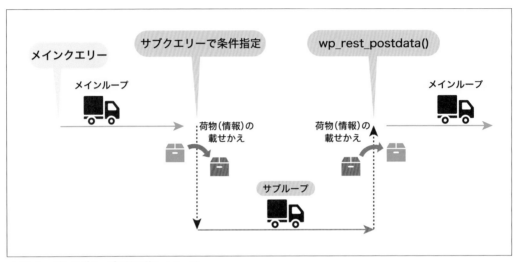

メインループとサブループの切り替えイメージ

❸サブループを記述する

それでは、front-page.php にサブループを記述してみましょう。最初に、P.221 で追加したメインループをサブループに置き換えます。サブクエリーの情報は、「$neko_news_query」という名前の変数に格納します。

front-page.php

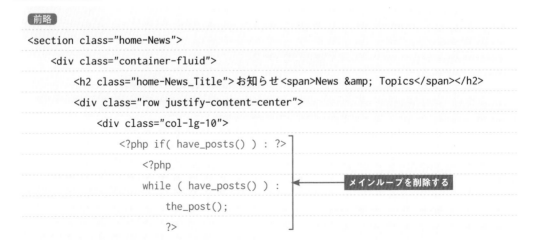

```php
            <?php get_template_part( 'template-parts/loop', 'post' ); ?>
        <?php endwhile; ?>
        <?php endif; ?>
        </div>
    </div>
    <p class="home-News_More">
        <a href="#" class="home-News_More_Link">もっと見る</a>
    </p>
    </div>
</section>
```

メインループを削除する

後略

⬇

前略

```php
<section class="home-News">
    <h2 class="home-News_Title">お知らせ<span>News &amp; Topics</span></h2>
    <div class="row justify-content-center">
        <div class="col-lg-10">
            <?php
            $neko_news_query = new WP_Query( $neko_args );
            if ( $neko_news_query->have_posts() ) :
                ?>
                <?php
                while ( $neko_news_query->have_posts() ) :
                    $neko_news_query->the_post();
                    ?>
                    <?php get_template_part( 'template-parts/loop', 'post' ); ?>
                    <?php
                endwhile;
                wp_reset_postdata();
                ?>
            <?php endif; ?>
        </div>
    </div>
    <p class="home-News_More">
        <a href="#" class="home-News_More_Link">もっと見る</a>
    </p>
</section>
```

サブクエリーを定義する

サブループの開始を記述する

サブループの終了を記述する

後略

WP_Query()の引数は数多くあり、複数の条件を組み合わせることができます。フロントページのお知らせ一覧は、「投稿記事のみ」「最新の投稿3件」の条件で投稿を出力します。

ここではWP_Query()の括弧内ではなく、見通しをよくするために「$neko_args」という名前の変数に連想配列で引数を定義し、WP_Query()に渡します。ここでの条件を引数で表すと、次のようになります。

条件	引数と値
投稿記事のみ	'post_type' => 'post'
投稿3件	'posts_per_page' => 3

この定義を、WP_Query()の前に記述します。

front-page.php

〔前略〕

```php
<section class="home-News">
    <h2 class="home-News_Title">お知らせ<span>News &amp; Topics</span></h2>
    <div class="row justify-content-center">
        <div class="col-lg-10">
            <?php

            ←ここに記述する

            $neko_news_query = new WP_Query( $neko_args );
            if ( $neko_news_query->have_posts() ) :
                ?>
                <?php
                while ( $neko_news_query->have_posts() ) :
                    $neko_news_query->the_post();
                    ?>
                    <?php get_template_part( 'template-parts/loop', 'post' ); ?>
                    <?php
                endwhile;
                wp_reset_postdata();
                ?>
            <?php endif; ?>
        </div>
    </div>
    <p class="home-News_More">
        <a href="#" class="home-News_More_Link">もっと見る</a>
    </p>
</section>
```

前略

```php
<section class="home-News">
    <h2 class="home-News_Title">お知らせ<span>News &amp; Topics</span></h2>
    <div class="row justify-content-center">
        <div class="col-lg-10">
            <?php
            $neko_args   = array(
                'post_type'      => 'post',
                'posts_per_page' => 3,
            );
            $neko_news_query = new WP_Query( $neko_args );
            if ( $neko_news_query->have_posts() ) :
            ?>
                <?php
                while ( $neko_news_query->have_posts() ) :
                    $neko_news_query->the_post();
                    ?>
                    <?php get_template_part( 'template-parts/loop', 'post' ); ?>
                    <?php
                endwhile;
                wp_reset_postdata();
                ?>
            <?php endif; ?>
        </div>
    </div>
    <p class="home-News_More">
        <a href="#" class="home-News_More_Link">もっと見る</a>
    </p>
</section>
```

サブクエリーの条件

サブループの記述はこれで終わりです。これで、フロントページのお知らせ一覧が完成しました。front-page.phpを保存し、ブラウザーで再読み込みしてみましょう。最新の投稿が3件表示されれば問題ありません。

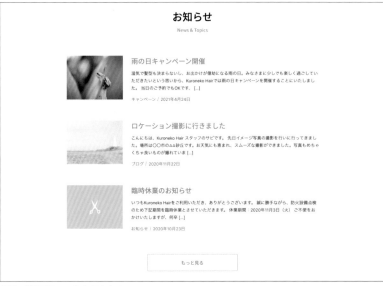

投稿が指示通り3件表示された

関数 WP_Query(引数)

定義された引数から、要求された投稿データを取得する。

代表的な引数

引数は連想配列で指定する。

引数	説明	値の例
post_type	出力する投稿タイプ	'post'
category_name	投稿カテゴリーのスラッグ名 複数指定する場合は「'category1',' category2'」と記述	'category1'
posts_per_page	表示数 「-1」を指定すると全件表示	1
order	出力の並び順 'ASC'は昇順、'DESC'は降順	'ASC'
orderby	どの引数を基準として並び替えるか (例) 'date'：作成日（初期値） 'modified'：更新日 'title'：タイトル名 'ID'：投稿ID 'rand'：ランダム	'ID'

関数 wp_reset_postdata()

サブクエリーで取得した投稿データをメインクエリーの状態にリセットする。

完成コード

Step 6での作業は、これで終わりです。ここで作成したファイルは次のようになりました。

index.php

```php
<?php echo 'index page'; ?>
```
← index page と表示

front-page.php

```php
<?php get_header(); ?>
```
← header.php を読み込む

```php
<main class="main">
    <div class="contaner-fluid">
        <div class="home-Hero">
            <div class="home-Hero_Inner">
                <p class="home-Hero_Txt">
                    にゃんすけ店長がお迎えする<br>ゆったり癒しの美容室
                    <span>20XX.XX DEMO OPEN</span>
                </p>
            </div>
        </div>
        <section class="home-News">
            <h2 class="home-News_Title">お知らせ<span>News &amp; Topics</span></h2>
            <div class="row justify-content-center">
                <div class="col-lg-10">
                    <?php
                    $neko_args = array(
                        'post_type'     => 'post',
                        'posts_per_page' => 3,
                    );
                    $neko_news_query = new WP_Query( $neko_args );
                    if ( $neko_news_query -> have_posts() ) :
                    ?>
                    <?php
                    while( $neko_news_query -> have_posts() ) :
                        $neko_news_query -> the_post();
                     ?>
                        <?php get_template_part( 'template-parts/loop', 'post'
                        ); ?>
                        <?php
                    endwhile;
```

← サブクエリーの条件を指定
← 投稿のみ
← 投稿の3件
引数の条件に合う投稿データを取得して変数 $neko_news_query に格納
← 投稿データの存在有無を判定する
投稿データのある間出力処理を続ける
← 複数の投稿データから1つ取り出し次の投稿に進む
← template-parts/loop-post.php を読み込む
← 投稿データの出力を終了する

```
                    wp_reset_postdata();    ◀━━ 取得した投稿データをリセットする

                    ?>

            <?php endif; ?>    ◀━━ 投稿の有無判定を終了する

        </div>

      </div>

      <p class="home-News_More">

          <a href="#" class="home-News_More_Link">もっと見る</a>

      </p>

    </section>

    <section class="home-Style">

        <h2 class="home-Style_Title">ヘアスタイル<span>Hairstyles</span></h2>
        中略

    </section>

    <section class="home-ShopInfo">

        <h2 class="home-ShopInfo_Title">店舗案内<span>Shop Information</span></h2>
        中略

    </section>

  </div>

</main>

<?php get_footer(); ?>    ◀━━ footer.php を読み込む
```

Column

テーマ作成のセキュリティ対策について

皆さんの中には、セキュリティ対策と聞くと身を構えてしまう方もいるかと思います。しかし自身の制作物を納品する上で、セキュリティを曖昧なままにしておくべきではありません。特にWordPressのテーマ作成において、セキュリティ対策は非常に重要です。

WordPressのテーマは、プラグインやコア（WordPress本体）の機能と同様、PHPで動作し、PHPで書かれたテンプレートタグを使ってウェブサイトを表示しています。つまり、テーマを作成することは、WordPressのコア機能を利用するコードを作成することを意味しています。WordPressを安全に保つためには、WordPressのコア、プラグイン、テーマのそれぞれで対策が必要になります。テーマもまた、対策の例外とはならないのです。

●本書で登場するセキュリティ対策

P.114では、WordPressが用意した関数「esc_url()」が登場しました。

前略

```
<link href="<?php echo esc_url( get_template_directory_uri() ); ?>/assets/
css/theme-styles.css" rel="stylesheet" media="all">
```

後略

この関数がなくても、get_template_directory_uri()はテーマフォルダーのパスを出力してくれます。しかし、ここで出力される文字列はhref属性の値として利用される点に注意が必要です。

例えば、出力される文字列に値やタグの終了を表す「"」や「>」が含まれていたらどうなるでしょうか？hrefの値は「"」や「>」の出力の場所で途切れてしまいます。このあとにonclick属性やscriptタグなどを使ったコードが含まれていたら、実行可能なコードをページに出力してしまうことになります。このような出力処理の隙をついて任意のコードを実行させる攻撃を、「クロスサイトスクリプティング（XSS）」といいます。この攻撃に対しては、攻撃コードを無害化して対策します。この対策を「エスケープ処理」といいます。

先述の「esc_url()」関数は、出力される文字列をURLとして処理できる値に変換させる関数です。URLに適さない値が渡された場合にも、このエスケープ処理によって攻撃コードは無害なURL文字列に変換されます。何らかの値を取得する場合、期待している値が必ずしも得られるとは限らないと考えることがポイントです。これはエスケープ処理による対策に限らず、バグを防止するための一般的な考え方でもあります。直接echoなどを使って値を

出力する場合は、出力の用途に応じてエスケープ処理をして出力しましょう。

「esc_url()」以外に、本書では「esc_html()」が登場します。「esc_html()」は、HTMLタグをただの文字列に変換する関数です。P.408, 409では両方の関数が登場していますので、使われ方の違いに注目してみましょう。

他にも、HTML属性のための「esc_attr()」といった、WordPressのコア機能で用意されているエスケープ処理の関数が存在します。WordPressのコア機能においては、専門のチームが常に安全性を担保できるよう取り組んでいます。これらの関数を有効に活用して、安全に使えるテーマ作成を目指しましょう。もちろん、WordPressのバージョンを最新の状態に保つことは忘れずに。

●知識は備え

本書を読んでいる皆さんも、いつかは凝ったテーマを作り、それに応じたセキュリティの対策が必要になることでしょう。中・上級者のセキュリティ対策にまで紙面を割く役割は、本書にはありません。その来たるべき機会に向けて、ウェブ上の資料と書籍を紹介して本コラムを締めくくります。後学のためになれば幸いです。

「CMSを用いたウェブサイトにおける情報セキュリティ対策のポイント」（独立行政法人情報処理推進機構セキュリティセンター）

https://www.ipa.go.jp/security/technicalwatch/20160928-1.html
WordPressを含むCMSを利用する上での対策がまとめられています。作成から運用まで抑えておくポイントが抑えてあり、チェックリストまであるので一読しておくとよいでしょう。

『安全なアプリケーションの作り方』徳丸浩　著　SBクリエイティブ

通称「徳丸本」と呼ばれる、2018年に改訂が行われたロングセラーの書籍です。WordPressを利用する上で、SQLインジェクションとクロスサイトリクエストフォージェリー（CSRF）は抑えておきたい知識です。

Chapter

6

ウェブサイトの
利便性を向上する

Chapter 5 では、テーマを構成する基本的なテンプレート
ファイルを作成しました。フロントページ、投稿ページ、
固定ページ、アーカイブページそれぞれの表示ができるよ
うになりましたが、サイト内検索や、ページやファイルが
見つからなかった場合の 404 ページ、投稿間の移動など、
ウェブサイト内の回遊性が低いままです。
Chapter 6 では、ウェブサイト内の回遊性や利便性を高め
るためのテンプレートや機能を追加していきます。ステッ
プをひとつずつ進め、より使いやすいテーマにしていきま
しょう。

01 サイト内検索を できるようにする

■Step素材フォルダー | kuroneko_sample > Chapter6 > Step1

■学習するテーマファイル | • functions.php • header.php • search.php

サイト内検索機能を設置する

ウェブサイト内から目的の情報を探すためには、サイト内検索の機能があると便利です。静的サイトに
サイト内検索を導入するには、独自にプログラムを導入したり、外部のウェブサービスを利用したりす
ることが一般的です。一方、WordPressにはウェブサイト内の情報を検索する機能が備わっているた
め、必要なテンプレートファイルを用意し、検索フォームを表示するテンプレートタグを記述すること
でサイト内検索を設置できます。Step 1では、ヘッダーに検索フォームを設置し、検索結果ページのテ
ンプレートファイルを作成して、ユーザビリティに配慮したサイト内検索ができるようにします。

ヘッダーの検索フォーム

検索結果ページ

最初に、ヘッダーに検索フォームを設置しましょう。検索フォームを表示させるテンプレートタグは、「get_search_form()」です。しかし、そのまま記述するとWordPressの古いバージョンでのマークアップとなってしまうため、最初に検索フォームのマークアップをHTML5に対応させるところから始めます。

❶検索フォームのマークアップをHTML5に対応させる

検索フォームのマークアップをHTML5に対応させるには、P.125で解説した「add_theme_support()」関数を使います。functions.phpをテキストエディターで開き、neko_theme_setup()関数内に記述しましょう。関数の引数には、HTML5の有効化とその対象を指定します。ここではadd_theme_support('html5', array('search-form'));と記述します。

functions.php

```
function neko_theme_setup() {
    add_theme_support( 'title-tag' );
    add_theme_support( 'post-thumbnails' );
    add_image_size( 'page_eyecatch', 1100, 610, true );
    add_image_size( 'archive_thumbnail', 200, 150, true );
    register_nav_menu( 'main-menu', 'メインメニュー' );
}
add_action( 'after_setup_theme', 'neko_theme_setup' );
```
後略

⬇

```
function neko_theme_setup() {
    add_theme_support( 'title-tag' );
    add_theme_support( 'post-thumbnails' );
    add_theme_support( 'html5', array( 'search-form' ) );   ← 関数を記述する
    add_image_size( 'page_eyecatch', 1100, 610, true );
    add_image_size( 'archive_thumbnail', 200, 150, true );
    register_nav_menu( 'main-menu', 'メインメニュー' );
}
add_action( 'after_setup_theme', 'neko_theme_setup' );
```
後略

関数の記述により、検索フォームのマークアップは次のように変化します。

HTML5対応前のマークアップ

```
<form role="search" method="get" id="searchform" class="searchform" action="https://
example.com/">
    <div>
        <label class="screen-reader-text" for="s">検索:</label>
        <input type="text" value="" name="s" id="s" />
        <input type="submit" id="searchsubmit" value="検索" />
    </div>
</form>
```

HTML5対応後のマークアップ

```
<form role="search" method="get" class="search-form" action="https://example.com/">
    <label>
        <span class="screen-reader-text">検索:</span>
        <input type="search" class="search-field" placeholder="検索 &hellip;"
        value="" name="s" />
    </label>
    <input type="submit" class="search-submit" value="検索" />
</form>
```

関数 add_theme_support('html5', array('オプション'))

マークアップにHTML5を使用する。

引数

オプション：HTML5マークアップを使用する箇所を配列で指定する。

指定できる箇所

search-form、comment-list、comment-form、gallery、caption、style、script

❷検索フォームをヘッダーに追加する

検索フォームをHTML5のマークアップに変更できたので、次はヘッダーに表示させてみましょう。「kuroneko-hair」フォルダーのheader.phpをテキストエディターで開き、検索フォームのHTMLマークアップ<form role="search" method="get" class="search-form" action="#">から</form>までをget_search_form()タグに置き換えます。サンプルサイトの静的マークアップでは、検索フォーム部分はget_search_form()タグが出力するHTML5対応後のコードで記述しています。

前略

```php
<div class="header-Nav_Inner" id="global-Nav" aria-hidden="true">
    <?php
        wp_nav_menu(
            array(
                'theme_location' => 'main-menu',
                'menu_class'     => 'header-Nav_Items',
                'container'      => false,
            )
        );
        ?>
    <form role="search" method="get" class="search-form" action="#">
        <label>
            <input type="search" class="search-field" placeholder="検索 &hellip;"
            value="" name="s" />
        </label>
        <input type="submit" class="search-submit" value="検索" />
    </form>
</div>
```

後略

⬇

前略

```php
<div class="header-Nav_Inner" id="global-Nav" aria-hidden="true">
    <?php
        wp_nav_menu(
            array(
                'theme_location' => 'main-menu',
                'menu_class'     => 'header-Nav_Items',
                'container'      => false,
            )
        );
        ?>
    <?php get_search_form(); ?>◀━━━ テンプレートタグで置き換える
</div>
```

後略

この get_search_form() タグは、WordPress側で用意された検索フォームのHTMLを出力します。それに対して、テーマ内に「searchform.php」というテンプレートファイルがある場合はそちらが優先的に読み込まれ、出力されます。本書では詳しく扱いませんが、検索フォームを独自のHTMLマークアップにしたい場合は、searchform.phpを活用するとよいでしょう。

ここまでで、検索フォームの出力準備が整いました。header.phpをいったん保存し、サンプルサイトを再読み込みしましょう。ヘッダーに検索フォームが表示されれば問題ありません。

ヘッダーに検索フォームが表示された

> **テンプレートタグ** get_search_form(配列)
>
> テーマ内のテンプレートファイルsearchform.phpを探して出力する。テンプレートファイルがない場合は、WordPress標準の検索フォームHTMLを出力する。
>
> **引数**
>
> **配列（オプション）**：検索フォームの表示を連想配列で指定する。
>
> **連想配列に設定するキー**
>
> **echo**： 検索フォームを出力する場合は true、しない場合は false。初期値は true。
> **aria_label**：検索フォームのARIAラベル。

Step 1-2 search.php を作成する

Step 1-1で、検索フォームの設置ができました。検索結果の表示には、「search.php」というテンプレートファイルが必要です。Step 1-2では、このテンプレートファイルを作成します。

❶search.php を作成し、共通部分のテンプレートを読み込む

Step素材「kuroneko_sample」＞「Chapter6」＞「Step1」＞「HTML」にあるsearch.htmlを「kuroneko-hair」フォルダーにコピーし、search.phpとリネームします。search.phpをテキストエディターで開き、Chapter 5で行ったように共通部分のヘッダー、フッター、サイドバーをテンプレートタグに置き換えましょう。

search.html を「kuroneko-hair」フォルダーにコピーし、search.php とリネームする

search.php

```php
<?php get_header(); ?>
```
← テンプレートタグに置き換える

```html
<div class="container-fluid content">
    <div class="row">
        <div class="col-lg-8">
            <main class="main">
                <header class="content-Header">
                    <h1 class="content-Title">検索結果</h1>
                </header>
                <p class="search-ResultNum">「〇〇〇」の検索結果</p>
                <article class="module-Article_Item">
                    <a href="#" class="module-Article_Item_Link">
                        <div class="module-Article_Item_Img">
                            <img src="./assets/img/dummy-image.png" alt=""
                            width="200" height="150" load="lazy">
                        </div>
                        <div class="module-Article_Item_Body">
                            <h2 class="module-Article_Item_Title">臨時休業のお知らせ
                            </h2>
                            <p>いつもKuroneko Hairをご利用いただき、ありがとうございま
                            す。 誠に勝手ながら、防火設備点検のため下記期間を臨時休業と
                            させていただきます。 休業期間：2020年11月3日（火） ご不便を
                            おかけいたしますが、何卒</p>
                            <ul class="module-Article_Item_Meta">
                                <li class="module-Article_Item_Date">
                                    <time datetime="2020-10-23">2020年10月23日</
                                    time>
                                </li>
                            </ul>
```

```
                    </div>
                </a>
            </article>
        中略
        <nav class="navigation pagination" role="navigation" aria-label="投
        稿">
            <div class="nav-links">
                <a class="prev page-numbers" href="#">&lt;<span class="sr-
                only">前</span></a>
                <a class="page-numbers" href="#">1</a>
                <span aria-current="page" class="page-numbers current">2</
                span>
                <a class="page-numbers" href="#">3</a>
                <a class="next page-numbers" href="#"> <span class="sr-only">
                次</span>&gt;</a>
            </div>
        </nav>
    </main>
</div>
        <?php get_sidebar(); ?>  ◀──  テンプレートタグに置き換える
    </div>
</div>
<?php get_footer(); ?>  ◀──  テンプレートタグに置き換える
```

❷ループを記述し、汎用テンプレートファイルを読み込む

次に、検索結果表示にあたる部分にループを記述します。投稿の表示とページネーションはアーカイブ
ページと同じ構造のHTMLのため、Chapter 5で作成した汎用テンプレートファイル「loop-post.php」
と「parts-pagination.php」をget_template_part()タグで読み込みます。

search.php

```
<?php get_header(); ?>
<div class="container-fluid content">
    <div class="row">
        <div class="col-lg-8">
            <main class="main">
                <header class="content-Header">
                    <h1 class="content-Title">検索結果</h1>
                </header>
```

```
<p class="search-ResultNum">「〇〇〇」の検索結果</p>
<article class="module-Article_Item">
    <a href="#" class="module-Article_Item_Link">
        <div class="module-Article_Item_Img">
            <img src="./assets/img/dummy-image.png" alt=""
            width="200" height="150" load="lazy">
        </div>
        <div class="module-Article_Item_Body">
            <h2 class="module-Article_Item_Title">臨時休業のお知らせ
            </h2>
            <p>いつもKuroneko Hairをご利用いただき、ありがとうございま
            す。 誠に勝手ながら、防火設備点検のため下記期間を臨時休業と
            させていただきます。 休業期間：2020年11月3日（火） ご不便を
            おかけいたしますが、何卒</p>
            <ul class="module-Article_Item_Meta">
                <li class="module-Article_Item_Date">
                    <time datetime="2020-10-23">2020年10月23日</
                    time>
                </li>
            </ul>
        </div>
    </a>
</article>
```

中略

```
<nav class="navigation pagination" role="navigation" aria-label="投
稿">
    <div class="nav-links">
        <a class="prev page-numbers" href="#">&lt;<span class="sr-
        only">前</span></a>
        <a class="page-numbers" href="#">1</a>
        <span aria-current="page" class="page-numbers current">2</
        span>
        <a class="page-numbers" href="#">3</a>
        <a class="next page-numbers" href="#"> <span class="sr-only">
        次</span>&gt;</a>
    </div>
</nav>
</main>
```

```
                </div>

                <?php get_sidebar(); ?>

        </div>

</div>

<?php get_footer(); ?>
```

⬇

```
<?php get_header(); ?>
<div class="container-fluid content">

        <div class="row">

                <div class="col-lg-8">

                        <main class="main">

                                <header class="content-Header">

                                        <h1 class="content-Title">検索結果</h1>

                                </header>

                                <?php if( have_posts() ): ?>        ◄── ［ループを記述する］

                                        <p class="search-ResultNum">「○○○」の検索結果</p>

                                        <?php

                                        while ( have_posts() ) :        ◄── ［ループを記述する］

                                            the_post();

                                            ?>

                                        <?php get_template_part( 'template-parts/loop', 'post' ); ?> ◄── ［テンプレートタグに置き換える］

                                <?php endwhile; ?>        ◄── ［ループの終了を記述する］

                                <?php get_template_part( 'template-parts/parts', 'pagination' );

                                ?>    ◄── ［テンプレートタグに置き換える］

                        <?php endif; ?>    ◄── ［ループの終了を記述する］

                        </main>

                </div>

                <?php get_sidebar(); ?>

        </div>

</div>

<?php get_footer(); ?>
```

❸検索ワードを出力する

どのワードでの検索結果かがわかるように、検索結果ページに検索ワードを表示させましょう。検索ワードの出力は、テンプレートタグ「the_search_query()」を使います。

前略

```php
<?php if( have_posts() ): ?>
    <p class="search-ResultNum">「○○○」の検索結果</p>
    <?php
    while ( have_posts() ) :
        the_post();
        ?>
        <?php get_template_part( 'template-parts/loop', 'post' ); ?>
    <?php endwhile; ?>
    <?php get_template_part( 'template-parts/parts', 'pagination' ); ?>
<?php endif; ?>
```

後略

↓

前略

```php
<?php if( have_posts() ): ?>
    <p class="search-ResultNum">「<?php the_search_query(); ?>」の検索結果</p>
    <?php
    while ( have_posts() ) :
        the_post();
        ?>
        <?php get_template_part( 'template-parts/loop', 'post' ); ?>
    <?php endwhile; ?>
    <?php get_template_part( 'template-parts/parts', 'pagination' ); ?>
<?php endif; ?>
```

テンプレートタグで
置き換える

後略

ここまでで、基本的なサイト内検索ができるようになりました。いったんsearch.phpを保存して、いろいろなワードで検索してみましょう。検索結果がある場合とない場合とで、表示が異なることに気づいたでしょうか。

検索結果がある場合の表示（「キャンペーン」で検索）

検索結果がない場合の表示（「にゃんすけ店長」で検索）

検索結果がない場合は、ページタイトル「検索結果」の下に何も表示されません。これではユーザーが戸惑い、ウェブサイトからの離脱につながってしまいます。ユーザビリティを考慮し、検索結果がなかった場合の案内と、再検索を促すための検索フォームを設置しましょう。

search.phpのループに<?php else: ?> を追加して、検索結果がなかった場合は案内文と検索フォーム
を出力するようにします。検索フォームの表示は、Step 1-1で学んだget_search_form()タグを使用
します。

search.php

`前略`

```php
<?php if( have_posts() ): ?>
    <p class="search-ResultNum">「<?php the_search_query(); ?>」の検索結果</p>
    <?php
    while ( have_posts() ) :
        the_post();
        ?>
        <?php get_template_part( 'template-parts/loop', 'post' ); ?>
    <?php endwhile; ?>
    <?php get_template_part( 'template-parts/parts', 'pagination' ); ?>
<?php endif; ?>
```

`後略`

⬇

```php
<?php if( have_posts() ): ?>
    <p class="search-ResultNum">「<?php the_search_query(); ?>」の検索結果</p>
    <?php
    while ( have_posts() ) :
        the_post();
        ?>
        <?php get_template_part( 'template-parts/loop', 'post' ); ?>
    <?php endwhile; ?>
    <?php get_template_part( 'template-parts/parts', 'pagination' ); ?>
<?php else: ?>    ◀── 条件分岐を追記する
    <p class="search-NoResult">検索単語に一致するものは見つかりませんでした。他のキーワ
    ードで再度お試しください。</p>    ◀── 案内文を記述する
    <?php get_search_form(); ?>    ◀── テンプレートタグを記述する
<?php endif; ?>
```

search.phpを保存し、再度検索してみましょう。検索結果がない場合に、案内文と検索フォームが表示されるようになりました。

検索結果がない場合には、案内文と検索フォームが表示されるようになった

テンプレートタグ the_search_query()

検索フォームに入力された検索ワードを表示する。

完成コード

Step 1の作業は、これで終わりです。今回作成したファイルは次のようになりました。

functions.php

```php
<?php
function neko_theme_setup() {
    add_theme_support( 'title-tag' );
    add_theme_support( 'post-thumbnails' );
    add_theme_support( 'html5', array( 'search-form' ) );  ← 検索フォームのマークアップをHTML5に対応させる
    add_image_size( 'page_eyecatch', 1100, 610, true );
    add_image_size( 'archive_thumbnail', 200, 150, true );
    register_nav_menu( 'main-menu', 'メインメニュー' );
}
```

```php
add_action( 'after_setup_theme', 'neko_theme_setup' );


function neko_enqueue_scripts(){
    wp_enqueue_script( 'jquery' );
    wp_enqueue_script(
        'kuroneko-theme-common',
        get_template_directory_uri() . '/assets/js/theme-common.js',
        array(),
        '1.0.0',
        true
    );
    wp_enqueue_style(
        'googlefonts',
        'https://fonts.googleapis.com/css2?family=Noto+Sans+JP:wght@500&display=sw
        ap',
        array(),
        '1.0.0'
    );
    wp_enqueue_style(
        'kuroneko-theme-styles',
        get_template_directory_uri() . '/assets/css/theme-styles.css',
        array(),
        '1.0.0'
    );
}
add_action( 'wp_enqueue_scripts', 'neko_enqueue_scripts' );
```

header.php

```php
<!DOCTYPE html>
<html <?php language_attributes(); ?>>


<head>
    <meta charset="<?php bloginfo( 'charset' ); ?>">
    <meta http-equiv="X-UA-Compatible" content="IE=edge">
    <meta name="viewport" content="width=device-width, initial-scale=1.0">
    <meta name="description" content="<?php bloginfo( 'description' ); ?>">
    <?php wp_head(); ?>
</head>
```

```php
<body <?php body_class(); ?>>
    <?php wp_body_open(); ?>
    <div class="content-Wrap">
        <header role="banner" class="header">
            <h1 class="header-SiteName">
                <a href="<?php echo esc_url( home_url() ); ?>" class="header-
                SiteName_Link">
                    <img src="<?php echo esc_url( get_template_directory_uri() ); ?>/
                    assets/img/logo.png" alt="<?php bloginfo( 'name' ); ?>">
                </a>
                <span class="header-Tagline"><?php bloginfo( 'description' ); ?></
                span>
            </h1>
            <nav class="header-Nav">
                <button type="button" class="header-NavToggle" aria-
                controls="global-Nav" aria-expanded="false" aria-label="メニュー開閉
                ">
                    <span class="header-NavToggle_Bar"></span>
                </button>
                <div class="header-Nav_Inner" id="global-Nav" aria-hidden="true">
                <?php
                    wp_nav_menu(
                        array(
                            'theme_location' => 'main-menu',
                            'menu_class'     => 'header-Nav_Items',
                            'container'      => false,
                        )
                    );
                ?>
                    <?php get_search_form(); ?>  ◀━━━━ 検索フォームを出力する
                </div>
            </nav>
        </header>
```

```php
<?php get_header(); ?>
```
header.php を読み込む

```html
<div class="container-fluid content">
    <div class="row">
        <div class="col-lg-8">
            <main class="main">
                <header class="content-Header">
                    <h1 class="content-Title">検索結果</h1>
                </header>
```
```php
                <?php if( have_posts() ): ?>
```
投稿の存在有無を判定する

```html
                <p class="search-ResultNum">「<?php the_search_query(); ?>」の検索結果
                </p>
```
検索ワードを表示する

```php
                    <?php
```
投稿の出力を開始する

```php
                    while ( have_posts() ) :
                        the_post();
                    ?>
                        <?php get_template_part( 'template-parts/loop', 'post' ); ?>
```
template-parts/loop-post.php を読み込む

```php
                <?php endwhile; ?>
```
投稿の出力を終了する

```php
                <?php get_template_part( 'template-parts/parts', 'pagination' );
                ?>
```
template-parts/parts-pagination.php を読み込む

```php
                <?php else: ?>
```
投稿がなかった場合は分岐する

```html
                    <p class="search-NoResult">検索単語に一致するものは見つかりません
                    でした。他のキーワードで再度お試しください。</p>
```
```php
                    <?php get_search_form(); ?>
```
検索フォームを出力する

```php
                <?php endif; ?>
```
投稿の有無判定を終了する

```html
            </main>
        </div>
```
```php
        <?php get_sidebar(); ?>
```
sidebar.php を読み込む

```html
    </div>
</div>
```
```php
<?php get_footer(); ?>
```
footer.php を読み込む

02 404ページを作成する

■Step素材フォルダー	kuroneko_sample > Chapter6 > Step2
■学習するテーマファイル	●404.php

404ページを表示する

ウェブサイト内に存在しないページやファイルにアクセスすると、一般的には404ページが表示されます。現在作成しているサンプルサイトではどうでしょうか？試しに、存在しないページのURLをアドレスバーに入力して表示してみてください。P.220でindex.phpに記述した「index page」が表示されているので、この時点ではテンプレートファイルとしてもっとも汎用的なindex.phpが選択されていることがわかります。このStepでは、404ページのテンプレートファイル「404.php」を作成します。404ページには、ウェブサイトのフロントページへのリンクと、検索フォームが表示されるようにしましょう。

404ページのテンプレートファイルがないため、index.phpが選択され「index page」と表示された

Step 2-1 404.php を作成する

404.phpを作成し、共通部分のテンプレートを読み込みましょう。

❶404.php を作成し、共通部分のテンプレートを読み込む

Step素材「kuroneko_sample」>「Chapter6」>「Step2」>「HTML」にある404.htmlを「kuroneko-hair」フォルダーにコピーし、404.phpとリネームします。404.phpをテキストエディターで開き、Chapter 5で行ったように共通部分のヘッダー、フッター、サイドバーをテンプレートタグに置き換えましょう。

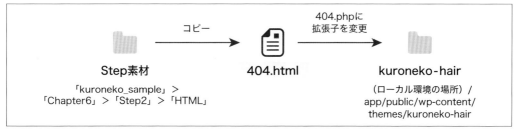

404.html を「kuroneko-hair」フォルダーにコピーし、404.php とリネームする

404.php

```php
<?php get_header(); ?>   ← テンプレートタグに置き換える
<div class="container-fluid content">
    <div class="row">
        <div class="col-lg-8">
            <main class="main">
                <article>
                    <header class="content-Header">
                        <h1 class="content-Title">
                            ページが見つかりません
                        </h1>
                    </header>
                    <div class="content-Body">
                    中略
                    </div>
                </article>
            </main>
        </div>
        <?php get_sidebar(); ?>   ← テンプレートタグに置き換える
    </div>
</div>
<?php get_footer(); ?>   ← テンプレートタグに置き換える
```

❷トップページのリンクと検索フォームを置き換える

本文部分のフロントページへのリンクを「home_url()」タグ (P.121)、検索フォームを「get_search_form()」タグ (P.240) で置き換えます。

404.php

前略

```html
<div class="content-Body">
    <p>お探しのページは、移動もしくは削除された可能性があります。<br>
```

```
        サイト内検索、もしくは<a href="#">トップページ</a>よりお探しください。</p>
    <form role="search" method="get" class="search-form" action="#">
        <label>
            <input type="search" class="search-field" placeholder="検索 &hellip;"
            value="" name="s" />
        </label>
        <input type="submit" class="search-submit" value="検索" />
    </form>
</div>
```
後略

⬇

前略
```
<div class="content-Body">
    <p>お探しのページは、移動もしくは削除された可能性があります。<br>
        サイト内検索、もしくは<a href="<?php echo esc_url( home_url()); ?>">トップペー
        ジ</a>よりお探しください。</p>    テンプレートタグに置き換える
    <?php get_search_form(); ?>    テンプレートタグに置き換える
</div>
```
後略

これで作業は終わりです。404.phpを保存して、このStepで作成した404ページが表示されるか試してみましょう。

404.phpが適用され、404ページが表示された

完成コード

Step 2の作業は、これで終わりです。今回作成したファイルは次のようになりました。

404.php

```php
<?php get_header(); ?>          ← header.php を読み込む
<div class="container-fluid content">
    <div class="row">
        <div class="col-lg-8">
            <main class="main">
                <article>
                    <header class="content-Header">
                        <h1 class="content-Title">
                            ページが見つかりません
                        </h1>
                    </header>
                    <div class="content-Body">
                        <p>お探しのページは、移動もしくは削除された可能性があります。
                        <br>            フロントページへのリンクを出力する
                            サイト内検索、もしくは<a href="<?php echo esc_url( home_
                            url(); ?>">トップページ</a>よりお探しください。</p>
                        <?php get_search_form(); ?>  ← 検索フォームを出力する
                    </div>
                </article>
            </main>
        </div>
        <?php get_sidebar(); ?>      ← sidebar.php を読み込む
    </div>
</div>
<?php get_footer(); ?>          ← footer.php を読み込む
```

03 パンくずリストを作成する

■Step素材フォルダー	kuroneko_sample > Chapter6 > Step3
■学習するテーマファイル	●header.php

パンくずリストを表示する

多くのウェブサイトでは、ページの上部や下部に「パンくずリスト」の表示があります。パンくずリストは、今どの階層のページを見ているかを訪問者に端的に伝えるためのものです。パンくずリストを設置することでユーザビリティが高まることに加え、ウェブサイトの構造が体系的に表されるため、検索エンジンのクローラーに正確な情報を伝えるという点でもメリットがあります。

ヘッダーの下にパンくずリストを表示させる

パンくずリストのPHPプログラムを自分で書いて設置するのは難易度が高いため、ここでは「Breadcrumb NavXT」というプラグインを使ってみましょう。プラグインを利用するメリットとして、検索エンジンにページの情報をより詳しく伝えるための「構造化データ」にも簡単に対応できる点が挙げられます。WordPress公式サイトにも掲載されている「Breadcrumb NavXT」は、パンくずリスト系プラグインの中でも特にインストール数が多く、継続的に開発が行われている定番のプラグインです。

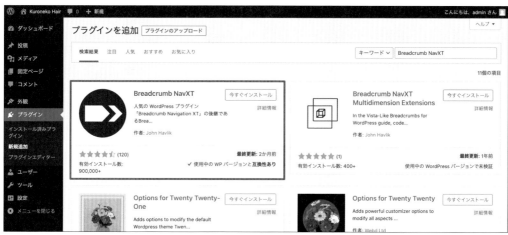

WordPress公式サイトの「Breadcrumb NavXT」ページ

Step 3-1 **Breadcrumb NavXT をインストールし有効化する**

最初に、「Breadcrumb NavXT」プラグインをWordPressにインストールしましょう。管理画面の［プラグイン］＞［新規追加］からプラグイン追加ページを開き、右上の検索フォームに「Breadcrumb NavXT」と入力します。

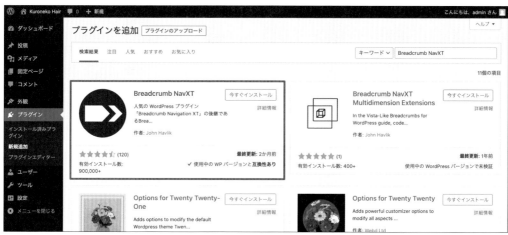

プラグイン検索結果でBreadcrumb NavXTが表示された

検索結果で表示されたBreadcrumb NavXTの「今すぐインストール」ボタンをクリックしてインストールし、有効化します。

Step 3-2 header.phpにパンくずリスト用のコードを記述する

Breadcrumb NavXTを有効化できたら、ウェブサイトにパンくずリストを表示させてみましょう。

❶ header.phpにコードを追加する

「kuroneko-hair」フォルダーのheader.phpをテキストエディターで開き、次のようにコードを追加します。Step素材「kuroneko_sample」＞「Chapter6」＞「Step3」内のパンくずリスト.txtにパンくずリスト用の記述があるので、それをコピーしても構いません。

header.php

```php
<!DOCTYPE html>
<html <?php language_attributes(); ?>>


<head>
    <meta charset="<?php bloginfo( 'charset' ); ?>">
    <meta http-equiv="X-UA-Compatible" content="IE=edge">
    <meta name="viewport" content="width=device-width, initial-scale=1.0">
    <meta name="description" content="<?php bloginfo( 'description' ); ?>">
    <?php wp_head(); ?>
</head>


<body <?php body_class(); ?>>
    <?php wp_body_open(); ?>
    <div class="content-Wrap">
        <header role="banner" class="header">
            <h1 class="header-SiteName">
                <a href="<?php echo esc_url( home_url() ); ?>" class="header-
                SiteName_Link">
                    <img src="<?php echo esc_url( get_template_directory_uri() ); ?>/
                    assets/img/logo.png" alt="<?php bloginfo( 'name' ); ?>">
                </a>
                <span class="header-Tagline"><?php bloginfo( 'description' ); ?></
                span>
            </h1>
            <nav class="header-Nav">
                中略
            </nav>
        </header>
        ← ここに追記する
```

↓

```html
<!DOCTYPE html>
<html <?php language_attributes(); ?>>

<head>
    <meta charset="<?php bloginfo( 'charset' ); ?>">
    <meta http-equiv="X-UA-Compatible" content="IE=edge">
    <meta name="viewport" content="width=device-width, initial-scale=1.0">
    <meta name="description" content="<?php bloginfo( 'description' ); ?>">
    <?php wp_head(); ?>
</head>

<body <?php body_class(); ?>>
    <?php wp_body_open(); ?>
    <div class="content-Wrap">
        <header role="banner" class="header">
            <h1 class="header-SiteName">
                <a href="<?php echo esc_url( home_url() ); ?>" class="header-
                SiteName_Link">
                    <img src="<?php echo esc_url( get_template_directory_uri() ); ?>/
                    assets/img/logo.png" alt="<?php bloginfo( 'name' ); ?>">
                </a>
                <span class="header-Tagline"><?php bloginfo( 'description' ); ?></
                span>
            </h1>
            <nav class="header-Nav">
```
中略
```html
            </nav>
        </header>
        <?php if ( function_exists( 'bcn_display' ) ) : ?>
```
◀━━━ コードを追記する
```html
            <nav class="breadCrumb" typeof="BreadcrumbList" vocab="http://schema.
            org/" aria-label="現在のページ">
                <?php bcn_display(); ?>
            </nav>
        <?php endif; ?>
```

記述したコードにある「bcn_display()」関数は、Breadcrumb NavXT側で用意されたものです。条件分岐「if (function_exists('bcn_display'))」は、bcn_display() という関数がすでに定義されているかを「function_exists()」関数でチェックしています。仮に Breadcrumb NavXT プラグインを削除し

た場合、この条件分岐があることでbcn_display()関数は実行されず、意図しないエラーの発生を避けることができます。

```php
<?php if ( function_exists( 'bcn_display' ) ) : ?>    ← 関数がすでに定義されているかチェックする
<nav class="breadCrumb" typeof="BreadcrumbList" vocab="http://schema.org/" aria-
label="現在のページ">
    <?php bcn_display(); ?>    ← プラグインで用意された関数
</nav>
<?php endif; ?>
```

header.phpをいったん保存し、投稿ページや固定ページを開いてみましょう。ヘッダーの下に、事前にサンプルテーマ側で用意してあるCSSの装飾が適用されたパンくずリストが表示されました。

パンくずリストが表示された

関数 function_exists(関数名)

引数に設定した関数が定義されているかチェックするPHPの関数。

引数

関数名：定義状況をチェックする関数。定義されている場合はtrue、されていない場合はfalseを返す。

---

❷ パンくずリストの表示を調整する

この時点では、パンくずリストの先頭の文字列がサイト名の「Kuroneko Hair」になっています。しかし、サイト名が長い場合には見づらいので、「Home」と表示されるようにしましょう。

WordPressの管理画面から［設定］＞［Breadcrumb NavXT］と進みます。Breadcrumb NavXT設定ページの「ホームページテンプレート」入力枠にある「%htitle%」という記述を「Home」に書き換え、「保存を変更」をクリックします。

[設定画面] ホームページテンプレート

```
<span property="itemListElement" typeof="ListItem"><a property="item"
typeof="WebPage" title="Go to %title%." href="%link%" class="%type%" bcn-aria-
current><span property="name">%htitle%</span></a><meta property="position"
content="%position%"></span>
```

⬇

```
<span property="itemListElement" typeof="ListItem"><a property="item"
typeof="WebPage" title="Go to %title%." href="%link%" class="%type%" bcn-aria-
current><span property="name">Home</span></a><meta property="position"
content="%position%"></span>
```

Breadcrumb NavXT 設定画面

ページを再読み込みして、表示を確認してみましょう。表示がサイト名からHomeに変更できました。

パンくずリストのサイト名をHomeに変更できた

Step 3-3 フロントページをパンくずリストの表示対象外にする

投稿ページや固定ページにパンくずリストが表示できたところで、フロントページを見てみましょう。下層ページと同様、パンくずリストが表示されています。

パンくずリストが表示されたフロントページ

フロントページにはパンくずリストを表示したくないので、❷で追加したパンくずリストに条件分岐を設定します。front-page.phpかどうかの条件分岐には、条件分岐タグ「is_front_page()」を使います。is_front_page() は、「フロントページの場合」という条件判定です。しかし、パンくずリストはフロントページ以外に表示したいわけですから、ここでの条件は「フロントページでない場合」となります。このように「〜でない場合」を指定したい場合は、否定を表す「!」(論理演算子)を併用し、<? php if (!is_front_page()): ?><? php endif; ?>と記述します。

header.php

```
前略

<?php if ( function_exists( 'bcn_display' ) ) : ?>
    <nav class="breadCrumb" typeof="BreadcrumbList" vocab="http://schema.org/" aria-
    label="現在のページ">
        <?php bcn_display(); ?>
    </nav>
<?php endif; ?>
```

前略

```php
<?php if ( !is_front_page() ) : ?>       ← 条件分岐を追記する
    <?php if ( function_exists( 'bcn_display' ) ) : ?>
        <nav class="breadCrumb" typeof="BreadcrumbList" vocab="http://schema.org/"
        aria-label="現在のページ">
            <?php bcn_display(); ?>
        </nav>
    <?php endif; ?>
<?php endif; ?>       ← 条件分岐の終了を追記する
```

header.phpを保存し、フロントページを再読み込みしてみましょう。フロントページにパンくずリストが表示されなくなりました。

フロントページにパンくずリストが表示されなくなった

🐱 完成コード

Step 3の作業は、これで終わりです。今回作成したファイルは次のようになりました。

header.php

```php
<!DOCTYPE html>
<html <?php language_attributes(); ?>>


<head>
    <meta charset="<?php bloginfo( 'charset' ); ?>">
    <meta http-equiv="X-UA-Compatible" content="IE=edge">
    <meta name="viewport" content="width=device-width, initial-scale=1.0">
    <meta name="description" content="<?php bloginfo( 'description' ); ?>">
    <?php wp_head(); ?>
</head>


<body <?php body_class(); ?>>
    <?php wp_body_open(); ?>
    <div class="content-Wrap">
        <header role="banner" class="header">
        中略
        </header>
        <?php if ( !is_front_page() ) : ?>          ◀── フロントページでない場合処理を開始する
            <?php if ( function_exists( 'bcn_display' ) ) : ?>  ◀──
                <nav class="breadCrumb" typeof="BreadcrumbList" vocab="http://
                schema.org/" aria-label="現在のページ">              bcn_display()関数が定義され
                                                                   ている場合処理を開始する
                    <?php bcn_display(); ?>  ◀──
                </nav>                    Breadcrumb NavXTの処理を出力する
            <?php endif; ?>  ◀──  bcn_display()関数が定義されている場合の処理を終了する
        <?php endif; ?>  ◀──  フロントページでない場合の処理を終了する
```

■Step素材フォルダー	kuroneko_sample ＞ Chapter6 ＞ Step4
■学習するテーマファイル	●single.php

前後の投稿へのリンクを設置する

Step 1からStep 3では、検索フォームや404ページ、パンくずリストといった、ウェブサイト全体の利便性を高めるための機能を追加しました。このStep 4では、投稿ページに前後の投稿へのリンクを設置し、記事を効率よく閲覧できるようにしていきましょう。

P.160で、投稿ページのテンプレートファイルであるsingle.phpを作成しました。この時点で投稿ページを開いてみると、投稿タグの下に「前のページタイトル」「次のページタイトル」というリンクが表示されています。この部分が、前後の投稿へのリンクにあたります。テンプレートタグを使って、single.phpの前後の投稿へのリンクをカスタマイズしていきましょう。

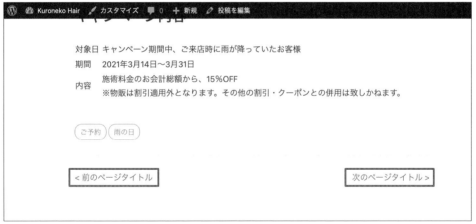

前後の投稿へのリンク

Step 4-1 ページ間リンクを追加する

「kuroneko-hair」フォルダーのsingle.phpをテキストエディターで開きましょう。「< <a href="#">前のページタイトル</a>」と「<a href="#">次のページタイトル</a> >」の部分が前後の投稿へのリンクにあたります。まずはこの部分をテンプレートタグで置き換えます。

```
<nav class="content-Nav" aria-label="前後の記事">
    <div class="content-Nav_Prev">
        &lt; <a href="#">前のページタイトル</a>
    </div>
    <div class="content-Nav_Next">
        <a href="#">次のページタイトル</a> &gt;
    </div>
</nav>
```

置き換えるテンプレートタグは、前の投稿へのリンクが「previous_post_link()」タグ、次の投稿へのリンクが「next_post_link()」タグです。これらのテンプレートタグは、前後の投稿のタイトルをリンク付きで出力します。引数を指定しない状態では、次のようなHTMLになります。

previous_post_link()タグで出力されるHTML

```
&laquo; <a href="前の投稿のURL" rel="prev">前の投稿タイトル</a>
```

next_post_link()タグで出力されるHTML

```
<a href="次の投稿のURL" rel="next">次の投稿タイトル</a> &raquo;
```

初期状態での前後の投稿へのリンク

初期状態でリンクの前後に出力される「«」「»」は文字実体参照で、ブラウザで表示するとそれぞれ「«」「»」となります。サンプルサイトでは「<」「>」と表示したいので、それぞれを文字実体参照「<」「>」に置き換え、テンプレートタグの引数として次のように指定します。「%link」は、リンクを出力する命令です。

前のリンク

```php
<?php previous_post_link( '&lt; %link' ); ?>
```

次のリンク

```php
<?php next_post_link( '%link &gt;' ); ?>
```

それでは、single.phpの該当部分を置き換えてみましょう。

single.php

`前略`

```php
<footer class="content-Footer">
    <?php the_tags( '<ul class="content-Tags" aria-label="タグ"><li>', '</li><li>',
    '</li></ul>' ); ?>
    <nav class="content-Nav" aria-label="前後の記事">
        <div class="content-Nav_Prev">
            &lt; <a href="#">前のページタイトル</a>
        </div>
        <div class="content-Nav_Next">
            <a href="#">次のページタイトル</a> &gt;
        </div>
    </nav>
</footer>
```

`後略`

⬇

`前略`

```php
<footer class="content-Footer">
    <?php the_tags( '<ul class="content-Tags" aria-label="タグ"><li>', '</li><li>',
    '</li></ul>' ); ?>
    <nav class="content-Nav" aria-label="前後の記事">
        <div class="content-Nav_Prev">
            <?php previous_post_link( '&lt; %link' ); ?> ◀━ テンプレートタグで置き換える
        </div>
        <div class="content-Nav_Next">
            <?php next_post_link( '%link &gt;' ); ?> ◀━ テンプレートタグで置き換える
        </div>
    </nav>
</footer>
```

`後略`

single.phpを保存し、投稿ページを開いてみましょう。前後の投稿のリンクテキストが指定通りの書式で表示されれば、問題ありません。

前後の投稿へのリンクが変更できた

テンプレートタグ

previous_post_link(書式, リンク文字列, 同一カテゴリーの限定, 除外カテゴリー, 分類名)
next_post_link(書式, リンク文字列, 同一カテゴリーの限定, 除外カテゴリー, 分類名)

現在の投稿の前後にある投稿のリンクを表示する。

引数

書式（オプション）	：リンクの文字列の書式。初期値は « %link (previous_post_link関数) ／ %link » (next_post_link関数)。
リンク文字列（オプション）	：出力するリンクのテキスト。初期値は %title。
同一カテゴリーの限定（オプション）	：true を指定すると現在の投稿と同じカテゴリーの投稿に限定される。初期値は false。
除外カテゴリー（オプション）	：表示したくない投稿のカテゴリーID。複数指定する場合は配列（array('2,3')）、またはカンマで区切る。
分類名（オプション）	：カテゴリーの限定引数でtrueを指定した場合に指定するタクソノミー名。初期値は category。

Step 3の作業は、これで終わりです。今回作成したファイルは次のようになりました。

single.php

```php
<?php get_header(); ?>
<div class="container-fluid content">
    <div class="row">
        <div class="col-lg-8">
            <main class="main">
            <?php if ( have_posts() ) : ?>
                <?php
                while ( have_posts() ) :
                    the_post();
                ?>
                <article id="post-<?php the_ID(); ?>" <?php post_class(); ?>>
                    <header class="content-Header">
                        <h1 class="content-Title">
                            <?php the_title(); ?>
                        </h1>
                        <div class="content-Meta">
                            <?php the_category( ', ' ); ?>
                            <?php
                                $neko_post_year  = get_the_date( 'Y' );
                                $neko_post_month = get_the_date( 'm' );
                            ?>
                            <a href="<?php echo get_month_link( $neko_post_year,
                            $neko_post_month ); ?>" class="content-Meta_Date">
                                <time datetime="<?php echo get_the_date( 'Y-m-d' );
                                ?>"><?php echo get_the_date(); ?></time>
                            </a>
                        </div>
                    </header>
                    <div class="content-Body">
                        <?php if ( has_post_thumbnail() ) : ?>
                        <div class="content-EyeCatch">
                            <?php the_post_thumbnail( 'page_eyecatch' ); ?>
                        </div>
                        <?php endif; ?>
```

```php
        <?php the_content(); ?>
    </div>
    <footer class="content-Footer">
        <?php the_tags( '<ul class="content-Tags" aria-label="タグ
        "><li>', '</li><li>', '</li></ul>' ); ?>
        <nav class="content-Nav" aria-label="前後の記事">
            <div class="content-Nav_Prev">
                <?php previous_post_link( '&lt; %link' ); ?>
```

前の投稿へのリンクを指定した書式で出力する

```php
            </div>
            <div class="content-Nav_Next">
                <?php next_post_link( '%link &gt;' ); ?>
```

次の投稿へのリンクを指定した書式で出力する

```php
            </div>
        </nav>
    </footer>
</article>
<?php endwhile; ?>
<?php endif; ?>
</main>
    </div>
    <?php get_sidebar(); ?>
    </div>
</div>
<?php get_footer(); ?>
```

05 ウィジェットエリアを追加する

■Step素材フォルダー	kuroneko_sample > Chapter6 > Step5
■学習するテーマファイル	• functions.php • sidebar.php • footer.php

ウィジェットエリアを追加する

ウィジェットとはWordPressの機能のひとつで、「最新の投稿一覧」や「アーカイブ一覧」「検索フォーム」「カレンダー」などの独立したパーツのことを指します。そのウィジェットを登録し、表示する場所を「ウィジェットエリア」と呼びます。

ウィジェットは、WordPress標準のものはもちろんのこと、プラグインをインストールすることで追加されるものなどさまざまなものがあり、制作者の意図に合わせてウェブサイトを拡張することができます。ただし、WordPressの初期設定ではウィジェットエリアは有効になっていないため、テーマ側で有効化する必要があります。

Step 5では、サンプルサイトの下層ページのサイドバーに1か所、フッターに3か所、ウィジェットエリアを追加します。

サイドバーとフッターのウィジェットエリア

ウィジェットエリア用の関数を定義する

最初に、ウィジェットエリア機能を有効化する下準備をします。「kuroneko-hair」フォルダーの
functions.phpをテキストエディターで開き、ファイルの末尾にサンプルテーマ独自のウィジェットエ
リア用の関数を記述します。

functions.php

```
前略

function neko_widgets_init() {          ◄──  関数「neko_widgets_init()」を定義する

    ◄────  ここにウィジェットエリアの設定を追加していく

}

add_action( 'widgets_init', 'neko_widgets_init' );   ◄──  関数「neko_widgets_init()」を
                                                          「widgets_init」に実行させる
```

関数名はテーマ独自の「neko_widgets_init」とし、アクションフック「widgets_init」を設定します。こ
れは「neko_widgets_initという関数を widgets_initのタイミングで実行しなさい」という意味となり
ます。これで、ウィジェットエリアを登録する準備ができました。

Step 5-2 ウィジェットエリアを追加する

次に、サイドバーのウィジェットエリアを追加してみましょう。ウィジェットエリアを追加するには、
「register_sidebar()」関数を使います。sidebarと名前が付いていますが、サイドバーだけでなくフッ
ターなどでも同じ関数を使ってウィジェットエリアを追加できます。register_sidebar()関数は、引数
に連想配列を記述し、ウィジェットエリアの設定を行います。

❶サイドバーのウィジェットエリアを追加する

Step 5-1でfunctions.phpに追記したneko_widgets_init()関数の中にregister_sidebar()関数を記
述して、サイドバーのウィジェットエリアを追加しましょう。ここでは、ウィジェットエリアの名前は
「サイドバー」、識別子は「sidebar-widget-area」とします。識別子は、ウィジェットエリアごとに異な
る一意の文字列にしましょう。

functions.php

```
前略

function neko_widgets_init() {
    register_sidebar(          ◄──  ウィジェットエリアを登録する
        array(
            'name'        => 'サイドバー',
            'id'          => 'sidebar-widget-area',
            'description' => '投稿・固定ページのサイドバー',
```

```
        'before_widget' => '<div id="%1$s" class="%2$s">',
        'after_widget'  => '</div>',
      )
    );
  }
add_action( 'widgets_init', 'neko_widgets_init' );
```

register_sidebar()関数には、複数の引数が存在します。サンプルテーマで使用する引数は次の通りです。

name	ウィジェット管理画面に表示されるウィジェットエリアの名称。
id	ウィジェットエリアの一意の識別子。
description	ウィジェット管理画面に表示されるウィジェットエリアの説明。
before_widget	ウィジェットエリアに登録されたブロックの直前に出力されるHTML。「%1$s」には「block-番号」、「%2$s」には「widget_block」とブロックのクラスが入る。
after_widget	ウィジェットエリアに登録されたブロックの直後に出力されるHTML。

functions.phpを保存し、WordPressの管理画面を表示してみましょう。[外観]内に[ウィジェット]の項目が表示され、ウィジェット管理画面にサイドバーウィジェットエリアが追加されました。

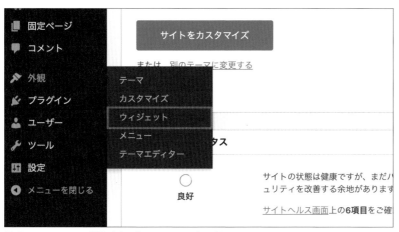

管理画面のメニュー「外観」内に「ウィジェット」が追加された

サイドバーウィジェットエリアが追加された

❷フッターのウィジェットエリアを追加する

続いて、フッターのウィジェットエリアを3つ追加します。サイドバーのウィジェットエリアと同じように register_sidebar() 関数で記述できますが、ほぼ同じ設定を3回記述することになり、後々の管理を考えると少々面倒です。

同じようなウィジェットエリアを複数追加する場合は「register_sidebars()」関数が用意されているので、フッターのウィジェットエリアはこの関数を利用してみましょう。register_sidebars() 関数の記述は「register_sidebars(ウィジェットエリア数 , オプション);」となります。オプションには、register_sidebar() 関数と同じように連想配列を記述して設定を行います。functions.php の neko_widgets_init() 関数内に、次のように記述しましょう。

functions.php

```
前略

function neko_widgets_init() {
    register_sidebar(
        array(
            'name'          => 'サイドバー ',
            'id'            => 'sidebar-widget-area',
            'description'   => '投稿・固定ページのサイドバー ',
            'before_widget' => '<div id="%1$s" class="%2$s">',
            'after_widget'  => '</div>',
        )
    );
    ← ここに記述する
}
add_action( 'widgets_init', 'neko_widgets_init' );
```

前略

```php
function neko_widgets_init() {
    register_sidebar(
        array(
            'name'          => 'サイドバー',
            'id'            => 'sidebar-widget-area',
            'description'   => '投稿・固定ページのサイドバー',
            'before_widget' => '<div id="%1$s" class="%2$s">',
            'after_widget'  => '</div>',
        )
    );
    register_sidebars(          ← [複数のウィジェットエリアを登録する]
        3,                      ← [ウィジェットエリア数を指定]
        array(
            'name'          => 'フッター %d',  ← [%dで連番を出力]
            'id'            => 'footer-widget-area',
            'description'   => 'フッターのサイドバー',
            'before_widget' => '<div id="%1$s" class="%2$s">',
            'after_widget'  => '</div>',
        )
    );
}
add_action( 'widgets_init', 'neko_widgets_init' );
```

register_sidebars()関数のオプションは、単一のウィジェットエリアを登録するregister_sidebar()関数とほぼ同じですが、nameの値に「%d」が追加されています。%dには、ウィジェットエリア数が連番で出力され、それぞれのウィジェットエリアは「フッター 1」「フッター 2」「フッター 3」という名称になります。

また、各フッターウィジェットエリアの識別子 (ID) は、「footer-widget-area」「footer-widget-area-2」「footer-widget-area-3」となります。公開サイト側にウィジェットを表示する際にこの識別子が必要となるので、覚えておきましょう。

functions.phpを保存し、WordPress管理画面から［外観］＞［ウィジェット］と進み、ウィジェット管理画面を開いてみましょう。フッターウィジェットエリアが3つ追加されました。

フッターウィジェットエリアが3つ追加された

関数 register_sidebar(オプション)

単一のウィジェットエリアを追加する。

引数

オプション ：追加するウィジェットエリアの設定を連想配列か文字列で指定する。

連想配列に指定するキー

name	：ウィジェットエリアの名称。
id	：ウィジェットエリアの一意の識別子。
description	：ウィジェットエリアの説明。
class	：ウィジェットエリアに追加するCSSクラス。
before_widget	：各ブロックの直前に出力されるHTML。「%1$s」には「widget-番号」、「%2$s」には「widget_block」「ブロック名」が入る。
after_widget	：各ブロックの直後に出力されるHTML。
before_title	：各ウィジェットタイトルの直前に出力されるHTML。
after_title	：各ウィジェットタイトルの直後に出力されるHTML。
before_sidebar	：ウィジェットエリア直前に出力されるHTML（WordPress 5.6〜）。「%1$s」には引数のname値、「%2$s」には引数のclass値が入る。
after_sidebar	：ウィジェットエリア直後に出力されるHTML（WordPress 5.6〜）。

関数 register_sidebars(数値 , オプション)

ウィジェットエリアを複数追加する。

引数

数値	：追加するウィジェットエリア数を数値で指定する。
オプション	：追加するウィジェットエリアの設定を連想配列か文字列で指定する。

連想配列に指定するキー

次の値以外はregister_sidebar()関数と同じ。

name	：ウィジェットエリアの名称。%dを含めると連番を追加する。
id	：ウィジェットエリアの一意の識別子。2つ目以降のウィジェットエリアは「ウィジェットエリアID-数字」となる。

サイドバーとフッターのウィジェットエリアが追加できたので、メニューの［外観］＞［ウィジェット］からウィジェット管理画面を開き、ウィジェットを登録してみましょう。

WordPress 5.8からは、「ブロックウィジェットエディター」が利用できるようになりました。投稿や固定ページのブロックエディターと同じように、ブロックを組み合わせてウィジェットを構成していきます。

ここでは、各ウィジェットエリアに次のブロックを登録してみましょう。

●各ウィジェットエリアに登録するブロック

サイドバー	見出し（文字列：カテゴリー）、カテゴリー
	見出し（文字列：アーカイブ）、アーカイブ
フッター1	見出し（文字列：最近の投稿）、最近の投稿
フッター2	見出し（文字列：タグ）、タグクラウド
フッター3	見出し（文字列：サイト内検索）、検索

各ウィジェットには見出しが含まれないので、「見出し」ブロックを登録します。サイドバーウィジェットエリアに表示されている「+」（インサーター）をクリックして「見出し」を選択し、追加した見出しブロックに「カテゴリー」と入力します。見出しレベルは、初期設定（h2）のままにしておきます。

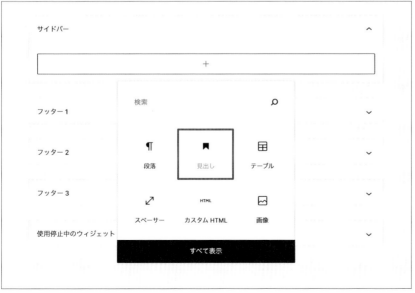

インサーターで見出しブロックを追加する

見出しブロックの下に、同じ手順で「カテゴリー」ブロックを追加しましょう。カテゴリーブロックも、初期設定のままで構いません。

サイドバーウィジェットエリアに見出しとカテゴリーブロックが登録できた

サイドバーウィジェットエリアに、見出しブロックとカテゴリーブロックが登録できました。同じように、表「各ウィジェットエリアに登録するブロック」にあるブロックを各ウィジェットエリアに登録してみましょう。ブロックの設定は初期値のままで構いませんが、検索ブロックは静的マークアップのデザインに合わせたいので「検索ラベルを切り替え」をクリックしてオフにします。

「検索ラベルを切り替え」をオフにする

これで、すべてのブロックがウィジェットエリアに登録できました。ウィジェット管理画面右上の「更新」をクリックし、登録内容を保存しておきましょう。

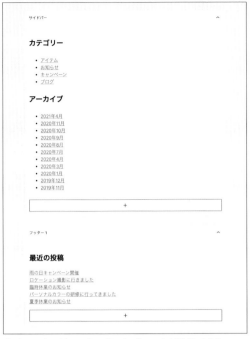

すべてのウィジェットエリアにブロックが登録できた

このあとのP.290で扱いますが、テーマにブロックエディター用CSSを読み込ませると、ウィジェット管理画面の各ブロックにもスタイルが適用されます。このCSSは、テーマ制作者側で用意しておく必要があります。

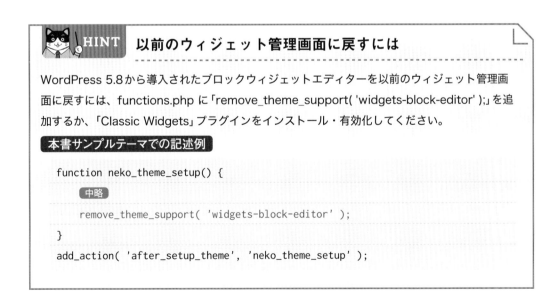

HINT 以前のウィジェット管理画面に戻すには

WordPress 5.8から導入されたブロックウィジェットエディターを以前のウィジェット管理画面に戻すには、functions.php に「remove_theme_support('widgets-block-editor');」を追加するか、「Classic Widgets」プラグインをインストール・有効化してください。

本書サンプルテーマでの記述例

```
function neko_theme_setup() {
    中略
    remove_theme_support( 'widgets-block-editor' );
}
add_action( 'after_setup_theme', 'neko_theme_setup' );
```

ウィジェットエリアにブロックが登録できましたが、この時点ではまだ公開サイト側に表示されていません。では、ウィジェットエリアの内容を出力する「dynamic_sidear()」関数を使い、公開サイト側に表示させてみましょう。サイドバーウィジェットエリアの内容を出力するには、dynamic_sidebar()関数の引数にregister_sidebar()関数で指定した識別子「sidebar-widget-area」を指定し、<?php dynamic_sidebar('sidebar-widget-area'); ?>と記述します。

また、ウィジェットが登録されている場合のみウィジェットエリアの内容が出力されるように、「is_active_sidebar()」関数で条件分岐をしてみましょう。こちらもサイドバーウィジェットエリアの識別子「sidebar-widget-area」を引数に指定し、<?php if (is_active_sidebar('sidebar-widget-area')) : ?><?php endif; ?>と記述します。

sidebar.phpをテキストエディターで開き、次のようにテンプレートを書き換えます。

sidebar.php

```
<div class="col-lg-4">
    <aside class="sidebar">
        <div class="widget_block">
            <h2>カテゴリー</h2>
            <ul class="wp-block-categories-list wp-block-categories">
                <li><a href="#">お知らせ</a></li>
                <li><a href="#">アイテム</a></li>
                <li><a href="#">キャンペーン</a></li>
                <li><a href="#">ブログ</a></li>
            </ul>
        </div>
        中略
    </aside>
</div>
```

⬇

```
<div class="col-lg-4">
    <?php if ( is_active_sidebar( 'sidebar-widget-area' ) ) : ?>  ← 条件分岐を追記する
    <aside class="sidebar">
        <?php dynamic_sidebar( 'sidebar-widget-area' ); ?>  ← 関数を追加する
    </aside>
    <?php endif; ?>  ← 条件分岐を追記する
</div>
```

footer.phpも、同じように関数を追加しましょう。register_sidebars()関数で追加したウィジェット
エリアの指定は「dynamic_sidebar('footer-widget-area')」と記述しますが、P.275でも触れた通り、
2つ目以降は「dynamic_sidebar('footer-widget-area-数値')」となる点に注意してください。

footer.php

前略

```html
<div class="footer-Widgets">
    <div class="container-fluid">
        <div class="row">
            <div class="col-md-4">
                <div class="widget_block">
                    <h2>最近の投稿</h2>
                    <ul class="wp-block-latest-posts wp-block-latest-posts__list">
                        <li><a href="#">雨の日キャンペーン開催</a></li>
```
中略
```html
                    </ul>
                </div>
            </div>
            <div class="col-md-4">
                <div class="widget_block">
                    <h2>タグ</h2>
                    <p class="wp-block-tag-cloud">
                        <a href="#" class="tag-cloud-link">キャンペーン</a>
```
中略
```html
                    </p>
                </div>
            </div>
            <div class="col-md-4">
                <div class="widget_block">
                    <h2>サイト内検索</h2>
                    <div id="" class="widget_block widget_search">
```
中略
```html
                    </div>
                </div>
            </div>
        </div>
    </div>
</div>
```
後略

⬇

前略

```php
<div class="footer-Widgets">
    <div class="container-fluid">
        <div class="row">
            <?php if ( is_active_sidebar( 'footer-widget-area' ) ) : ?>    ← 条件分岐を追記する
            <div class="col-md-4">
                <?php dynamic_sidebar( 'footer-widget-area' ); ?>    ← 関数を追加する
            </div>
            <?php endif; ?>    ← 条件分岐の終了を追記する
            <?php if ( is_active_sidebar( 'footer-widget-area-2' ) ) : ?>    ← 条件分岐を追記する
            <div class="col-md-4">
                <?php dynamic_sidebar( 'footer-widget-area-2' ); ?>    ← 関数を追加する
            </div>
            <?php endif; ?>    ← 条件分岐の終了を追記する
            <?php if ( is_active_sidebar( 'footer-widget-area-3' ) ) : ?>    ← 条件分岐を追記する
            <div class="col-md-4">
                <?php dynamic_sidebar( 'footer-widget-area-3' ); ?>    ← 関数を追加する
            </div>
            <?php endif; ?>    ← 条件分岐の終了を追記する
        </div>
    </div>
</div>
```

後略

これでウィジェットエリアの追加と、公開サイト側への出力準備ができました。sidebar.php と footer.phpを保存し、投稿ページを表示してみましょう。Step 5-3で登録したウィジェットが表示されていれば問題ありません。

サイドバーウィジェット

フッターウィジェット

条件分岐タグ is_active_sidebar(識別子)

指定したウィジェットエリアが有効か調べる。
ウィジェットが登録されていればtrue、登録されていなければfalseを返す。

引数

識別子 (必須)：調べるウィジェットエリアのIDもしくは名前。

指定したウィジェットエリアの内容を出力する。

識別子（必須）：出力するウィジェットエリアのIDもしくは名前。

🐱 完成コード

Step 5の作業は、これで終わりです。今回作成したファイルは次のようになりました。

functions.php

```php
<?php
function neko_theme_setup() {
    add_theme_support( 'title-tag' );
    add_theme_support( 'post-thumbnails' );
    add_theme_support( 'html5', array( 'search-form' ) );
    add_image_size( 'page_eyecatch', 1100, 610, true );
    add_image_size( 'archive_thumbnail', 200, 150, true );
    register_nav_menu( 'main-menu', 'メインメニュー' );
}
add_action( 'after_setup_theme', 'neko_theme_setup' );

function neko_enqueue_scripts() {
    wp_enqueue_script( 'jquery' );
    wp_enqueue_script(
        'kuroneko-theme-common',
        get_template_directory_uri() . '/assets/js/theme-common.js',
        array(),
        '1.0.0',
        true
    );
    wp_enqueue_style(
        'googlefonts',
        'https://fonts.googleapis.com/css2?family=Noto+Sans+JP:wght@500&display=swap',
        array(),
        '1.0.0'
    );
    wp_enqueue_style(
```

```php
        'kuroneko-theme-styles',
        get_template_directory_uri() . '/assets/css/theme-styles.css',
        array(),
        '1.0.0'
    );
}
add_action( 'wp_enqueue_scripts', 'neko_enqueue_scripts' );


function neko_widgets_init() {
    register_sidebar(
        array(
            'name'          => 'サイドバー',
            'id'            => 'sidebar-widget-area',
            'description'   => '投稿・固定ページのサイドバー',
            'before_widget' => '<div id="%1$s" class="%2$s">',
            'after_widget'  => '</div>',
        )
    );
    register_sidebars(
        3,
        array(
            'name'          => 'フッター %d',
            'id'            => 'footer-widget-area',
            'description'   => 'フッターのウィジェットエリア',
            'before_widget' => '<div id="%1$s" class="%2$s">',
            'after_widget'  => '</div>',
        )
    );
}
add_action( 'widgets_init', 'neko_widgets_init' );
```

- 関数「neko_widgets_init()」を新しく定義する
- ウィジェットエリアを追加する
- 複数のウィジェットエリアを追加する
- 関数「neko_widgets_init()」を「widgets_init」に実行させる

sidebar.php

```php
<div class="col-lg-4">
    <?php if ( is_active_sidebar( 'sidebar-widget-area' ) ) : ?>
    <aside class="sidebar">
        <?php dynamic_sidebar( 'sidebar-widget-area' ); ?>
    </aside>
    <?php endif; ?>
</div>
```

- sidebar-widget-area に登録がある場合処理を実行する
- sidebar-widget-area の内容を出力する
- 条件分岐の処理を終了する

footer.php

```php
<footer role="contentinfo" class="footer">
    <div class="footer-Widgets">
        <div class="container-fluid">
            <div class="row">
                <?php if ( is_active_sidebar( 'footer-widget-area' ) ) : ?>
                <div class="col-md-4">
                    <?php dynamic_sidebar( 'footer-widget-area' ); ?>
                </div>
                <?php endif; ?>
                <?php if ( is_active_sidebar( 'footer-widget-area-2' ) ) :
                ?>
                <div class="col-md-4">
                    <?php dynamic_sidebar( 'footer-widget-area-2' ); ?>
                </div>
                <?php endif; ?>
                <?php if ( is_active_sidebar( 'footer-widget-area-3' ) ) :
                ?>
                <div class="col-md-4">
                    <?php dynamic_sidebar( 'footer-widget-area-3' ); ?>
                </div>
                <?php endif; ?>
            </div>
        </div>
    </div>
    <p class="footer-Copyright">
        <small>&copy; 2020 Kuroneko Hair Sample </small>
    </p>
</footer>
</div>
<?php wp_footer(); ?>
</body>

</html>
```

- footer-widget-area に登録がある場合処理を実行する
- footer-widget-area の内容を出力する
- 条件分岐の処理を終了する
- footer-widget-area-2 に登録がある場合処理を実行する
- footer-widget-area-2 の内容を出力する
- 条件分岐の処理を終了する
- footer-widget-area-3 に登録がある場合処理を実行する
- footer-widget-area-3 の内容を出力する
- 条件分岐の処理を終了する

コメントを受け付けたいと思ったら

WordPressには、投稿ページや固定ページにコメントを受け付ける機能が備わっています。しかし企業や事業目的のウェブサイトでは、運用の難しさからコメント機能を無効にすることも少なくありません。

そのような背景から本書ではコメント機能について触れていませんが、コメントを受け付けたい場合は、次の手順で設定とテンプレートファイルへの追記を行ってください。

投稿のコメント欄

管理画面の［設定］＞［ディスカッション］からディスカッション設定を開き、「デフォルトの投稿設定」の「新しい投稿へのコメントを許可」にチェックを入れて設定を保存します。

ディスカッション設定

デフォルトの投稿設定	☐ 投稿中からリンクしたすべてのブログへの通知を試みる
	☐ 新しい投稿に対し他のブログからの通知 (ピンバック・トラックバック) を受け付ける
	☑ 新しい投稿へのコメントを許可
	(これらの設定は各投稿ごとの設定で上書きされることがあります。)
他のコメント設定	☑ コメントの投稿者の名前とメールアドレスの入力を必須にする
	☐ ユーザー登録してログインしたユーザーのみコメントをつけられるようにする
	☐ 14 日以上前の投稿のコメントフォームを自動的に閉じる
	☑ コメント投稿者が Cookie を保存できるようにする、Cookie オプトイン用チェックボックスを表示します
	☑ コメントを 5 ∨ 階層までのスレッド (入れ子) 形式にする
	☐ 1ページあたり 50 件のコメントを含む複数ページに分割し、最後 ∨ のページをデフォルトで表示する

管理画面のディスカッション設定

single.php または page.php のループ内に、次のテンプレートタグを追記します。

```php
<?php if ( comments_open() ) : ?>  ← コメント機能が有効になっている場合
    <?php comments_template(); ?>  ← コメントのテンプレートを読み込む
<?php endif; ?>  ← 条件分岐の処理を終了する
```

これで、この設定以降の新しい投稿ページにはコメントフォームが表示され、訪問者がコメントを残すことができます。過去の投稿にコメントフォームを表示したい場合は、それぞれの投稿にコメントを許可する必要があります。投稿一覧ページから、一括編集機能を使って変更するとよいでしょう。

投稿の一括編集画面

一括編集機能は、編集したい投稿にチェックを入れ、[一括編集]のメニューから[編集]を選んで[適用]をクリックします。コメントの許可の他にも、選択した投稿や固定ページの公開状況や投稿者なども一度に変更できます。効率よく投稿や固定ページを管理するためにもぜひ活用してみてください。

テンプレートタグ「comments_template()」は、引数としてコメント表示用のテンプレートファイルを指定できます。

```php
<?php comments_template( '/sample-comments.php' ); ?>
```

引数が省略された場合はテーマ内の comments.php が読み込まれ、comments.php がない場合は WordPress 側で用意されているテンプレートファイルが適用されます。

本書の完成版テーマには、single.php にコメントに関するテンプレートタグの記述が含まれています。また comments.php も用意してありますので、学習の参考としてください。

7

テーマをブロック
エディターに対応させる

Chapter 1 で説明したように、現在の WordPress はブロックエディターを前提とした開発が主流になっています。より管理しやすいウェブサイトにするためにも、テーマのブロックエディター対応は必須です。この Chapter では、テーマ用のカラーパレットの設定から、独自のカスタムスタイルの作り方、独自のブロックパターンの作成方法まで、テーマを作成する上で必要となるブロックエディターへの対応方法について説明します。

01 テーマをブロックエディターに 対応させる

■Step素材フォルダー	kuroneko_sample > Chapter7 > Step1
■学習するテーマファイル	●functions.php

テーマのブロックエディター対応

テーマをブロックエディターに対応させるには、最初にコアブロック (P.76) のスタイルをテーマに対応させる必要があります。コアブロックには、あらかじめ最低限のスタイルが用意されています。しかし、いくつかのスタイルはテーマに合わせて変更したり、独自のスタイルを追加したりする必要があるでしょう。ここでは、各ブロックに共通のカラーパレットや文字サイズの設定 (Step 1)、ボタンブロックのスタイル (Step 2) などをテーマのデザインに合わせて変更していきます。

テーマの用途によっては必要のないブロックや機能もあるので、必ずしもすべてのブロックをテーマに対応させる必要はありません。しかしその選択をするためには、それぞれのブロックの特性をしっかりと理解しておくことが大切です。そのためにも、まずはブロックエディター自体の操作に慣れるようにしてください。

WordPressには、テーマをブロックエディターに対応させるためのいくつかの設定が用意されています。これらの設定は、すべてのテーマで同様の記述が必要というわけではありません。実際の制作時には、どの設定をどのように変更するのか、必要に応じて判断してください。このStepではサンプルテーマでの記述例を紹介しながら、それらの設定を1つ1つ解説していきます。

Step 1-1 ブロックエディター用CSSをテーマに読み込ませる

WordPress 5.8には、80個のコアブロックが含まれています (P.76)。これらブロックには、骨子となる最低限のスタイルがエディター側および公開サイト側両方にあらかじめ読み込まれています。それに加えて、テーマ側で利用するかどうかを選択できるスタイルが用意されています。例えば、引用ブロックの左側についている線などがそれにあたります。作成したテーマにそれらのスタイルを読み込ませる設定が「add_theme_support('wp-block-styles')」です。add_theme_support() 関数については、P.125で詳しく解説しています。

functions.phpに次の記述を追加すると、これらのスタイルが読み込まれるようになります。

`functions.php`

前略
```
add_action( 'widgets_init', 'neko_widgets_init' );
```
← 最終行に続けて記述する

↓

前略
```
add_action( 'widgets_init', 'neko_widgets_init' );

function neko_block_setup() {
  add_theme_support( 'wp-block-styles' );   ← ブロック用CSSを有効化する
}
add_action( 'after_setup_theme', 'neko_block_setup' );   ← after_setup_theme フックに関数を追加する
```

この記述を追加せずに、自分で書いたCSSによって個別に対応させることもできます。しかしブロックの数も多く作業が大変になるので、まずは上記の記述でブロック用のスタイルを読み込ませておき、ブロックエディターへの対応に慣れてきたら読み込ませないという選択を考えるとよいかもしれません。実際に配布されている有料テーマのいくつかでは、読み込ませていないケースも見られます。

> **関数** add_theme_support('wp-block-styles')
>
> ブロック用のCSSを有効化する。

Step 1-2 埋め込みブロックをレスポンシブに対応させる

ブロックエディターには、たくさんの埋め込みブロックがあります。例えばTwitterのURLを入力すると、自動判別して該当する内容を埋め込んでくれるようなブロックです。これらのブロックにはiframeが利用されています。iframeで指定された内容の縦横比を保持したままレスポンシブ表示に対応させるためには、bodyタグに「wp-embed-responsive」というクラスが必要です。しかしそのままでは付与されないので、「add_theme_support('responsive-embeds');」の記述を追加します。

functions.phpに、次の記述を追加します。

```php
function neko_block_setup() {
  add_theme_support( 'wp-block-styles' );

  ← ここに記述する

}
add_action( 'after_setup_theme', 'neko_block_setup' );
```

↓

```php
function neko_block_setup() {
  add_theme_support( 'wp-block-styles' );
  add_theme_support( 'responsive-embeds' );  ← 埋め込み要素のレスポンシブスタイルを適用する
}
add_action( 'after_setup_theme', 'neko_block_setup' );
```

表示を確認すると、bodyタグに該当のクラス名が追加されています。埋め込みブロックに対して特別な対応がない限りは、記述しておきましょう。なお、埋め込みブロックを一切用いないテーマの場合、この記述は必要ありません。

bodyタグに wp-embed-responsive クラスが追加されている

関数 add_theme_support('responsive-embeds')

埋め込みブロックによる埋め込み要素に、レスポンシブのスタイルを適用させる。

Step 1-3 幅広のスタイルに対応させる

ブロックエディターでは、コンテンツの幅として「標準」「幅広」「全幅」の3種類のスタイルが用意されています。

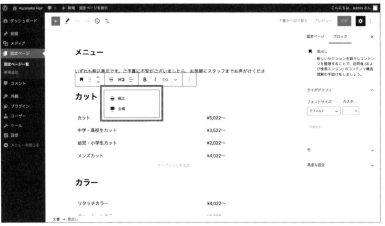

ツールバー上で選択できる「幅広」と「全幅」のコンテンツ幅

テーマ側で何も設定しないと、利用できるのは「標準」の幅のみになります。「幅広」「全幅」にも対応させたい場合は、functions.phpに「add_theme_support('align-wide')」を記述します。

functions.phpに、次の記述を追加します。

functions.php

```php
function neko_block_setup() {
  add_theme_support( 'wp-block-styles' );
  add_theme_support( 'responsive-embeds' );
           ←  ここに記述する
}
add_action( 'after_setup_theme', 'neko_block_setup' );
```

⬇

```php
function neko_block_setup() {
  add_theme_support( 'wp-block-styles' );
  add_theme_support( 'responsive-embeds' );
  add_theme_support( 'align-wide' );  ←  「幅広」「全幅」のスタイルに対応させる
}
add_action( 'after_setup_theme', 'neko_block_setup' );
```

これで、ブロックエディター側で「幅広」「全幅」が選択できるようになります。「全幅」スタイルを使ったブロックの使い方は、P.392で紹介しています。

> **関数** add_theme_support('align-wide')
>
> ブロックエディターで「幅広」「全幅」を選択できるようにする。

Step 1-4 カラーパレットを設定する

ブロックエディターには、カラーパレットの機能が用意されています。例えばカバーブロックや段落ブロックなどで設定サイドバーにカラーパレットを表示し、文字や背景の色を指定することができます。

カバーブロックのカラーパレット

テーマでは「add_theme_support('editor-color-palette')」を使って、カラーパレットの色を自由に指定することができます。テーマに合わせた色を指定しておくことで、どの色を選んでもテーマの雰囲気から逸脱しないデザインにすることができます。

add_theme_support()では、()内の第2引数に連想配列（P.47）を指定して各色の設定を読み込ませます。例えば「アクセントカラー1」という名前で「#3E8CB8」の色を設定したい場合、次のような3つのキーと値の組み合わせを記述します。slugは、自動生成されるCSSのクラス名で使用される文字列です。

```
add_theme_support(
  'editor-color-palette',
  array(
    'name' => 'アクセントカラー',
    'slug' => 'accent-color',
    'color' => '#3D8CB8'
  ),
);
```

必要な色の数だけこのセットをつなげて、パレットに色を指定していきます。

これで、該当のパレットの色を選択するとslug名の前に「has-」、後に「background-color」（背景色の場合）または「color」（文字色の場合）というクラス名が自動生成され、そのブロックに付与されます。そのため、生成されるクラス名に対応した記述がCSS側に必要になります。例えば上記の例の場合は、次のような記述がCSS側（サンプルテーマではtheme-styles.cssとeditor-styles.cssの2つのファイルが該当します）で必要になります。

1色分の表記の例に対するCSSの記述例

```
.has-accent-color-background-color {
  background-color: #3D8CB8;
}
.has-accent-color-color {
  color: #3D8CB8;
}
```

それでは、サンプルテーマ独自のカラーパレットを設定していきましょう。

❶ functions.phpに記述する

functions.phpに、次の記述を追加します。サンプルテーマでは、テーマに使用している色を基準に5色を指定します。

functions.php

```
function neko_block_setup() {
  add_theme_support( 'wp-block-styles' );
  add_theme_support( 'responsive-embeds' );
  add_theme_support( 'align-wide' );
          ←──── ここに記述する
}
add_action( 'after_setup_theme', 'neko_block_setup' );
```

```php
function neko_block_setup() {
  add_theme_support( 'wp-block-styles' );
  add_theme_support( 'responsive-embeds' );
  add_theme_support( 'align-wide' );
  add_theme_support(                    ← カラーパレットの設定
    'editor-color-palette',
    array(
      array(
        'name' => 'スカイブルー',
        'slug' => 'skyblue',
        'color' => '#00A1C6',
      ),
      array(
        'name' => 'ライトスカイブルー',
        'slug' => 'light-skyblue',
        'color' => '#ECF5F7',
      ),
      array(
        'name' => 'ライトグレー',
        'slug' => 'light-gray',
        'color' => '#F7F6F5',
      ),
      array(
        'name' => 'グレー',
        'slug' => 'gray',
        'color' => '#767268',
      ),
      array(
        'name' => 'ダークグレー',
        'slug' => 'dark-gray',
        'color' => '#43413B',
      ),
    )
  );
}
add_action( 'after_setup_theme', 'neko_block_setup' );
```

❷ CSSに色のスタイルを記述する

上記で設定した値の通りに、CSSにスタイルを記述します。 サンプルテーマでは、次のように該当の
スタイルがあらかじめ用意されていますので、実際の作業は必要ありません。

theme-styles.css

```css
.has-skyblue-background-color {
  background-color: #00A1C6;
}
.has-skyblue-color {
  color: #00A1C6;
}
.has-light-skyblue-background-color {
  background-color: #ECF5F7;
}
.has-light-skyblue-color {
  color: #ECF5F7;
}
.has-light-gray-background-color {
  background-color: #F7F6F5;
}
.has-light-gray-color {
  color: #F7F6F5;
}
.has-gray-background-color {
  background-color: #767268;
}
.has-gray-color {
  color: #767268;
}
.has-dark-gray-background-color {
  background-color: #43413B;
}
.has-dark-gray-color {
  color: #43413B;
}
```

これで、カラーパレットの色がテーマ独自のものになり、公開サイト側でも再現されるようになります。

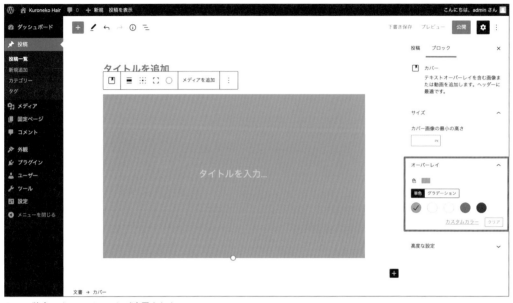

テーマ独自のカラーパレットが適用された

Step 1-5 フォントサイズの設定

標準のフォントサイズのプルダウンメニュー

カラーパレットと同じように、文字の大きさも右側のサイドメニューのフォントサイズから選択して、ブロックごとに指定できます。フォントサイズは、「add_theme_support('editor-font-sizes')」の第2引数に配列として記述して設定します。

例えば次の例のように記述すると、「注釈」という名前の、12pxのサイズで表示されるフォントスタイルが作成されます。

```
add_theme_support(
  'editor-font-sizes',
  array(
    'name' => '注釈',
    'slug'. => 'annotation',
    'size' => 12
  ),
);
```

自動生成されるクラス名は、slug名の前に「has-」、後に「-font-size」という命名規則になっています。上記の例では、「has-annotation-font-size」となります。カラーパレットと同様、CSS側でこのクラス名に対応するスタイルを記述します。次の例のようにline-heightなど、font-size以外にもスタイルを加えて独自のフォントスタイルとして拡張することもできます。

フォントスタイルの指定の例に対するCSSの記述例

```
.has-annotation-font-size {
  font-size: 12px;
  line-height: 1.4;
}
```

それでは、サンプルテーマ独自のフォントサイズを設定していきましょう。

❶functions.phpに記述する

functions.phpに、次の記述を追加します。サンプルテーマでは、フォントサイズを5つ指定します。

functions.php

```
function neko_block_setup() {
  add_theme_support( 'wp-block-styles' );
  add_theme_support( 'responsive-embeds' );
  add_theme_support( 'align-wide' );
  add_theme_support(
    'editor-color-palette',
    中略
  );
          ← ここに記述する
}
add_action( 'after_setup_theme', 'neko_block_setup' );
```

```php
function neko_block_setup() {
    add_theme_support( 'wp-block-styles' );
    add_theme_support( 'responsive-embeds' );
    add_theme_support( 'align-wide' );
    add_theme_support(
        'editor-color-palette',
        中略
    );
    add_theme_support(                    ◀── フォントサイズの設定
        'editor-font-sizes',
        array(
            array(
                'name' => '極小',
                'size' => 14,
                'slug' => 'x-small',
            ),
            array(
                'name' => '小',
                'size' => 16,
                'slug' => 'small',
            ),
            array(
                'name' => '標準',
                'size' => 18,
                'slug' => 'normal',
            ),
            array(
                'name' => '大',
                'size' => 24,
                'slug' => 'large',
            ),
            array(
                'name' => '特大',
                'size' => 36,
                'slug' => 'huge',
            ),
        )
    );
}
add_action( 'after_setup_theme', 'neko_block_setup' )
```

❷ CSSにフォントサイズのスタイルを記述する

上記で設定した値の通りに、CSSへスタイルを追記します。サンプルテーマにあらかじめ含まれている CSSの記述では、該当するpx相当のremに読み替えているため、次のような記述となっています。これで、テーマに合わせたフォントのスタイルをブロックエディターで指定できるようになりました。

theme-styles.css

```css
.has-x-small-font-size {
  font-size: 0.875rem;          14px 相当
}

.has-small-font-size {
  font-size: 1rem;              16px 相当
}


.has-normal-font-size {
  font-size: 1.125rem;          18px 相当
}

.has-large-font-size {
  font-size: 1.5rem;            24px 相当
}

.has-huge-font-size {
  font-size: 2.25rem;           36px 相当
}
```

Step 1-6 ▶ エディター側にスタイルを適用する

ここまで行ってきた設定は、いずれも適用したスタイルを公開サイト側で表示させるためのものでした。このままでは、ブロックエディターでの編集中にこれらのスタイルが反映されたかどうかを確認することはできません。ブロックエディターでは、記事作成者（エディター側を使用するユーザー）の混乱を防ぎ利便性を高めるためにも、エディター側にも同様のスタイルを反映させていくことが望ましいです。

WordPress 5.8時点でのブロックエディターの仕様上、マージンやパディング等の細かいコントロールが難しく、すべてのスタイルを公開サイト側とまったく同じように反映させることが難しい部分もあります。しかし、フォントサイズなど無理なく反映させられるスタイルも多いので、公開サイト側とエディター側でスタイルの差異がなるべく少なくなるような設定を行いましょう。

ブロックエディターは、クラシックエディターと同じくテーマ用のエディタースタイル（編集画面で読み込まれるスタイル）をサポートしています。しかしWordPress 5.8時点でブロックエディターのCSSの読み込まれ方は、クラシックエディターとは少し異なります。具体的には、エディター上のコンテン

ツだけにスタイルが読み込まれるように、CSSが自動変換されます。例えば「body {...}」として記述したスタイルは「.editor-styles-wrapper { … }」へ書き換えられます。これは、編集画面でのコンテンツ以外の要素（各種メニューなど）のスタイルに影響が出ないようにするためです。

この書き換えを行う設定が、「add_theme_support('editor-styles')」です。これを設定した上でエディター側に読み込ませるCSSファイルを「add_editor_style()」関数で指定することで、エディター側にスタイルを反映することができます。

editor-styles.css	エディター側の管理画面のインラインCSSへ変換される

`body {`
`  font-family: system-ui, -apple-`
`  system, sans-serif;`
`  line-height: 1.7;`
`}`
 	
中略
 	
`.has-skyblue-background-color {`
`  background-color: #00A1C6;`
`}`
	`.editor-styles-wrapper {`
	`  font-family: system-ui, -apple-`
	`  system, sans-serif;`
	`  line-height: 1.7;`
	`}`
	
	`.editor-styles-wrapper .has-skyblue-`
	`background-color {`
	`  background-color: #00A1C6;`
	`}`

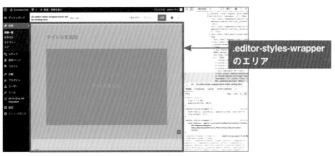

.editor-styles-wrapper
のエリア

エディター側でスタイルが自動的に書き換えられる .editor-styles-wrapperのエリア

この自動変換が行われるため、CSSの書き方には少し注意が必要です。慣れるまでは、1か所ずつ確かめながら実装したほうがよいでしょう。

それでは、実際にサンプルテーマを使ってエディター側のスタイルを指定していきます。本来は必要に応じてCSSを自作する必要がありますが、サンプルテーマにはeditor-styles.cssがあらかじめ用意されています。こちらを読み込ませてみましょう。また同じ add_editor_style() 関数を使って、公開サイト側と同じように（P.132）Googleフォントを読み込ませます。

❶ functions.php に記述する

functions.php に、次の記述を追加します。これで、editor-sytles.css に記述された内容が編集画面に反映されるようになります。

```php
function neko_block_setup() {

  add_theme_support( 'wp-block-styles' );

  中略

  );

  ← ここに記述する

}
add_action( 'after_setup_theme', 'neko_block_setup' );
```

⬇

```php
function neko_block_setup() {

  add_theme_support( 'wp-block-styles' );

  中略

  );

  add_theme_support( 'editor-styles' );  ← 独自のエディタースタイルを有効化する
  add_editor_style( 'assets/css/editor-styles.css' );  ← 独自のエディタースタイルを指定する
  add_editor_style( 'https://fonts.googleapis.com/css2?family=Noto+Sans+JP:wght@500&
  display=swap' );  ← エディター側にGoogleフォントを読み込む
}
add_action( 'after_setup_theme', 'neko_block_setup' );
```

関数 add_editor_style(スタイルシートへのパス)

独自のエディタースタイルをエディター側に反映させる。

引数

スタイルシートへのパス（オプション）： エディター側に反映させたいスタイルシートのパス。省略すると、テーマディレクトリー内でeditor-style.cssというファイル名を探し、存在すればそちらを反映する。

🐱 完成コード

Step1の作業は、これで終わりです。今回作成したファイルは次のようになりました。

functions.php

前略

```php
function neko_block_setup() {

  add_theme_support( 'wp-block-styles' );  ← ブロック用CSSを有効化する
  add_theme_support( 'responsive-embeds' );  ← 埋め込み要素のレスポンシブスタイルを適用する
  add_theme_support( 'align-wide' );  ← 幅広、全幅のスタイルに対応する
```

```
add_theme_support(
  'editor-color-palette',        ← カラーパレットの設定
  array(
    array(
      'name' => 'スカイブルー',
      'slug' => 'skyblue',
      'color' => '#00A1C6',
    ),
    array(
      'name' => 'ライトスカイブルー',
      'slug' => 'light-skyblue',
      'color' => '#ECF5F7',
    ),
    array(
      'name' => 'ライトグレー',
      'slug' => 'light-gray',
      'color' => '#F7F6F5',
    ),
    array(
      'name' => 'グレー',
      'slug' => 'gray',
      'color' => '#767268',
    ),
    array(
      'name' => 'ダークグレー',
      'slug' => 'dark-gray',
      'color' => '#43413B',
    ),
  )
);
add_theme_support(
  'editor-font-sizes',           ← フォントサイズの設定
  array(
    array(
      'name' => '極小',
      'size' => 14,
      'slug' => 'x-small',
    ),
    array(
```

```php
                'name' => '小',
                'size' => 16,
                'slug' => 'small',
            ),
            array(
                'name' => '標準',
                'size' => 18,
                'slug' => 'normal',
            ),
            array(
                'name' => '大',
                'size' => 24,
                'slug' => 'large',
            ),
            array(
                'name' => '特大',
                'size' => 36,
                'slug' => 'huge',
            ),
        )
    );
    add_theme_support( 'editor-styles' );        ◀━━ 独自のエディタースタイルを有効化する
    add_editor_style( 'assets/css/editor-styles.css' );  ◀━━ 独自のエディタースタイルを指定する
    add_editor_style( 'https://fonts.googleapis.com/css2?family=Noto+Sans+JP:wght@500&
    display=swap' );    ◀━━ エディター側にGoogleフォントを読み込む
}
add_action( 'after_setup_theme', 'neko_block_setup' );    ◀━━ after_setup_theme フックに
                                                             関数を追加する
```

 HINT ## その他のサポート項目について

ブロックエディターに対応させるために用意されている設定項目は、ここで紹介した以外にもさまざまなものがあります。詳細を知りたい方は、公式のハンドブックのテーマサポートなどを参照してみてください。

テーマサポート
https://ja.wordpress.org/team/handbook/block-editor/how-to-guides/themes/theme-support/

02 | コアブロックのスタイルを 独自に追加する

■Step素材フォルダー	kuroneko_sample > Chapter7 > Step2
■学習するテーマファイル	●functions.php

独自スタイルの追加

Step 1では、テーマをブロックエディターに対応させるための設定を追加しました。カラーパレットをテーマ独自の配色にしたり、任意のテキストサイズを追加したりしましたが、各ブロックのスタイルはまだ設定できていません。このステップでは、コアブロックに自作のスタイルを追加する「register_block_style()」関数の使い方と、各ブロックのスタイル対応について解説します。

この関数は、カスタムのブロックを新たに作るのではなく、すでにあるブロックに自作のスタイルを追加できるもので、比較的簡単に扱えます。ブロックに自作のスタイルを追加できると、表現の幅がぐっと広がりテーマの使い勝手も向上させることができます。ぜひ活用してください。

ここではサンプルテーマを利用し、標準のボタンブロックにスタイルを追加します。続いて矢印のアイコンが入ったボタンと、フロントページで使っている横幅固定のボタンの2つを、自作のスタイルとして追加していきます。

このステップで自作するボタンブロックの2つスタイル

ボタンブロックのスタイルを変更する

ボタンブロックには、標準で「塗りつぶし」と「輪郭」、2つのスタイルがあります。最初に、これらのスタイルをサンプルテーマに合わせて変更しておきましょう。

テーマのスタイルが適用される前の状態のボタンブロック

テーマのスタイルが適用された状態のボタンブロック

コアブロックのスタイルには、「wp-block-」に各ブロックの名前を加えたクラス名が付与されます。ボタンブロックの場合は、「wp-block-button」という名前のクラスが付与されています。サンプルテーマではボタンブロックに適用するスタイルがあらかじめ用意されているので、あらためて記述する必要はありません。ここでは、スタイルの該当部分を確認して終了とします。

editor-style.css および theme-styles.css での該当箇所

```
.wp-block-button__link {
        text-decoration: none;
        border-radius: 0.2em;
        opacity: 1;
        transition: all 0.2s ease-in-out;
        font-family: "Noto Sans JP", sans-serif;
        padding: 1em;
        display: inline-block;
        background-color: #FFFFFF;
        color: #00A1C6;
        border: 1px solid #00A1C6;
}

.wp-block-button__link:hover,
```

```
.wp-block-button__link:focus,
.wp-block-button__link:visited {
        background-color: #00A1C6;
        color: #FFFFFF;
}

.wp-block-button__link:visited {
        color: #00A1C6;
        background-color: #FFFFFF;
}

.wp-block-button__link:hover {
        background-color: #00A1C6;
        color: #FFFFFF;
        filter: contrast(150%);
}
```

なお、theme-styles.css に加え、編集画面でも同様のスタイルとなるように editor-style.css にも同じスタイルを記述する必要があります。この記述があることで、公開サイト側と編集画面側、両方で同じボタンのスタイルが反映されます。

HINT　その他のブロックのスタイルについて

サンプルテーマではボタンブロックだけをカスタマイズしていますが、ボタンブロック以外のブロック、例えばテーブルブロックや画像ブロックなどにもクラス名が付与され、スタイルが設定されています。必要に応じてブラウザの開発ツールなどで各ブロックのクラス名を確認し、テーマに合わせたスタイルに変更しておきましょう。

Step 2-2　ボタンブロックに自作のスタイルを追加する

次に、矢印のアイコンが入ったボタン「矢印付き」と、フロントページで使われている幅が固定されたボタン「幅固定」の2つのスタイルを自作のスタイルとして追加しましょう。register_block_style() 関数を用いて新しいスタイルを追加し、そのスタイルにCSSを適用していきます。わかりやすくするために、まずは「矢印付き」のスタイルを追加してみましょう。

❶ functions.php に「矢印付き」ボタン用の記述を追加する

functions.php に、次の記述を追加します。

前略

```
add_action( 'after_setup_theme', 'neko_block_setup' );
```

← 最終行に続けて記述する

⬇

前略

```
add_action( 'after_setup_theme', 'neko_block_setup' );

function neko_block_style_setup() {
  register_block_style(          ← 既存のブロックにスタイルを追加する
    'core/button',                ← 既存のブロックの名前
    array(
      'name' => 'arrow',          ← 追加するスタイルの名前
      'label' => '矢印付き',       ← 追加するスタイルのラベル
    )
  );
}
add_action( 'after_setup_theme', 'neko_block_style_setup' );  ← after_setup_theme フック
                                                                  に関数を追加する
```

これで、コアのボタンブロックに3つ目のスタイル「矢印付き」が追加されます。

自作のスタイルには、「is-style-」の後に「name」で付与したスタイルの名前が追加されたクラスが付与されます。例えば上記の記述では、「is-style-arrow」というクラス名が付与されます。「name」には半角英数字を用いるようにしましょう。

サンプルテーマでは、このクラス名に対して次のようなスタイルが用意されています。そのため、画面のような矢印付きのボタンが表示されます。

`editor-style.css` および `theme-styles.css` での該当箇所

```css
.wp-block-button.is-style-arrow .wp-block-button__link {
  display: flex;
  align-items: center;
  background-color: #00A1C6;
  color: #FFFFFF;
}
.wp-block-button.is-style-arrow .wp-block-button__link::after {
  content: '';
  margin-left: 0.5em;
  width: 10px;
```

```
  height: 18px;

  display: flex;

  background-position: center;

  background-repeat: no-repeat;

  background-size: contain;

  background-image: url("data:image/svg+xml,%3Csvg width='9' height='16' fill='none'

  xmlns='http://www.w3.org/2000/svg'%3E%3Cpath d='M2 15a1 1 0 01-.77-1.64L5.71 8

  1.39 2.63a1 1 0 01.15-1.41A1 1 0 013 1.37l4.83 6a1 1 0 010 1.27l-5 6A1 1 0 012

  15z' fill='%23fff'/%3E%3C/svg%3E");

}

.wp-block-button.is-style-arrow .wp-block-button__link:hover {

  filter: contrast(150%);

}
```

「矢印付き」ボタンが追加された

❷functions.phpに「幅固定」ボタン用の記述を追加する

続いて、「幅固定」ボタン用のスタイルを追加します。今度は❶で作成した neko_block_style_setup()
関数の中に、register_block_style() 関数をもう 1 つ追記するだけです。

functions.php

前略

```
function neko_block_style_setup() {
  register_block_style(
    'core/button',
  array(
    'name' => 'arrow'
    'label' => '矢印付き',
```

```
    )
);
```

ここに記述する

```
}
add_action( 'after_setup_theme', 'neko_block_style_setup' );
```

前略

```
function neko_block_style_setup() {
  register_block_style(
    'core/button',
    array(
      'name' => 'arrow'
      'label' => '矢印付き',
    )
  );
  register_block_style( ←        ブロックにスタイルを追加する
    'core/button', ←            既存のブロックの名前
    array(
      'name' => 'fixed', ←       追加するスタイルの名前
      'label' => '幅固定', ←      追加するスタイルのラベル
    )
  );
}
add_action( 'after_setup_theme', 'neko_block_style_setup' );
```

こちらも❶と同様、CSSの記述が必要です。サンプルテーマでは次の記述が該当します。

editor-style.css および theme-styles.css での該当箇所

```css
.wp-block-button.is-style-fixed .wp-block-button__link {
  width: 80vw;
  max-width: 20em;
  font-size: 1rem;
}
```

これで、2つの自作スタイルがボタンブロックに追加されました。

「幅固定」ボタンが追加された

関数 register_block_style(追加するスタイルの名前, 配列 (追加するスタイルの情報))

新しいブロックスタイルを登録する。

引数

追加するスタイルの名前 (必須)	：ブロックタイプ名。「/」の前に名前空間が必要。半角英数字。
配列 (追加するスタイルの情報) (必須)	：連想配列で追加するスタイルの情報を指定する。

配列に指定するキー

name	：追加するスタイルの名前。自動生成されるクラス名に使用される。
label	：追加するスタイルのラベル。スタイル選択時に表示される。
style (オプション)	：追加するスタイルに必要なスタイルシートの名前。
inline_style (オプション)	：追加するスタイルに必要なインラインスタイル。

❸ 自作スタイルを記事に適用する

自作したスタイルを、投稿ページなどで実際に使ってみましょう。ここでは、P.89 で作成した「雨の日キャンペーン開催」記事の最後のリンクを「矢印付き」ボタンに変更します。

「雨の日キャンペーン開催」記事の最後のリンクを「矢印付き」ボタンに変換する

[投稿]の一覧から「雨の日キャンペーン開催」を選択して、編集画面に移動します。投稿の最後にある段落ブロックのアイコンをクリックし、表示されるプルダウンメニューから「ボタン」を選択します。設定サイドバーに表示されるボタンのスタイルから、今回作成した「矢印付き」を選択し、投稿を更新します。なお、P.394では「幅固定」ボタンを活用しています。必要に応じて参照してください。

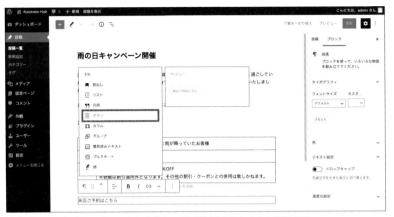

段落ブロックをボタンブロックに変換し、「矢印付き」スタイルを適用する

😺 完成コード

Step 2の作業は、これで終わりです。今回作成したファイルは次のようになりました。

functions.php

```
前略
function neko_block_style_setup() {
  register_block_style(          ← ブロックにスタイルを追加する
    'core/button',               ← 既存のブロックの名前
    array(
      'name' => 'arrow',         ← 追加するスタイルの名前
      'label' => '矢印付き',      ← 追加するスタイルのラベル
    )
  );
  register_block_style(          ← ブロックにスタイルを追加する
    'core/button',               ← 既存のブロックの名前
    array(
      'name' => 'fixed',         ← 追加するスタイルの名前
      'label' => '幅固定',        ← 追加するスタイルのラベル
    )
  );
}
add_action( 'after_setup_theme', 'neko_block_style_setup' );   ← after_setup_theme フック
                                                                 に関数を追加する
```

Step

03 ブロックパターンを
削除・追加する

■Step素材フォルダー	kuroneko_sample > Chapter7 > Step3
■学習するテーマファイル	・functions.php

Step 3-1 既存のブロックパターンを削除する

続いて、P.79で解説したブロックパターンをカスタマイズしていきましょう。ブロックパターンはコアで用意されているものの他に、テーマ独自のブロックパターンを作成することができます。このStepでは、既存のブロックパターンを削除する方法や、テーマ独自のブロックパターンを登録し利用する方法について解説します。

既存のブロックパターンにテーマ側でスタイルを適用して使用することもできますが、パターンが多すぎて使いづらくなったり、必要ないパターンを削除したい場合もあります。コアのブロックパターンをすべて削除する場合は「remove_theme_support('core-block-patterns')」関数を、一部のブロックパターンを削除する場合は「unregister_block_pattern()」関数を使用します。

サンプルテーマでは、コアのブロックパターンをすべて削除します。functions.phpに、次の記述を追加します。

functions.php

前略

```
add_action( 'after_setup_theme', 'neko_block_style_setup' );
```
← 最終行に続けて記述する

前略

```
add_action( 'after_setup_theme', 'neko_block_style_setup' );

function neko_remove_block_patterns() {
  remove_theme_support( 'core-block-patterns' );     ← コアのブロックパターンをすべて削除する
}
add_action( 'after_setup_theme', 'neko_remove_block_patterns');   ← after_setup_theme フック
                                                                      に関数を追加する
```

これで、コアのブロックパターンがすべて表示されなくなります。他に独自のパターンやプラグインなどでパターンを登録していなければ、次の画面のようにブロックパターンのタブ自体が表示されなくなります。

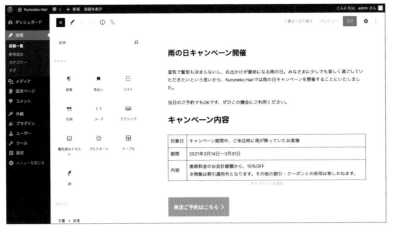

ブロックパターンのタブが消えた状態

関数 remove_theme_support('core-block-patterns')

コアのブロックパターンをすべて削除する。

サンプルデータではコアのブロックパターンをすべて削除していますが、例えばコアのブロックパターンのうち、「共通の背景色が付いたソーシャルリンク」のパターンだけを削除したいという場合は、unregister_block_pattern()関数を使ってfunctions.phpに次のように記述します。「共通の背景色が付いたソーシャルリンク」パターンの名前は「core/social-links-shared-background-color」です。

一部のパターンだけを削除する場合の記述例

```
function neko_remove_core_pattern() {
    unregister_block_pattern( 'core/social-links-shared-background-color' );   ← 一部のブロックパターンを削除する
}
add_action( 'init', 'neko_remove_core_pattern' );   ← init フックに関数を追加する
```

関数 unregister_block_ pattern(削除するブロックパターンの名前)

指定したブロックパターンを一覧から削除する。

引数

削除するブロックパターンの名前：削除するブロックパターンの名前を指定する。「/」の前に名前空間が必要。半角英数字。

次の表は、WordPress 5.8時点でコアに必ず含まれるブロックパターンの一覧です。一覧のブロックパターンの名前を上記の関数で指定すると、該当するパターンが削除されます。

●コアに必ず含まれるブロックパターン一覧（WordPress 5.8時点）

カテゴリー	
ブロックパターンのタイトル	ブロックパターンの名前（name）
ボタン	
共通の背景色が付いたソーシャルリンク	social-links-shared-background-color
クエリー	
標準	query-standard-posts
左に画像	query-medium-posts
小さな画像とタイトル	query-small-posts
グリッド	query-grid-posts
大きなタイトル	query-large-title-posts
オフセット	query-offset-posts

この他、公式のパターンライブラリー（https://wordpress.org/patterns/）に登録されているものの中から、コアとして指定されているブロックパターンが読み込まれています。こちらは随時追加・変更・削除されるので一覧としては紹介しませんが、個別に除外したい場合はパターンライブラリーから該当のパターンを探し、core/ に続けて URL 末尾のスラッグを指定すると削除できます。

Step 3-2 独自のブロックパターンを追加する

次に、独自のブロックパターンを追加します。ここではブログのキャンペーン記事などでよく使うブロックパターンを自作し、登録します。

記事中のキャンペーン内容の部分をブロックパターン化します

サイトを更新するのがクライアント自身であったり編集に慣れていない担当者だったりする場合、サイト用に制作したオリジナルのボタンなどが忘れられて活用されないケースも多いかもしれません。その

場合、「register_block_pattern()」関数を使用して独自のパーツをブロックパターン化し、それらの活用例（例えば独自パターンのボタンで作成したCTAエリアなど）を登録しておくことで、最初に意図したデザインを活用してもらいやすくなり、サイト運用の利便性が向上するでしょう。

❶ブロックパターン化する箇所をコピー&ペーストする

最初にブロックパターン化する箇所をコピーし、新しい記事にペーストします。[投稿一覧]から「雨の日キャンペーン開催」の記事を選択して開いてください。P.84の方法で、ブロックパターン化する部分をコピーします。[投稿一覧]画面に戻って[新規追加]から新しい記事を作成し、ペーストします。

ブロックパターン化する部分を新規記事にペーストした

❷コードエディターを使ってコードを取得しエスケープ処理をする

続いて、ブロックパターン化する箇所のコードを取得します。右上の縦の三点アイコンをクリックし、[エディター] > [コードエディター]をクリックします。コードエディターが表示され、指定通りにブロックが作成できていれば、「<!-- wp:heading」から始まるHTMLの文字列がずらっと表示されるはずです。これらの文字列をすべて選択し、コピーします。

コードエディター画面

コピーした文字列は、エスケープ処理する必要があります。エスケープ処理とは、構文に影響を及ぼすような文字を別の文字に置き換えたりして、問題が起きないように処理することです。 JSONの場合、例えば文字列を"(ダブルクォート)で囲いますが、文字列の途中に"(ダブルクォート)があるとどこからどこまでが文字列かわからなくなり、構文エラーになります。そこでエスケープ処理によって、"(ダブルクォート)の前に\(バックスラッシュ)を追加する必要があります。

エスケープ処理にはさまざまな方法がありますが、もっとも簡単なのはJSON Escape and JSON Unescape Online Tool（https://codebeautify.org/json-escape-unescape）といったオンラインの無料ツールを利用する方法です。エスケープ処理が難しい場合は、サンプルテーマのコードを参照してください。Step素材「kuroneko_sample」>「Chapter7」>「Step3」にあるescaped.txt内に該当のコードがあります。

❸functions.phpに記述する

functions.phpに、次の記述を追加します。

functions.php

```
前略

add_action( 'after_setup_theme', 'neko_remove_block_patterns' );
        ◀━━━ 最終行に続けて記述する

        ⬇

前略

add_action( 'after_setup_theme', 'neko_remove_block_patterns' );


function neko_register_block_patterns() {
  register_block_pattern( ◀━━ 独自のブロックパターンを追加する
    'neko/campaign', ◀━━ ブロックパターンの名前
    array(
      'title'       => 'キャンペーン内容', ◀━━ ブロックパターンのタイトル
      'categories'  => array( 'text' ), ◀━━ カテゴリーの指定
      'description' => 'キャンペーン用のパターンです', ◀━━ ブロックパターンの説明
      'content'     => "", ◀━━ ブロックパターンの内容（エスケープ処理したHTMLの文字列）を入れる
      'viewportWidth' => 710, ◀━━ ブロックパターンのプレビュー時の想定幅を指定する
    )
  );
}
add_action( 'init', 'neko_register_block_patterns' ); ◀━━ initフックに関数を追加する
```

そして、エスケープ処理した文字列を「content」として追加します。

`前略`

```
add_action( 'after_setup_theme', 'neko_remove_block_patterns' );


function neko_register_block_patterns() {
  register_block_pattern(
    'neko/campaign',
    array(
      'title'         => 'キャンペーン内容',
      'categories'    => array( 'text' ),
      'content'       => "<!-- wp:heading -->\n<h2>キャンペーン内容</h2>\n<!-- /
      wp:heading -->\n\n<!-- wp:table -->\n<figure class=\"wp-block-
      table\"><table><tbody><tr><td>対象日</td><td>キャンペーン期間中、ご来店時に雨が
      降っていたお客様</td></tr><tr><td>期間</td><td>2021年3月14日〜3月31日</td></
      tr><tr><td>内容</td><td>施術料金のお会計総額から、15% OFF<br>※物販は割引適用外
      となります。その他の割引・クーポンとの併用は致しかねます。</td></tr></tbody></
      table></figure>\n<!-- /wp:table -->\n\n<!-- wp:buttons {\"contentJustification
      \":\"center\"} -->\n<div class=\"wp-block-buttons is-content-justification-
      center\"><!-- wp:button {\"className\":\"is-style-arrow\"} -->\n<div
      class=\"wp-block-button is-style-arrow\"><a class=\"wp-block-button__link\"
      href=\"#\">来店ご予約はこちら</a></div>\n<!-- /wp:button --></div>\n<!-- /
      wp:buttons -->",      ◀ ── contentの値にエスケープした文字列を追加する
      'description' => 'キャンペーン用のパターンです',
      'viewportWidth' => 710,
    )
  );
}
add_action( 'init', 'neko_register_block_patterns' );
```

これで、ブロックパターンのギャラリーカテゴリーに独自のパターンが表示されるようになりました。

ブロックパターンの一覧に独自のパターンが表示されている

④独自のブロックパターンを使ってみる

それでは、作成した独自のブロックパターンを新規作成した記事に使ってみましょう。左上のインサーターボタンをクリックして、ブロックの一覧を表示します。[パターン]タブをクリックして、ブロックパターンを表示します。コアのブロックパターンがすべて非表示になっていれば、登録した独自のブロックパターン「キャンペーン内容」のみが「テキスト」というカテゴリで表示されているはずです。

独自のブロックパターンをクリックするか、挿入したい場所にドラッグ＆ドロップします。キャンペーン内容の記述を変更したり、ボタンのリンク先を調整したりして、新しいキャンペーンの記事を作成してみてください。

独自のブロックパターンを挿入した

register_block_ pattern(追加するブロックパターンの名前, 配列 (追加するブロックパターンの情報))

新しいブロックパターンを登録する。

追加するパターンの名前	：追加するブロックパターンの名前。「/」の前に名前空間が必要。半角英数字。
配列 (追加するブロックパターンの情報)	：ブロックパターンの情報を連想配列で指定する。

title	：追加するブロックパターンの名前。ブロックパターン一覧に表示される。日本語可。
content	：ブロックパターンの内容。エスケープ処理をしたHTMLの文字列。
categories (オプション)	：配列。ブロックパターンを入れるカテゴリー名。
description (オプション)	：ブロックパターンの説明。
keywords (オプション)	：配列。ブロックパターンのキーワード。ブロックパターン検索時に使用。
viewportWidth (オプション)	：ブロックパターンのプレビュー時の想定幅。

🐱 完成コード

Step 3の作業は、これで終わりです。今回作成したファイルは次のようになりました。

functions.php

前略

```
function neko_register_block_patterns() {
  register_block_pattern(          ← 独自のブロックパターンを追加する
    'neko/campaign',               ← ブロックパターンの名前
    array(
      'title' => 'キャンペーン内容',     ← ブロックパターンのタイトル
      'categories' => array( 'text' ),  ← カテゴリーの指定
      'description' => 'キャンペーン用のパターンです',  ← ブロックパターンの説明
      'content' => "<!-- wp:heading -->\n<h2>キャンペーン内容</h2>\n<!-- /wp:heading
-->\n\n<!-- wp:table -->\n<figure class=\"wp-block-
table\"><table><tbody><tr><td>対象日</td><td>キャンペーン期間中、ご来店時に雨が
降っていたお客様</td></tr><tr><td>期間</td><td>2021年3月14日～3月31日</td></
tr><tr><td>内容</td><td>施術料金のお会計総額から、15%OFF<br>※物販は割引適用外
となります。その他の割引・クーポンとの併用は致しかねます。</td></tr></tbody></
table></figure>\n<!-- /wp:table -->\n\n<!-- wp:buttons {\"contentJustification
\":\"center\"} -->\n<div class=\"wp-block-buttons is-content-justification-
```

```
      center\"><!-- wp:button {\"className\":\"is-style-arrow\"} -->\n<div
      class=\"wp-block-button is-style-arrow\"><a class=\"wp-block-button__link\"
      href=\"#\">来店ご予約はこちら</a></div>\n<!-- /wp:button --></div>\n<!-- /
      wp:buttons -->",          ブロックパターンの内容（エスケープ処理したHTMLの文字列）
      'viewportWidth' => 710,          ブロックパターンのプレビュー時の想定幅を指定する
    )
  );
}
add_action( 'init', 'neko_register_block_patterns' );          init フックに関数を追加する
```

HINT プラグインを用いて独自のブロックパターンを作成する

独自のブロックパターンを作成するためのプラグインが、無料で公開されています。実際の制作業務では、次に挙げるようなプラグインを利用するのもよいでしょう。

VK Block Patterns
https://ja.wordpress.org/plugins/vk-block-patterns/
Custom Block Patterns
https://ja.wordpress.org/plugins/custom-block-patterns/

Column

ブロックエディターとGutenbergプロジェクト

「Gutenberg（グーテンベルグ）」とは、ブロックエディターをはじめとする、WordPressでの新しい編集体験を作り出すためのプロジェクトの名称です。同名の活版印刷技術の発明者にあやかって名付けられました。Gutenbergプロジェクトは2017年1月に始まり、この数年のWordPressでもっとも大きな変化の1つとなっています。

Gutenbergプロジェクトは、WordPress本体（コアと呼びます）の開発とは別のプロジェクトとして開発が進められています。具体的には、同名の「Gutenberg」プラグインとしてGitHub上（ https://github.com/wordpress/gutenberg ）で開発やテストが行われています。WordPressのバージョンは2021年8月の時点で5.8が最新ですが、Gutenbergの

最新バージョンは11.2.1です。Gutenberg側で開発がまとまったものから、コアのメジャーアップデートのタイミングで採用を検討されて、コアに取り込まれています。

まだコアに取り込まれていないブロックエディターの新しい機能を試したい場合は、Gutenbergプラグインをダウンロードして試すことができます。ただし実験的な機能が多く仕様変更も頻繁なため、実際に稼働しているサイトなどでは使わないほうがよいでしょう。

Gutenbergプロジェクトには4つのフェーズに分けられたロードマップがあり、2021年8月現在はフェーズ2にあたります。

Gutenberg の4フェーズ
1. より簡単な編集　……WordPress ですでに利用可能で、継続的に改善されています
2. カスタマイズ　………フルサイト編集機能、ブロックパターン、ブロックディレクトリー、ブロックベースのテーマ
3. コラボレーション　…コンテンツを共同執筆するためのより直感的な方法
4. 多言語対応　…………多言語サイトのコア実装

（出典：WordPress開発ロードマップ　https://ja.wordpress.org/about/roadmap/）

ブロックパターンやブロックディレクトリー（編集画面から検索して直接ブロックをインストールできる機能）は、すでにコアに実装されています。現在は「ブロックベースのテーマ」に対応するための開発が行われています。具体的には、ヘッダーやフッターなども含んだサイト全体をブロック化して編集できるようにする「フルサイト編集」の機能を開発中です。ブロックエディターでもサイト編集の自由度は十分に向上しましたが、この「ブロックベースのテーマ」が使えるようになると、また新しい段階のサイト編集の体験が提供されるようになるでしょう。

カスタムフィールドは本来の使い方へ

WordPressには、一部で「カスタムフィールド製造業」と揶揄されるほど、カスタムフィールドの機能が乱用されていた時代があります。しかしブロックエディターの登場によってブロックパターンや再利用ブロック、カスタムブロックなどを利用できるようになると、コンテンツの編集範囲を固定化・限定化することを目的にカスタムフィールドが利用されることも少なくなりました。

具体的には、P.316で紹介したブロックパターンによるキャンペーンテキスト（見出しとテーブルブロックの組み合わせ）の作成などがその一例です。このように少し複雑なHTML構造を持つ表示部分は、データ入力時の利便性を上げるために、カスタムフィールドで作成する事例も多く見られました。しかし、カスタムフィールドは検索にひっかからない、データ移行がしづらいなど、データベースへの負荷やサイトの保守性の面から見たマイナス面が多いため、多用は避けるべきです。

もちろん、本来の用途である独自のメタデータを付与するような場面では、これからも活躍する機能です。適材適所で活用していきましょう。カスタムフィールドの使い方は、次に挙げるウェブページを参照してください。

カスタムフィールドの使い方 | WordPress.org 日本語
https://ja.wordpress.org/support/article/custom-fields/

Chapter

8

ウェブサイトの機能を
拡張する

WordPress の基本的なテーマが作成できたところで、ウェ
ブサイトの機能をさらに拡張するカスタマイズを行いま
しょう。Chapter 8 では、カスタム投稿タイプでヘアカタ
ログページを作成したり、カスタムテンプレートを使って
一部のページのデザインを変更したりする方法を学びま
す。また、ブロックエディターによるフロントページの編
集や、投稿一覧ページの作成についても解説します。

01 カスタム投稿タイプを追加して コンテンツを拡張する

■Step素材フォルダー	kuroneko_sample > Chapter8 > Step1
■学習するテーマファイル	● single-hairstyles.php ● archive-hairstyles.php ● loop-hairstyles.php

投稿タイプとは

Chapter 7までは、WordPressの標準機能である投稿と固定ページでサンプルサイトのコンテンツを作成してきました。このChapterでは、「Custom Post Type UI」というプラグインを使って「カスタム投稿タイプ」と呼ばれる投稿区分を作成し、ウェブサイトのコンテンツを拡張していきます。「カスタム投稿タイプ」の記事は、通常の投稿とは違う区分で管理されます。

コンテンツの拡張にあたって最初に理解しておきたいのが、「投稿タイプ」です。WordPressでは、コンテンツに関する情報を「投稿タイプ」という型に分けて管理しています。標準の投稿タイプには「投稿 (post)」「固定ページ (page)」「添付ファイル (attachment)」「リビジョン (revision)」「ナビゲーションメニュー (nav_menu_item)」などがあり、コンテンツの作成では主に投稿と固定ページが使われます。

シンプルな構成のウェブサイトやブログサイトであれば、投稿と固定ページだけでこと足りるかもしれません。しかし事業用のウェブサイトなどでは、「製品紹介」や「お客様の声」など、投稿とは別の区分で記事を管理したり、記事の一覧ページを作ったりしたい場合もあります。WordPressでは、このような場合に「カスタム投稿タイプ」として新しい投稿タイプを追加し、記事を管理できます。

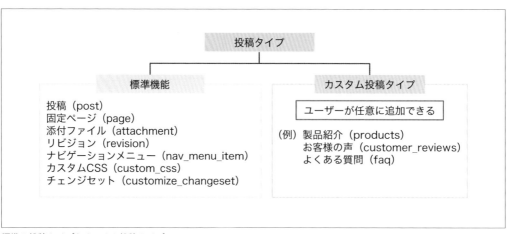

標準の投稿タイプとカスタム投稿タイプ

一見便利に見えるカスタム投稿タイプですが、デメリットもあります。例えば、むやみにカスタム投稿タイプを増やすことでデータベース内が複雑になったり、テーマ内にカスタム投稿タイプを直接定義するとコンテンツがそのテーマに依存してしまうため、テーマを変更したときにコンテンツが表示されなくなったりします。メリット・デメリットをよく理解した上で利用するようにしてください。

Step 1-1 Custom Post Type UI をインストールする

カスタム投稿タイプは、テーマ内のfunctions.phpに関数を記述して追加することもできます。その場合、先に述べた通りカスタム投稿タイプとそのコンテンツは追加されたテーマに依存するため、別のテーマに切り替えたときに、そのカスタム投稿タイプのコンテンツが表示されなくなる恐れがあります。そのため、本書では「Custom Post Type UI」というプラグインを使ってカスタム投稿タイプを追加します。

管理画面のメニュー[プラグイン]＞[新規追加]からプラグイン追加ページを開き、右上の検索フォームに「Custom Post Type UI」と入力します。検索結果で表示されたCustom Post Type UIをインストールし、有効化すると、管理画面のメニューに「CPT UI」という項目が追加されます。

Custom Post Type UI をインストールする

Step 1-2 カスタム投稿タイプを追加する

Custom Post Type UIをインストールできたら、サンプルサイトにカスタム投稿タイプを追加してみましょう。サンプルサイトでは、「ヘアスタイル」というカスタム投稿タイプを「hairstyles」という識別子で追加します。

❶ カスタム投稿の追加：基本設定

管理画面のメニューから、[CPT UI]＞[投稿タイプの追加と編集]を選択します。「基本設定」では、追加するカスタム投稿タイプの最低限必要な設定を行います。「投稿タイプスラッグ」に「hairstyles」、「複数形のラベル」と「単数形のラベル」に「ヘアスタイル」と入力します。日本語では名詞を複数と単数で区

別しないので、どちらも同じ値を入れて問題ありません。「投稿タイプスラッグ」の文字列は20文字までで、小文字の半角英数字とハイフン (-)、アンダースコア (_) が使えます。

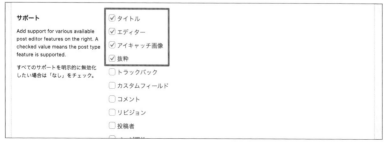

Custom Post Type UI の「基本設定」画面

❷ カスタム投稿の追加：設定

「投稿タイプの追加と編集」を下にスクロールすると、「設定」があります。「設定」では、カスタム投稿タイプで記事の一覧ページ (アーカイブ) を使えるようにしたり、編集画面に表示する項目を指定したりするなど、カスタム投稿タイプの詳細な設定ができます。ここでは「アーカイブあり」で「真」を選択し、「サポート」の「タイトル」「エディター」「アイキャッチ画像」「抜粋」にチェックを入れてください。「アーカイブあり」を「真」にすることで、archive-hairstyles.php というテンプレートファイルが使えるようになります。

アーカイブありを「真」にする

サポートのタイトル、エディター、アイキャッチ画像、抜粋にチェックを入れる

設定ができたら、「投稿タイプを追加」をクリックして保存します。管理画面のメニューに、「ヘアスタイル」の項目が追加されました。カスタム投稿タイプの設定は、管理画面メニュー［CPT UI］＞［投稿タイプの追加と編集］から進んだページのページの「投稿タイプを編集」タブで変更できます。

管理画面のメニューに「ヘアスタイル」が追加された

「投稿タイプを編集」画面

カスタム投稿タイプ「ヘアスタイル」が追加できたので、記事を1つ作成してみましょう。ヘアスタイル記事の構成要素のうち、ここでは「タイトル」「アイキャッチ画像」「本文」「抜粋」を登録します。

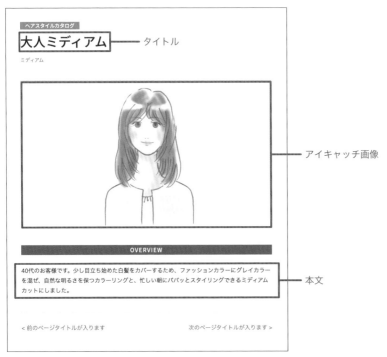

ヘアスタイル記事の構成要素

ヘアスタイル記事一覧の構成要素

Step素材「kuroneko_sample」>「Chapter8」>「Step1」>「投稿素材」にある素材データを使って、ヘアスタイルの記事を作成しましょう。管理画面メニュー[ヘアスタイル]>[新規追加]から記事作成画面を開き、次の情報を登録して記事を公開してください。

項目	素材
タイトル	大人ミディアム
本文	Step素材フォルダー内「本文1.txt」のテキスト
アイキャッチ画像	Step素材フォルダー内「hairstyle1.png」
抜粋	Step素材フォルダー内「抜粋1.txt」のテキスト（ヘアスタイルの一覧ページに表示します）
URLスラッグ	hairstyle01

公開できたら、作成した記事を表示してみましょう。

公開されたヘアスタイル記事ページ

公開されたヘアスタイルアーカイブページ

Step 1-4 カスタム投稿タイプのテンプレートファイルを選ぶ

ここで、Step素材「kuroneko_sample」＞「Chapter8」＞「Step1」＞「HTML」にあるsingle-hairstyles.htmlをブラウザーで開き、ヘアスタイル記事のページデザインを見てみましょう。

静的マークアップでのヘアスタイル記事ページのデザイン

静的マークアップでのヘアスタイルアーカイブページのデザイン

Step 1-3で表示したヘアスタイル記事は、この静的マークアップでのページデザインと異なり、Chapter 5で作成した投稿ページと同じデザインになっていることに気づいたでしょうか。また、ヘアスタイルの記事一覧も投稿カテゴリーページと同じデザインです。これは、現時点で記事表示にはsingle.phpが、アーカイブページ表示にはarchive.phpがテンプレートとして適用されているためです。

WordPressのテンプレートに優先順位があることは、これまでに何度か触れました。カスタム投稿タイプにも、次のようなテンプレートの優先順位があります。

●カスタム投稿タイプ・記事のテンプレート優先順位

優先順位	テンプレート
1	single-$posttype.php
2	single.php
3	singular.php
4	index.php

カスタム投稿タイプの記事で優先順位が一番高いのは「single-$posttype.php」というテンプレートです。「$posttype」には、カスタム投稿タイプの識別子が入ります。カスタム投稿タイプ「ヘアスタイル」の識別子は「hairstyles」ですから、もっとも優先順位の高い記事ページのテンプレートは「single-hairstyles.php」であることがわかります。

●カスタム投稿タイプ・アーカイブのテンプレート優先順位

優先順位	テンプレート
1	archive-$posttype.php
2	archive.php
3	index.php

カスタム投稿タイプのアーカイブで優先順位が一番高いのは「archive-$posttype.php」というテンプレートです。カスタム投稿タイプ「ヘアスタイル」のもっとも優先順位の高いアーカイブのテンプレートは、「archive-hairstyles.php」ということになります。

これで、カスタム投稿タイプ「ヘアスタイル」にはsingle-hairstyles.phpとarchive-hairstyles.phpの2つのテンプレートファイルを用意すればよいことがわかりました。

最初に、カスタム投稿タイプ「ヘアスタイル」記事のテンプレートファイル、single-hairstyles.phpを
作成します。

❶ 土台となるファイルを作成する

single-hairstyles.phpの土台となるファイルを作成します。Step素材「kuroneko_sample」>
「Chapter8」>「Step1」>「HTML」にあるsingle-hairstyles.htmlを「kuroneko-hair」フォルダーに
コピーし、single-hairstyles.phpとリネームします。

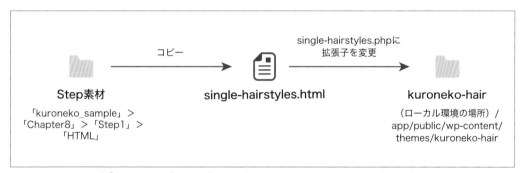

single-hairstyles.html を「kuroneko-hair」フォルダーにコピーし、single-hairstyles.php とリネームする

❷ 共通部分をテンプレートタグで置き換える

single-hairstyles.phpをテキストエディターで開き、page.phpとsingle.phpの作成で学んだテンプ
レートタグと関数を使ってページの要素を置き換えます。

single-hairstyles.php

```php
<?php get_header(); ?>          ◀──── ヘッダーを読み込む
<div class="container-fluid content">
    <div class="row">
        <div class="col-lg-8">
            <main class="main">
            <?php if ( have_posts() ) : ?>
                <?php
                while ( have_posts() ) :      ◀──── ループを追加する
                    the_post();
                ?>
                                                     固有のIDとクラスを出力する
                <article id="post-<?php the_ID(); ?>" <?php post_class(); ?>>
                    <header class="content-Header">
                        <h1 class="content-Title">
                            <span class="content-SubTitle">ヘアスタイルカタログ</
                            span>
```

```
                        <?php the_title(); ?>  ◀━━━━━  ページタイトルを出力する
                    </h1>                                <div class="content-Meta">
                        <a href="#">ミディアム</a>
                    </div>
                </header>
                <div class="content-Body">
                    <?php if ( has_post_thumbnail() ) : ?>  ◀━━━━━  分岐処理を追加する
                    <figure class="hairStyle-Img">                アイキャッチ画像を出力する
                        <?php the_post_thumbnail( 'page_eyecatch' ); ?>  ◀━━━━┛
                    </figure>
                    <?php endif; ?>  ◀━━━━━  分岐処理の終了を追加する
                    <div class="hairStyle-Description">
                        <?php the_content(); ?>  ◀━━━━━  本文を出力する
                    </div>
                </div>
                <footer class="content-Footer">
                    <nav class="content-Nav" aria-label="前後の記事 ">
                        <div class="content-Nav_Prev">
                            <?php previous_post_link( '&lt; %link' ); ?>  ◀━━━┓
                        </div>                前の記事へのリンクを指定した書式で出力する
                        <div class="content-Nav_Next">
                            <?php next_post_link( '%link &gt;' ); ?>  ◀━━━┓
                        </div>                次の記事へのリンクを指定した書式で出力する
                    </nav>
                </footer>
            </article>
            <?php endwhile; ?>
        <?php endif; ?>  ◀━━━━━  ループの終了を追加する
        </main>
    </div>
    <?php get_sidebar(); ?>  ◀━━━━━  サイドバーを読み込む
    </div>
</div>
<?php get_footer(); ?>  ◀━━━━━  フッターを読み込む
```

single-hairstyles.php を保存し、ヘスタイル記事を再読み込みしてみましょう。ヘアスタイル記事の
テンプレートに single-hairstyles.php が適用され、静的マークアップと同じページデザインになりま
した。

single-hairstyles.php が適用されたヘアスタイル記事

Step 1-6 archive-hairstyles.php を作成する

次に、カスタム投稿タイプ「ヘアスタイル」のアーカイブのテンプレートファイル、archive-hairstyles.
php を作成します。

❶ 土台となるファイルを作成する

archive-hairstyles.php の土台となるファイルを作成します。Step 素材「kuroneko_sample」>
「Chapter8」>「Step1」>「HTML」にある archive-hairstyles.html を「kuroneko-hair」フォルダーに
コピーし、archive-hairstyles.php とリネームします。

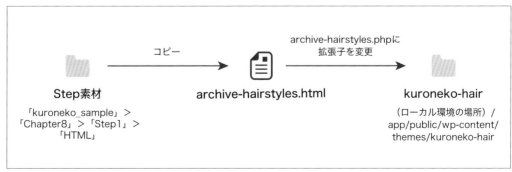

archive-hairstyles.html を「kuroneko-hair」フォルダーにコピーし、archive-hairstyles.php とリネームする

❷ 共通部分と記事部分をテンプレートタグで置き換える

archive-hairstyles.phpをテキストエディターで開き、記事部分のHTMLを1記事分だけ残して、後の記事部分は削除します。そして、archive.phpの作成で学んだテンプレートタグと関数を使ってページの共通部分と記事部分を置き換えます。なお、表示設定で「1ページに表示する最大投稿数」が6件となっているため、公開サイト側にはページネーションが表示されません。

archive-hairstyles.php

```php
<?php get_header(); ?>          ← ヘッダーを読み込む
<div class="container-fluid content">
    <main class="main">
        <header class="content-Header">
            <h1 class="content-Title">
                <span class="content-SubTitle">ヘアスタイルカタログ</span>
                ヘアスタイル
            </h1>
        </header>
        <div class="row">
<?php if ( have_posts() ) : ?>
    <?php
    while ( have_posts() ) :          ← ループを追加する
        the_post();
        ?>
        <div class="col-6 col-md-3">
            <article id="post-<?php the_ID(); ?>" <?php post_class( 'module-
            Style_Item' ); ?>>          ← 固有のIDとクラスを出力する
                <a href="<?php the_permalink(); ?>" class="module-Style_Item_
                Link">          ← パーマリンクを出力する
                    <figure class="module-Style_Item_Img">
                        <?php if ( has_post_thumbnail() ) : ?>   ← 分岐処理を追加する
                            <?php the_post_thumbnail( 'page_eyecatch' ); ?> ←
                        <?php else : ?>   ← 分岐処理の終了を追加する  アイキャッチ画像を出力する
                            <img src="<?php echo esc_url( get_template_directory_
                            uri() ); ?>/assets/img/dummy-image_lg.png" alt=""
                            width="400" height="400" load="lazy">  ← ダミー画像を追加する
                        <?php endif; ?>   ← 分岐処理の終了を追加する
                    </figure>
                    <h2 class="module-Style_Item_Title">
                        <?php the_title(); ?>   ← ページタイトルを出力する
                    </h2>
```

```
            <?php the_excerpt(); ?>        ← 抜粋を出力する
        </a>
    </article>
</div>
    <?php endwhile; ?>
<?php endif; ?>                    ← ループの終了を追加する

</div>
    <?php get_template_part( 'template-parts/parts', 'pagination' ); ?>
</main>                                    ページネーションのファイルを読み込む
</div>
<?php get_footer(); ?>        ← フッターを読み込む
```

❸ アーカイブタイトルを出力する

カスタム投稿タイプ「ヘアスタイル」のアーカイブタイトルを出力します。アーカイブタイトルを出力するにはテンプレートタグ「post_type_archive_title()」を使い、<?php post_type_archive_title(); ?>と記述します。

archive-hairstyles.php

```
前略

<header class="content-Header">
    <h1 class="content-Title">
        <span class="content-SubTitle">ヘアスタイルカタログ</span>
        ヘアスタイル
    </h1>
</header>

後略
```

↓

```
前略

<header class="content-Header">
    <h1 class="content-Title">
        <span class="content-SubTitle">ヘアスタイルカタログ</span>
        <?php post_type_archive_title(); ?>    ← テンプレートタグで置き換える
    </h1>
</header>

後略
```

❹ 記事部分をパーツ化する

記事の表示部分は次のStep 2で作成するテンプレートファイルでも利用したいので、「loop-hairstyles.php」というファイルとしてパーツ化しておきましょう。「kuroneko-hair」＞「template-parts」フォルダー内に、「loop-hairstyles.php」という名称の空ファイルを作成します。

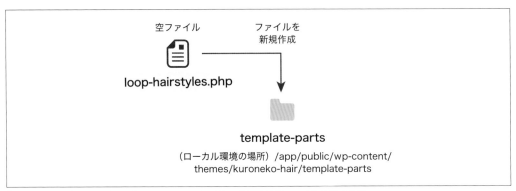

「template-parts」フォルダーに「loop-hairstyles.php」という名称の空ファイルを作成する

loop-hairstyles.phpを、テキストエディターで開きます。archive-hairstyles.php の

```
<div class="col-6 col-md-3">
<article id="post-<?php the_ID(); ?>" <?php post_class( 'module-Style_Item' ); ?>>
```

から

```
</article>
</div>
```

までをカットし、loop-hairstyles.phpにペーストして、それぞれのファイルを保存します。

loop-hairstyles.php

```
<div class="col-6 col-md-3">    ← archive-hairstyles.php からペーストした
    <article id="post-<?php the_ID(); ?>" <?php post_class( 'module-Style_Item' );
    ?>>
        <a href="<?php the_permalink(); ?>" class="module-Style_Item_Link">
            <figure class="module-Style_Item_Img">
                <?php if ( has_post_thumbnail() ) : ?>
                    <?php the_post_thumbnail( 'page_eyecatch' ); ?>
                <?php else : ?>
                    <img src="<?php echo esc_url( get_template_directory_uri() ); ?>/
                    assets/img/dummy-image_lg.png" alt="" width="400" height="400"
                    load="lazy">
                <?php endif; ?>
```

Chapter **8** ウェブサイトの機能を拡張する

```php
        <?php endif; ?>
        </figure>
        <h2 class="module-Style_Item_Title">
            <?php the_title(); ?>
        </h2>
        <p>
            <?php the_excerpt(); ?>
        </p>
        </a>
    </article>
</div>
```

続いて、archive-hairstyles.phpのカットした部分にloop-hairstyles.phpをget_template_part()タグで読み込みます。テーマ内の汎用テンプレートファイルは、get_template_part()タグで読み込みます。

archive-hairstyles.php

```php
<?php get_header(); ?>
<div class="container-fluid content">
    <main class="main">
        <header class="content-Header">
            <h1 class="content-Title">
                <span class="content-SubTitle">ヘアスタイルカタログ</span>
                <?php post_type_archive_title(); ?>
            </h1>
        </header>
        <div class="row">
        <?php if ( have_posts() ) : ?>
            <?php
            while ( have_posts() ) :
                the_post();
                ?>
                <?php get_template_part( 'template-parts/loop', 'hairstyles' ); ?>
            <?php endwhile; ?>
        <?php endif; ?>
        </div>
        <?php get_template_part( 'template-parts/parts', 'pagination' ); ?>
    </main>
</div>
<?php get_footer(); ?>
```

`loop-hairstyles.php を読み込む`

これで、カスタム投稿タイプ「ヘアスタイル」のアーカイブテンプレートファイルが完成しました。カスタム投稿タイプ「ヘアスタイル」のアーカイブページをもう一度表示してみましょう。archive-hairstyles.phpがテンプレートとして適用され、静的マークアップと同じページデザインになりました。

archive-hairstyles.php が適用されたヘアスタイルアーカイブページ

Step素材フォルダーにある「投稿2〜4.txt」に従って、残り3記事分の素材データもすべて登録し、アーカイブページに記事が4件表示されるようにしてください。また、P.211で触れたカスタムリンクでメインメニューに「ヘアスタイル」の項目を追加しましょう。URLは「/hairstyles」、リンク文字列は「ヘアスタイル」とし、「コンセプト」と「メニュー」の間に移動してください。

テンプレートタグ post_type_archive_title(文字列, タイトルの表示)

カスタム投稿タイプのアーカイブのタイトルを表示、または取得する。

引数

文字列（オプション） ：タイトルの前に出力するテキスト。

タイトルの表示（オプション） ：タイトルを表示する場合はtrue（初期値）、PHPで使う値として取得する場合はfalseを指定する。

Step 1での作業は、これで終わりです。今回作成したファイルは次のようになりました。

single-hairstyles.php

```php
<?php get_header(); ?>        ← header.php を読み込む
<div class="container-fluid content">
    <div class="row">
        <div class="col-lg-8">
            <main class="main">
            <?php if ( have_posts() ) : ?>        ← 記事の存在有無を判定する
                <?php
                while ( have_posts() ) :        ← 記事の出力を開始する
                    the_post();
                ?>
                                                         ← 記事固有のIDとクラスを出力する
                <article id="post-<?php the_ID(); ?>" <?php post_class(); ?>>
                    <header class="content-Header">
                        <h1 class="content-Title">
                            <span class="content-SubTitle">ヘアスタイルカタログ</span>
                            <?php the_title(); ?>        ← 記事タイトルを出力する
                        </h1>
                        <div class="content-Meta">
                            <a href="#">ミディアム</a>
                        </div>
                    </header>
                    <div class="content-Body">
                        <?php if ( has_post_thumbnail() ) : ?>        ← アイキャッチ画像が登録されて
                        <figure class="hairStyle-Img">                    いたら処理を開始する
                            <?php the_post_thumbnail( 'page_eyecatch' ); ?>
                        </figure>        ← page_eyecatch に指定されたサイズの画像を取得して表示する
                        <?php endif; ?>        ← アイキャッチ画像の処理を終了する
                        <div class="hairStyle-Description">
                            <?php the_content(); ?>        ← 記事の本文を出力する
                        </div>
                    </div>
                    <footer class="content-Footer">
                        <nav class="content-Nav" aria-label="前後の記事">
                            <div class="content-Nav_Prev">
```

```
                    <?php previous_post_link( '&lt; %link' ); ?>
            </div>
            <div class="content-Nav_Next">
                    <?php next_post_link( '%link &gt;' ); ?>
            </div>
        </nav>
        </footer>
    </article>
        <?php endwhile; ?>
        <?php endif; ?>
        </main>
        <?php get_sidebar(); ?>
    </div>
</div>
<?php get_footer(); ?>
```

前の記事へのリンクを指定した書式で出力する

次の記事へのリンクを指定した書式で出力する

記事の出力を終了する

記事の有無判定を終了する

sidebar.php を読み込む

footer.php を読み込む

archive-hairstyles.php

```
<?php get_header(); ?>
<div class="container-fluid content">
    <main class="main">
        <header class="content-Header">
            <h1 class="content-Title">
                <span class="content-SubTitle">ヘアスタイルカタログ</span>
                <?php post_type_archive_title(); ?>
            </h1>
        </header>
        <div class="row">
        <?php if ( have_posts() ) : ?>
            <?php
            while ( have_posts() ) :
                the_post();
            ?>
                <?php get_template_part( 'template-parts/loop', 'hairstyles' ); ?>
            <?php endwhile; ?>
        <?php endif; ?>
        </div>
        <?php get_template_part( 'template-parts/parts', 'pagination' ); ?>
    </main>
</div>
<?php get_footer(); ?>
```

header.php を読み込む

カスタム投稿タイプのアーカイブタイトルを出力する

記事の存在有無を判定する

記事の出力を開始する

template-parts/loop-hairstyles.php を読み込む

記事の出力を終了する

記事の有無判定を終了する

template-parts/parts-pagination.phpを読み込む

footer.php を読み込む

```php
<div class="col-6 col-md-3">
    <article id="post-<?php the_ID(); ?>" <?php post_class( 'module-Style_Item' );
    ?>>
        <a href="<?php the_permalink(); ?>" class="module-Style_Item_Link">
            <figure class="module-Style_Item_Img">
                <?php if ( has_post_thumbnail() ) : ?>
                    <?php the_post_thumbnail( 'page_eyecatch' ); ?>
                <?php else : ?>
                    <img src="<?php echo esc_url( get_template_directory_uri() ); ?>/
                    assets/img/dummy-image_lg.png" alt="" width="400" height="400"
                    load="lazy">
                <?php endif; ?>
            </figure>
            <h2 class="module-Style_Item_Title">
                <?php the_title(); ?>
            </h2>
            <p>
                <?php the_excerpt(); ?>
            </p>
        </a>
    </article>
</div>
```

記事固有のIDとクラスを出力する

記事のパーマリンクを出力する

アイキャッチ画像が登録されていたら処理を開始する

page_eyecatch に指定されたサイズの画像を取得して表示する

アイキャッチ画像の登録がない場合

テーマフォルダー内の代替画像を呼び出す

←アイキャッチ画像の処理を終了する

記事タイトルを出力する

記事の抜粋を出力する

02 カスタム投稿タイプに 独自の分類を追加する

■Step素材フォルダー	kuroneko_sample > Chapter8 > Step2
■学習するテーマファイル	●taxonomy-hairstyletype.php

タクソノミーとは

Step 1ではWordPressの投稿とは別の投稿タイプ「ヘアスタイル」を追加しました。投稿にカテゴリーやタグといった分類機能があるように、カスタム投稿タイプでも記事を分類できます。このStepでは、Custom Post Type UIプラグインを使って新しい分類（カスタムタクソノミー）を追加し、カスタム投稿タイプ「ヘアスタイル」の記事をヘアスタイルの種類によって分類してみましょう。

WordPressの投稿は「カテゴリー」や「タグ」によって分類できます。これらの分類は、総称して「タクソノミー」と呼ばれています。タクソノミー（taxonomy）は、英語で「分類」という意味です。WordPressではカテゴリーやタグ以外にも分類を追加でき、これを特に「カスタムタクソノミー」と呼びます。カスタムタクソノミーは、投稿タイプに紐付けて利用します。例えばカスタム投稿タイプ「ヘアスタイル」であれば、「ヘアスタイルの種類」というカスタムタクソノミーを追加することで記事を分類し、アーカイブページを設けることができます。

また、タクソノミーに追加されている項目を「ターム」と呼びます。「ヘアスタイルの種類」というカスタムタクソノミーであれば、「ショートカット」「ロング」「メンズ」などがタームにあたります。

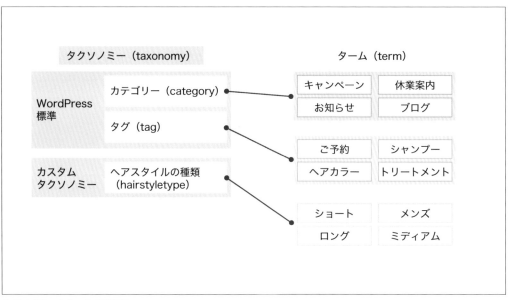

タクソノミーとタームの関係図

Step 2-1 カスタムタクソノミーを追加する

カスタムタクソノミーも、カスタム投稿タイプと同じくCustom Post Type UIプラグインを使って追加します。サンプルサイトでは、「ヘアスタイルの種類」というカスタムタクソノミーを「hairstyletype」という識別子で追加し、カスタム投稿タイプ「ヘアスタイル」で利用できるようにします。

❶カスタムタクソノミーの追加：基本設定

管理画面のメニューから [CPT UI] > [タクソノミーの追加と編集] を選択します。「基本設定」では、追加するカスタムタクソノミーの最低限必要な設定を行います。「タクソノミースラッグ」に「hairstyletype」、「複数形のラベル」と「単数形のラベル」に「ヘアスタイルの種類」と入力し、「利用する投稿タイプ」の「ヘアスタイル」にチェックを入れます。「タクソノミースラッグ」の文字列は32文字までで、小文字の半角英数字とハイフン (-)、アンダースコア (_) が使えます。

Custom Post Type UIのタクソノミー基本設定画面

❷カスタムタクソノミーの追加：設定

「タクソノミーの追加と編集」を下にスクロールすると、「設定」があります。「設定」では、追加するカスタムタクソノミーの詳細な設定ができます。たくさんの項目がありますが、ここでは「階層」を「真」にしてください。これで、投稿のカテゴリーと同じようにカスタムタクソノミーのタームに親子関係を持たせることができます。初期値の「偽」では、投稿のタグと同じような扱いになります。

設定		▲

公開　真 ∨

(default: true) Whether a taxonomy is intended for use publicly either via the admin interface or by front-end users.

公開クエリー可　真 ∨

(default: value of "public" setting) Whether or not the taxonomy should be publicly queryable.

階層　真 ∨

このタクソ　　ノミーは親子関係を持つことが可能 (デフォルト: false)

UI を表示　真 ∨

このタクソノミーの管理用デフォルト UI を生成する (デフォルト: true)

Custom Post Type UIのタクソノミー設定画面

設定ができたら「タクソノミーの追加」をクリックして保存します。管理画面のメニュー「ヘアスタイル」の項目内に、「ヘアスタイルの種類」が追加されました。カスタムタクソノミーの設定は、管理画面メニュー［CPT UI］＞［タクソノミーの追加と編集］から進んだページの「タクソノミーを編集」タブで変更できます。

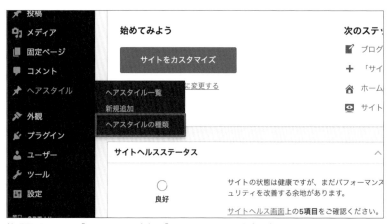

管理画面メニュー「ヘアスタイル」内に「ヘアスタイルの種類」が追加された

「タクソノミーを編集」画面

タームを登録して記事に設定する

カスタムタクソノミー「ヘアスタイルの種類」が追加できたので、このタクソノミーにタームを登録します。

❶タームを登録する

管理画面のメニューで、[ヘアスタイル] > [ヘアスタイルの種類] を選択します。「新規ヘアスタイルの種類を追加」から、投稿のカテゴリーと同じ要領で次の4つのタームを登録してみましょう。

名前	スラッグ
ショート	short-hair
ミディアム	medium-hair
ロング	long-hair
メンズ	mens-hair

「ヘアスタイルの種類」のターム登録画面

❷記事にカスタムタクソノミーを設定する

タームを設定できたら、「ヘアスタイル」の記事にカスタムタクソノミーを設定します。P.330で作成した記事、「大人ミディアム」の編集画面を開いてみましょう。ページ右側の「ヘアスタイル」タブ内に、「ヘアスタイルの種類」が追加されています。「ヘアスタイルの種類」の「ミディアム」にチェックを入れ、「更新」をクリックします。これで、「大人ミディアム」の記事にカスタムタクソノミーを設定できました。残りの記事にも、カスタムタクソノミーを設定しておきましょう。

記事編集画面に「ヘアスタイルの種類」パネルが追加された

Step 2-3 ヘアスタイル記事にカスタムタクソノミーを表示する

P.333でsingle-hairstyles.phpを作成しましたが、記事タイトル下のタクソノミー表示部分はテンプレートタグで置き換えませんでした。ここには、記事に設定されたターム一覧を表示します。タームを表示するには、テンプレートタグ「the_terms()」を使います。「kuroneko-hair」フォルダーのsingle-hairstyles.phpをテキストエディターで開き、タクソノミー表示部分に<?php the_terms(get_the_ID, 'hairstyletype'); ?> と記述します。

single-hairstyles.php

前略
```html
<header class="content-Header">
    <h1 class="content-Title">
        <span class="content-SubTitle">ヘアスタイルカタログ</span>
        <?php the_title(); ?>
    </h1>
    <div class="content-Meta">
        <a href="#">ミディアム</a>
    </div>
</header>
```
後略

⬇

前略
```html
<header class="content-Header">
    <h1 class="content-Title">
        <span class="content-SubTitle">ヘアスタイルカタログ</span>
        <?php the_title(); ?>
```

```
    </h1>
    <div class="content-Meta">
        <?php the_terms( get_the_ID(), 'hairstyletype' ); ?>  ← ［テンプレートタグで置き換える］
    </div>
</header>
```
［後略］

the_terms() 関数には、引数が2つ設定されています。「get_the_ID()」は現在表示している記事のIDを取得する関数、「'hairstyletype'」は取得するタクソノミー名です。このように、引数に関数を指定して値を取得することもできます。

これでタクソノミー表示部分の変更ができたので、single-hairstyles.phpを保存してブラウザーを再読み込みしてみましょう。「ミディアム」という文字列に、タームアーカイブページへのリンクが設定されていれば問題ありません。

「大人ミディアム」記事のタクソノミー表示部分

［テンプレートタグ］

the_terms(投稿ID, タクソノミー名, 先頭ターム前文字, ターム区切り, 最終ターム後文字)

投稿につけられたタームのリストを表示する。

引数

投稿ID (必須)	：タームを取得する投稿ID。
タクソノミー名 (必須)	：取得するタクソノミー名。
先頭ターム前文字 (オプション)	：先頭のターム前に表示する文字列。初期値は空の文字列。
ターム区切り (オプション)	：タームを区切る文字列。初期値は','（カンマ）。
最終ターム後文字 (オプション)	：最後のタームの後に表示する文字列。初期値は空の文字列。

［関数］ **get_the_ID**

現在表示している投稿のIDを取得する。ループの中で使用する。

ここからは、カスタムタクソノミー「ヘアスタイルの種類」のアーカイブページを整えていきます。最初に、アーカイブページのデザインを確認してみましょう。Step素材「kuroneko_sample」＞「Chapter8」＞「Step2」＞「HTML」にあるtaxonomy-hairstyletype.htmlをブラウザーで開いてください。カスタム投稿タイプ「ヘアスタイル」のアーカイブと似ていますが、タイトルのテキストとしてターム名「ミディアム」が表示されています。

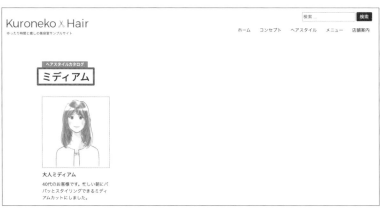

アーカイブタイトルにターム名「ミディアム」が表示されている

それでは、現状のカスタムタクソノミーアーカイブを確認してみましょう。Step 2-3で作成したヘアスタイル記事ページにあるタームのリンクから、ターム「ミディアム」のアーカイブページを開きます。

ターム「ミディアム」のアーカイブページ

P.335で作成したカスタム投稿タイプ「ヘアスタイル」のアーカイブページとも異なるようです。ここでテンプレートとして使われているのはどのファイルでしょうか。カスタムタクソノミーアーカイブのテンプレートの優先順位を見てみましょう。

●カスタムタクソノミーアーカイブのテンプレート優先順位

優先順位	テンプレート
1	taxonomy-$taxonomy-$term.php
2	taxonomy-$taxonomy.php
3	taxonomy.php
4	archive.php
5	index.php

現在、優先順位1～3にあたるテンプレートファイルはテーマ内にありません。そのため、カスタムタクソノミーアーカイブ「ヘアスタイルの種類」のテンプレートファイルとして、archive.phpが選択されていることがわかります。

カスタムタクソノミーアーカイブで優先順位が一番高いのが「taxonomy-$taxonomy-$term.php」です。カスタムタクソノミー「ヘアスタイルの種類」（スラッグ：hairstyletype）の「ミディアム」（スラッグ：medium-hair）というタームでは、「taxonomy-hairstyletype-medium-hair.php」となります。しかし、サンプルサイトでは「ミディアム」の他にもタームがあります。すべてのタームで同じデザインにしたいので、ここでは優先順位2番目の「taxonomy-$taxonomy.php」を採用します。テンプレートファイルの名称は「taxonomy-hairstyletype.php」となります。

Step 2-5 taxonomy-hairstyletype.php を作成する

カスタムタクソノミー「ヘアスタイルの種類」アーカイブのテンプレートファイル taxonomy-hairstyletype.phpを作成します。

❶土台となるファイルを作成する

taxonomy-hairstyletype.phpの土台となるファイルを作成します。Step素材「kuroneko_sample」＞「Chapter8」＞「Step2」＞「HTML」にあるtaxonomy-hairstyletype.htmlを「kuroneko-hair」フォルダーにコピーし、taxonomy-hairstyletype.phpとリネームします。

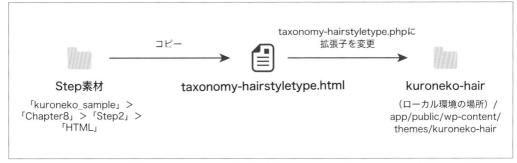

taxonomy-hairstyletype.html を「kuroneko-hair」フォルダーにコピーし、taxonomy-hairstyletype.php とリネームする

❷共通部分をテンプレートタグで置き換える

taxonomy-hairstyletype.phpをテキストエディターで開き、archive-hairstyles.phpと同じように共通部分をテンプレートタグで置き換え、P.201で作成したページネーションの汎用テンプレートファイルを読み込みます。

taxonomy-hairstyletype.php

```php
<?php get_header(); ?>            ← ヘッダーを読み込む
<div class="container-fluid content">
    <main class="main">
        <header class="content-Header">
            <h1 class="content-Title">
                <span class="content-SubTitle">ヘアスタイルカタログ</span>
                ミディアム
            </h1>
        </header>
        <div class="row">
            <div class="col-6 col-md-3">
                <article class="module-Style_Item">
                    <a href="#" class="module-Style_Item_Link">
                        <figure class="module-Style_Item_Img">
                            <img src="./assets/img/hairstyle1.png" alt="">
                        </figure>
                        <h2 class="module-Style_Item_Title">大人ミディアム</h2>
                        <p>40代のお客様です。忙しい朝にパパッとスタイリングできるミディ
                        アムカットにしました。</p>
                    </a>
                </article>
            </div>
        </div>
        <?php get_template_part( 'template-parts/parts', 'pagination' ); ?>
    </main>                          parts-pagination.php を読み込む
</div>
<?php get_footer(); ?>            ← フッターを読み込む
```

② アーカイブタイトルを出力する

カスタムタクソノミーアーカイブのタイトルを表示します。アーカイブタイトルを出力するには、P.179 で archive.php に用いた「single_term_title()」タグを使います。

taxonomy-hairstyletype.php

前略

```
<header class="content-Header">
    <h1 class="content-Title">
        <span class="content-SubTitle">ヘアスタイルカタログ</span>
        ミディアム
    </h1>
</header>
```

後略

↓

前略

```
<header class="content-Header">
    <h1 class="content-Title">
        <span class="content-SubTitle">ヘアスタイルカタログ</span>
        <?php single_term_title(); ?>  ← テンプレートタグで置き換える
    </h1>
</header>
```

後略

③ 記事部分の汎用テンプレートファイルを読み込む

カスタム投稿タイプ「ヘアスタイル」アーカイブと、カスタムタクソノミー「ヘアスタイルの種類」アーカイブの記事部分は、デザインもHTMLマークアップも同じです。P.338で作成した汎用テンプレートファイル「loop-hairstyles.php」を taxonomy-hairstyletype.php に読み込んで記事を表示しましょう。

taxonomy-hairstyletype.php

```
<?php get_header(); ?>
<div class="container-fluid content">
    <main class="main">
        <header class="content-Header">
            <h1 class="content-Title">
                <span class="content-SubTitle">ヘアスタイルカタログ</span>
                <?php single_term_title(); ?>
            </h1>
        </header>
```

```
        <div class="row">
            <div class="col-6 col-md-3">
                <article class="module-Style_Item">
                    <a href="#" class="module-Style_Item_Link">
                        <figure class="module-Style_Item_Img">
                            <img src="./assets/img/hairstyle1.png" alt="">
                        </figure>
                        <h2 class="module-Style_Item_Title">大人ミディアム</h2>
                        <p>40代のお客様です。忙しい朝にパパッとスタイリングできるミディ
                        アムカットにしました。</p>
                    </a>
                </article>
            </div>
        </div>
        <?php get_template_part( 'template-parts/parts', 'pagination' ); ?>
    </main>
</div>
<?php get_footer(); ?>
```

```
<?php get_header(); ?>
<div class="container-fluid content">
    <main class="main">
        <header class="content-Header">
            <h1 class="content-Title">
                <span class="content-SubTitle">ヘアスタイルカタログ</span>
                <?php single_term_title(); ?>
            </h1>
        </header>
        <div class="row">
            <?php if ( have_posts() ) : ?>
                <?php
                while ( have_posts() ) :          ←  ループを追加する
                    the_post();
                ?>
                                                      loop-hairstyles.php を読み込む
                    <?php get_template_part( 'template-parts/loop', 'hairstyles' ); ?>←
            <?php endwhile; ?>
                                                  ←  ループの終了を追加する
            <?php endif; ?>
        </div>
        <?php get_template_part( 'template-parts/parts', 'pagination' ); ?>
```

```
        </main>
    </div>
    <?php get_footer(); ?>
```

これで、カスタムタクソノミー「ヘアスタイルの種類」アーカイブのテンプレートファイルが完成しました。ファイルを保存し、アーカイブページを再読み込みしてみましょう。taxonomy-hairstyletype.phpがテンプレートとして適用されました。ページタイトルにはターム名が表示され、記事部分が最初に確認した静的マークアップと同じデザインになりました。

taxonomy-hairstyletype.php が適用されたヘアスタイルタクソノミーページ

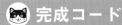 **完成コード**

Step 2での作業は、これで終わりです。今回作成したファイルは次のようになりました。

taxonomy-hairstyletype.php

```php
<?php get_header(); ?>          ← header.php を読み込む
<div class="container-fluid content">
    <main class="main">
        <header class="content-Header">
            <h1 class="content-Title">
                <span class="content-SubTitle">ヘアスタイルカタログ</span>
                <?php single_term_title(); ?>   ← カスタムタクソノミーのアーカイブタイトルを出力する
            </h1>
        </header>
        <div class="row">
            <?php if ( have_posts() ) : ?>      ← 記事の存在有無を判定する
                <?php
                while ( have_posts() ) :          ← 記事の出力を開始する
                    the_post();
                ?>
                                                    template-parts/loop-hairstyles.php を読み込む
                <?php get_template_part( 'template-parts/loop', 'hairstyles' ); ?> ←
            <?php endwhile; ?>                   ← 記事の出力を終了する
            <?php endif; ?>                      ← 記事の有無判定を終了する
        </div>
                                                 template-parts/parts-pagination.php を読み込む
        <?php get_template_part( 'template-parts/parts', 'pagination' ); ?> ←
    </main>
</div>
<?php get_footer(); ?>           ← footer.php を読み込む
```

03 カスタム投稿タイプに関連する部分の表示を整える

■Step素材フォルダー	kuroneko_sample > Chapter8 > Step3	
■学習するテーマファイル	● front-page.php　● sidebar-hairstyles.php	● single-hairstyles.php

Step 3-1 フロントページに最新のヘアスタイル一覧を表示する

カスタム投稿タイプ「ヘアスタイル」と、カスタムタクソノミー「ヘアスタイルの種類」の追加ができたところで、カスタム投稿タイプに関連する部分の表示を整えていきましょう。このStepでは、フロントページに最新のヘアスタイル一覧を表示し、ヘアスタイル記事ページに独自のサイドバーを設置します。

サンプルサイトのフロントページを表示すると、お知らせの下にヘアスタイルの一覧を表示するようになっています。この部分をP.224で学んだサブクエリーを使い、最新のヘアスタイル記事4件が表示されるようにします。

サンプルサイトのフロントページ・ヘアスタイル部分

❶ ループを記述する

「kuroneko-hair」フォルダーのfront-page.phpをテキストエディターで開きます。ヘアスタイル一覧のソースコードから記事部分を1つだけ残し、ループを記述しましょう。ここでは変数$neko_argsにサブクエリーの引数を定義し、WP_Query()に情報を渡します。ここでの記事取得の条件を引数で表すと、次のようになります。

条件	引数
ヘアスタイル記事のみ	'post_type' => 'hairstyles'
記事4件	'posts_per_page' => 4

取得した記事の情報（クエリー）は、変数$neko_hairstyles_queryに格納します。

前略

```php
<section class="home-Style">
    <h2 class="home-Style_Title">ヘアスタイル<span>Hairstyles</span></h2>
    <div class="row">
        <div class="col-6 col-md-3">          ← 記事部分を1つにする
            <div class="module-Style_Item">
                <a href="#" class="module-Style_Item_Link" title="大人ミディアム">
                    <figure class="module-Style_Item_Img">
                        <img src="<?php echo esc_url( get_template_directory_uri() );
                        ?>/assets/img/hairstyle1.png" alt="">
                    </figure>
                </a>
            </div>
        </div>
    </div>
    <p class="home-Style_More">
        <a href="#" class="home-Style_More_Link">もっと見る</a>
    </p>
</section>
```

後略

↓

前略

```php
<section class="home-Style">
    <h2 class="home-Style_Title">ヘアスタイル<span>Hairstyles</span></h2>
    <div class="row">
        <?php
        $neko_args = array(
            'post_type'      => 'hairstyles',      ← 変数と引数を記述する
            'posts_per_page' => 4,
        );
        $neko_hairstyles_query = new WP_Query( $neko_args );   ← クエリーを記述する
        if ( $neko_hairstyles_query->have_posts() ) :          ← 記事の有無の条件分岐を記述する
        ?>
        <?php
        while ( $neko_hairstyles_query->have_posts() ) :       ← サブループを記述する
            $neko_hairstyles_query->the_post();
        ?>
```

```
            <div class="col-6 col-md-3">
                <div class="module-Style_Item">
                    <a href="#" class="module-Style_Item_Link" title="大人ミディアム
                    ">
                        <figure class="module-Style_Item_Img">
                            <img src="<?php echo esc_url( get_template_directory_
                            uri() ); ?>/assets/img/hairstyle1.png" alt="">
                        </figure>
                    </a>
                </div>
            </div>
                <?php
            endwhile;
            wp_reset_postdata();
            ?>
        <?php endif; ?>
    </div>
    <p class="home-Style_More">
        <a href="#" class="home-Style_More_Link">もっと見る</a>
    </p>
</section>
```

`サブループの終了を記述する`

`条件分岐の終了を記述する`

後略

❷ 記事部分をテンプレートタグで置き換える

記事部分と、ヘアスタイルアーカイブへのリンクをテンプレートタグで置き換えます。

front-page.php

前略

```
<section class="home-Style">
    <h2 class="home-Style_Title">ヘアスタイル<span>Hairstyles</span></h2>
    <div class="row">
        <?php
        $neko_args = array(
            'post_type'     => 'hairstyles',
            'posts_per_page' => 4,
        );
        $neko_hairstyles_query = new WP_Query( $neko_args );
        if ( $neko_hairstyles_query->have_posts() ) :
            ?>
```

```php
        <?php
        while ( $neko_hairstyles_query->have_posts() ) :
            $neko_hairstyles_query->the_post();
            ?>
        <div class="col-6 col-md-3">
            <div class="module-Style_Item">
                <a href="#" class="module-Style_Item_Link" title="大人ミディアム
                ">
                    <figure class="module-Style_Item_Img">
                        <img src="<?php echo esc_url( get_template_directory_
                        uri() ); ?>/assets/img/hairstyle1.png" alt="">
                    </figure>
                </a>
            </div>
        </div>
            <?php
        endwhile;
        wp_reset_postdata();
        ?>
    <?php endif; ?>
  </div>
  <p class="home-Style_More">
    <a href="#" class="home-Style_More_Link">もっと見る</a>
  </p>
</section>
```

後略

↓

前略

```php
<section class="home-Style">
    <h2 class="home-Style_Title">ヘアスタイル<span>Hairstyles</span></h2>
    <div class="row">
        <?php
        $neko_args = array(
            'post_type'      => 'hairstyles',
            'posts_per_page' => 4,
        );
        $neko_hairstyles_query = new WP_Query( $neko_args );
        if ( $neko_hairstyles_query->have_posts() ) :
            ?>
```

```php
<?php
while ( $neko_hairstyles_query->have_posts() ) :
    $neko_hairstyles_query->the_post();
?>
<div class="col-6 col-md-3">
    <div id="post-<?php the_ID(); ?>" <?php post_class( 'module-Style_
    Item' ); ?>>
        <a href="<?php the_permalink(); ?>" class="module-Style_Item_
        Link" title="<?php the_title(); ?>">
            <figure class="module-Style_Item_Img">
                <?php if ( has_post_thumbnail() ) : ?>
                    <?php the_post_thumbnail( 'page_eyecatch' ); ?>
                <?php else : ?>
                    <img src="<?php echo esc_url( get_template_
                    directory_uri() ); ?>/assets/img/dummy-image_lg.png"
                    alt="" width="400" height="400" load="lazy">
                <?php endif; ?>
            </figure>
        </a>
    </div>
</div>
        <?php
endwhile;
wp_reset_postdata();
?>
    <?php endif; ?>
</div>
<p class="home-Style_More">
    <a href="<?php echo esc_url( home_url( 'hairstyles' ) ); ?>" class="home-
    Style_More_Link">もっと見る</a>
</p>
</section>
```

（後略）

- idを追加しclassをテンプレートタグで置き換える
- テンプレートタグで置き換える
- アイキャッチ画像の分岐を追加する
- アイキャッチ画像の分岐を追加する
- ダミー画像を追加する
- テンプレートタグを追加する
- リンクをテンプレートタグで置き換える

ソースコードの置き換えが終わったらファイルを保存し、フロントページを再読み込みしてみましょう。ヘアスタイル記事が4件表示され、ヘアスタイルアーカイブへのリンクが設置できていれば問題ありません。

ヘアスタイル記事に独自のサイドバーを読み込む

ヘアスタイル記事には、投稿や固定ページと同じサイドバーが表示されています。しかし、現状ではヘアスタイルと直接関係のない情報がウィジェットとして表示されています。より多くのヘアスタイルを見てもらうために、Step 2 で作成したヘアスタイル種類ページへのリンクが表示されるサイドバーを表示させましょう。P.145 で学んだ「get_sidebar()」タグを応用し、独自のサイドバーテンプレートファイルを読み込みます。

静的マークアップ（single-hairstyles.html）でのページデザイン

❶ ヘアスタイル記事専用のサイドバーテンプレートファイルを作成する

まずは、ヘアスタイル記事専用のサイドバーテンプレートファイルを作成しましょう。Step 素材「kuroneko_sample」＞「Chapter8」＞「Step3」＞「HTML」にある sidebar-hairstyles.html を「kuroneko-hair」フォルダーにコピーし、sidebar-hairstyles.php とリネームします。

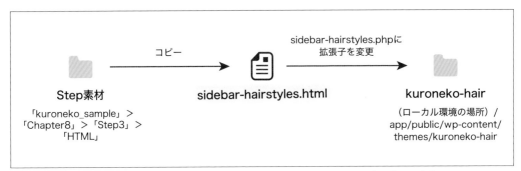

sidebar-hairstyles.html を「kuroneko-hair」フォルダーにコピーし、sidebar-hairstyles.php とリネームする

「sidebar-任意の名称.php」というファイル名にすることで、WordPressが独自のサイドバーテンプレートファイルであると認識できます。独自のサイドバーを作成する場合、「任意の名称」にあたる文字列はわかりやすいものでかまいません。

sidebar-hairsytles.phpをテキストエディターで開き、リンクをテンプレートタグで置き換えます。置き換えが終わったらファイルを保存します。

sidebar-hairstyles.php

```html
<div class="col-lg-4">
    <aside class="sidebar-HairCat">
        <h2 class="sidebar-HairCat_Title">ヘアカタログ</h2>
        <ul class="sidebar-HairCat_Items">
            <li><a href="/hairstyletype/short-hair">ショート</a></li>
            <li><a href="/hairstyletype/medium-hair">ミディアム</a></li>
            <li><a href="/hairstyletype/long-hair">ロング</a></li>
            <li><a href="/hairstyletype/mens-hair">メンズ</a></li>
        </ul>
    </aside>
</div>
```

⬇

```html
<div class="col-lg-4">
    <aside class="sidebar-HairCat">
        <h2 class="sidebar-HairCat_Title">ヘアカタログ</h2>
        <ul class="sidebar-HairCat_Items">
            <li><a href="<?php echo esc_url( home_url( 'hairstyletype/short-hair' )
            ); ?>">ショート</a></li>
            <li><a href="<?php echo esc_url( home_url( 'hairstyletype/medium-hair' )
            ); ?>">ミディアム</a></li>
            <li><a href="<?php echo esc_url( home_url( 'hairstyletype/long-hair' ) );
            ?>">ロング</a></li>
            <li><a href="<?php echo esc_url( home_url( 'hairstyletype/mens-hair' ) );
            ?>">メンズ</a></li>
        </ul>
    </aside>
</div>
```

`テンプレートタグで置き換える` `テンプレートタグで置き換える` `テンプレートタグで置き換える` `テンプレートタグで置き換える`

❷ single-hairstyles.php に読み込む

続いて、sidebar-hairsytles.phpをヘアスタイル記事のテンプレートファイルsingle-hairstyles.php に読み込みます。独自のサイドバーは、「get_sidebar()」タグにサイドバーの名称「hairastyles」を引数 として追記することで読み込みを指定できます。

single-hairstyles.php

```php
<?php get_header(); ?>
<div class="container-fluid content">
    <div class="row">
        <div class="col-lg-8">
            <main class="main">
            中略
            </main>
        </div>
        <?php get_sidebar(); ?>
    </div>
</div>
<?php get_footer(); ?>
```

⬇

```php
<?php get_header(); ?>
<div class="container-fluid content">
    <div class="row">
        <div class="col-lg-8">
            <main class="main">
            中略
            </main>
        </div>
        <?php get_sidebar( 'hairstyles' ); ?>    ◀──  引数を追記する
    </div>
</div>
<?php get_footer(); ?>
```

これでサイドバーの置き換えができました。ファイルを保存し、ヘアスタイル記事をブラウザーで表示 してみましょう。ヘアスタイル独自のサイドバーが表示されれば問題ありません。

独自のサイドバーが表示されたヘアスタイル記事

完成コード

Step 3での作業は、これで終わりです。今回作成したファイルは次のようになりました。

front-page.php

```php
<?php get_header(); ?>
<main class="main">
    <div class="container-fluid">
        <div class="home-Hero">
            <div class="home-Hero_Inner">
                <p class="home-Hero_Txt">
                    にゃんすけ店長がお迎えする<br>ゆったり癒しの美容室
                    <span>20XX.XX DEMO OPEN</span>
                </p>
            </div>
        </div>
        <section class="home-News">
            中略
        </section>
        <section class="home-Style">
            <h2 class="home-Style_Title">ヘアスタイル<span>Hairstyles</span></h2>
            <div class="row">
```

```php
<?php
$neko_args = array(          ← サブクエリーの条件を引数として指定
    'post_type'      => 'hairstyles',  ← ヘアスタイル記事のみ
    'posts_per_page' => 4,     ← 記事の4件
);                                         引数の条件に合う記事
                                           を取得して変数
$neko_hairstyles_query = new WP_Query( $neko_args );  ← $neko_hairstyles_
                                           query に格納
if ( $neko_hairstyles_query->have_posts() ) : ←
    ?>                          記事データの存在有無を判定する
                                記事データのある間出力処理を続ける
    <?php
    while ( $neko_hairstyles_query->have_posts() ) :
        $neko_hairstyles_query->the_post(); ←
        ?>                      複数の記事データから1つ取り出し次の投稿に進む
        <div class="col-6 col-md-3">  ← 記事固有のIDとクラスを出力する
            <div id="post-<?php the_ID(); ?>" <?php post_class( 'module-
            Style_Item' ); ?>>
                                記事のパーマリンクとタイトルを出力する
                <a href="<?php the_permalink(); ?>" class="module-Style_
                Item_Link" title="<?php the_title(); ?>">
                                             アイキャッチ画像が登録さ
                    <figure class="module-Style_Item_Img">  れていたら処理を開始する
                        <?php if ( has_post_thumbnail() ) : ?> ←
                            <?php the_post_thumbnail( 'page_eyecatch' ); ?> ←
                        <?php else : ?>  ← アイキャッチ画像の登録がない場合
                            <img src="<?php echo esc_url( get_template_
                            directory_uri() ); ?>/assets/img/dummy-image_
                            lg.png" alt="" width="400" height="400"
                            load="lazy"> ←
                        <?php endif; ?>  ← アイキャッチ画像の処理を終了する
                                             page_eyecatch に指定されたサ
                    </figure>                イズの画像を取得して表示する
                </a>
            </div>                  テーマフォルダー内の代替画像を呼び出す
        </div>
        <?php
    endwhile;  ← 記事データの出力を終了する
        wp_reset_postdata();  ← 取得した記事データをリセットする
    ?>
<?php endif; ?>  ← 記事データの存在有無判定を終了する
</div>
<p class="home-Style_More">
                                ヘアスタイルのアーカイブへリンクする
    <a href="<?php echo esc_url( home_url( 'hairstyles' ) ); ?>"
    class="home-Style_More_Link">もっと見る</a>
</p>
```

```
        </section>
        <section class="home-ShopInfo">
```
中略
```
        </section>
    </div>
</main>
<?php get_footer(); ?>
```

sidebar-hairstyles.php

```
<div class="col-lg-4">
    <aside class="sidebar-HairCat">
        <h2 class="sidebar-HairCat_Title">ヘアカタログ</h2>
        <ul class="sidebar-HairCat_Items">
            <li><a href="<?php echo esc_url( home_url( 'hairstyletype/short-hair' )
            ); ?>">ショート</a></li>
```
カスタムタクソノミーページのリンクを設定する
```
            <li><a href="<?php echo esc_url( home_url( 'hairstyletype/medium-hair' )
            ); ?>">ミディアム</a></li>
```
カスタムタクソノミーページのリンクを設定する
```
            <li><a href="<?php echo esc_url( home_url( 'hairstyletype/long-hair' ) );
            ?>">ロング</a></li>
```
カスタムタクソノミーページのリンクを設定する
```
            <li><a href="<?php echo esc_url( home_url( 'hairstyletype/mens-hair' ) );
            ?>">メンズ</a></li>
```
カスタムタクソノミーページのリンクを設定する
```
        </ul>
    </aside>
</div>
```

single-hairstyles.php

```
<?php get_header(); ?>
<div class="container-fluid content">
    <div class="row">
        <div class="col-lg-8">
            <main class="main">
```
中略
```
            </main>
        </div>
        <?php get_sidebar( 'hairstyles' ); ?>
```
sidebar-hairstyles.php を読み込む
```
    </div>
</div>
<?php get_footer(); ?>
```

04 カスタムページテンプレートで個別にデザインを変更する

■Step素材フォルダー	kuroneko_sample > Chapter8 > Step4
■学習するテーマファイル	●one-column.php

Step 4-1 カスタムページテンプレートを作成する

パソコンのブラウザーでサンプルサイトの投稿や固定ページを閲覧すると、左に記事コンテンツ、右側にサイドバーの2カラムで表示されます。single.phpやpage.phpといったテンプレートファイルがその表示を決定していることはすでに学びました。

それでは、サイドバーのない1カラムの投稿や固定ページを作成したり、通常のページと異なるデザインを適用したりしたいときはどうすればよいでしょうか。その場合は、カスタムページテンプレートの機能を利用します。カスタムページテンプレートは、標準のテンプレートとは別に作成するテンプレートファイルです。特定の投稿や固定ページの編集画面でカスタムページテンプレートを適用し、レイアウトやページデザインを変えることができます。

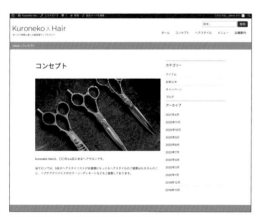

サンプルテーマ標準の2カラム表示

カスタムページテンプレートを適用した1カラム表示

サンプルサイトでは、サイドバーのない1カラムのカスタムページテンプレート「one-column.php」を作成してみましょう。

❶ 土台となるファイルを作成する

ここで作成するカスタムページテンプレートは、固定ページからサイドバーを除いただけの表示です。そこで、「kuroneko-hair」フォルダーのpage.phpを複製し、one-column.phpとリネームします。カスタムページテンプレートのファイル名は任意ですが、header.php、index.php、front-page.php、single.php、page.php、single-$posttype.php、page-$slug.phpなど、テーマの基本となるテンプレート名とは重複しないようにしましょう。

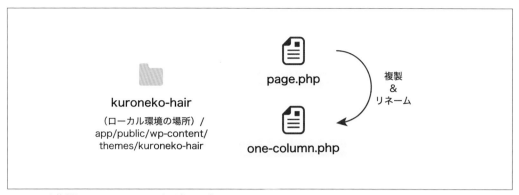

page.php を複製し、one-column.php とリネームする

one-column.phpをテキストエディターで開き、カラム表示に関連するHTMLとサイドバーの読み込み記述を削除します。これで、1カラムのレイアウトになりました。

one-column.php

```php
<?php get_header(); ?>
<div class="container-fluid content">
    <div class="row">
        <div class="col-lg-8">
            <main class="main">
            <?php if ( have_posts() ) : ?>
                <?php
                while ( have_posts() ) :
                    the_post();
                ?>
                <article id="post-<?php the_ID(); ?>" <?php post_class(); ?>>
                    <header class="content-Header">
                        <h1 class="content-Title">
                            <?php the_title(); ?>
                        </h1>
                    </header>
                    <div class="content-Body">
                        <?php if ( has_post_thumbnail() ) : ?>
                        <div class="content-EyeCatch">
                            <?php the_post_thumbnail( 'page_eyecatch' ); ?>
                        </div>
                        <?php endif; ?>
                        <?php the_content(); ?>
                    </div>
                </article>
```

記述を削除する

```
            <?php endwhile; ?>

        <?php endif; ?>

        </main>

    </div>

    <?php get_sidebar(); ?>                     ← 記述を削除する

    </div>

</div>

<?php get_footer(); ?>
```

❷ カスタムページテンプレートであることを宣言する

❶でone-column.phpを作成しましたが、これだけではカスタムページテンプレートとして利用できません。WordPressにカスタムページテンプレートであると認識させるには、テンプレート内に次の記述が必要となります。

```
<?php /** Template Name: 任意のテキスト */ ?>
```

この記述はPHPのコメントを利用して書き、「任意のテキスト」には編集画面に表示されるテンプレートの名称を入れます。これを、one-column.phpの先頭に記述しましょう。宣言内は、改行してもかまいません。Template Nameは、ここでは「サイドバーなし」としてください。

one-column.php

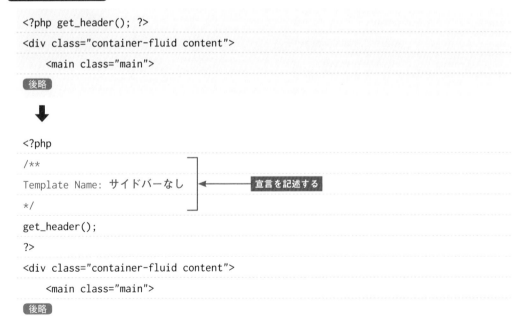

```
<?php get_header(); ?>
<div class="container-fluid content">
    <main class="main">
後略

        ↓

<?php
/**
Template Name: サイドバーなし                    ← 宣言を記述する
*/
get_header();
?>
<div class="container-fluid content">
    <main class="main">
後略
```

記述できたら、one-column.phpをいったん保存します。これでカスタムページテンプレートを使う準備ができました。

固定ページにテンプレートを適用する

それでは、特定の固定ページにカスタムページテンプレートを適用してみましょう。ここでは、「コンセプト」ページを1カラム表示にしてみます。管理画面から固定ページ「コンセプト」の編集画面を開くと、「固定ページ」タブに「テンプレート」パネルが追加されたことがわかります。「テンプレート」パネルで「サイドバーなし」を選択します。

固定ページ編集画面の「テンプレート」パネル

ページを更新し、固定ページを表示してみましょう。サイドバーのない記事コンテンツだけの表示になりました。

カスタムページテンプレートが適用されたコンセプトページ

カスタムページテンプレートを利用できるのは、基本的に固定ページのみです。しかし、投稿やカスタム投稿タイプで利用したいこともあるでしょう。その場合は、WordPress 4.7から導入された「Template Post Type:」の記述を用いることで、カスタムページテンプレートを利用できる範囲を広げられます。「Template Post Type:」はカスタムページテンプレートファイルone-column.phpの冒頭に記述し、投稿タイプはカンマで区切ります。

one-column.php

```php
<?php
/**
Template Name: サイドバーなし
Template Post Type: post, page, hairstyles   ← 宣言を追記する
*/
get_header();
?>
<div class="container-fluid content">
    <div class="row">
        <div class="col-lg-8">
            <main class="main">
```
後略

ファイルを保存し、投稿の編集画面を開いてみましょう。「投稿」タブ（カスタム投稿タイプでは「ヘアスタイル」タブ）に「テンプレート」パネルが追加され、カスタムページテンプレートを選べるようになりました。

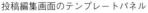

投稿編集画面のテンプレートパネル

ヘアスタイル記事編集画面のテンプレートスタイル

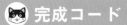**完成コード**

Step 4での作業は、これで終わりです。今回作成したファイルは次のようになりました。

one-column.php

```php
<?php
/**
Template Name: サイドバーなし          ◀─────── テンプレート名を指定する
Template Post Type: post, page, hairstyles  ◀───── テンプレートを利用する投稿タイプを指定する
*/
get_header();
?>
<div class="container-fluid content">
    <main class="main">
    <?php if ( have_posts() ) : ?>
        <?php
        while ( have_posts() ) :
            the_post();
            ?>
        <article id="post-<?php the_ID(); ?>" <?php post_class(); ?>>
            <header class="content-Header">
                <h1 class="content-Title">
                    <?php the_title(); ?>
                </h1>
            </header>
            <div class="content-Body">
                <?php if ( has_post_thumbnail() ) : ?>
                <div class="content-EyeCatch">
                    <?php the_post_thumbnail( 'page_eyecatch' ); ?>
                </div>
                <?php endif; ?>
                <?php the_content(); ?>
            </div>
        </article>
        <?php endwhile; ?>
    <?php endif; ?>
    </main>

</div>
<?php get_footer(); ?>
```

05 投稿インデックスページを作成する

■Step素材フォルダー	kuroneko_sample > Chapter8 > Step5
■学習するテーマファイル	●index.php

投稿インデックスページの作成

サンプルサイトのフロントページでは、最新のお知らせをサブループで3件表示し、「もっと見る」リンクから投稿インデックスページに誘導する構成になっています。この投稿インデックスページには、すべての投稿が表示されるようにしてみましょう。すべての投稿を一覧表示するには、すべての投稿が属するカテゴリーを作成する方法もあります。しかし、本書ではWordPressの標準機能を使って投稿インデックスページを作成します。

フロントページのお知らせ部分

ここまでに、基本的なテンプレートファイル、カスタム投稿用のテンプレートファイルなど、多くのテンプレートファイルについて触れてきました。WordPressの投稿ではカテゴリーや日付、タグなどのアーカイブとして投稿の一覧を表示できますが、すべての投稿を表示する投稿インデックス用のテンプレートファイルはいまだ作成していません。

投稿インデックスページは、特定のテンプレートファイルが選択されて自動的に表示されるのではありません。制作者が意図的に投稿インデックスページの設定とカスタマイズを行う必要があります。ここではWordPressの「表示設定」とindex.phpを使い、投稿インデックスページを作成していきます。

投稿インデックスページを表示するしくみ

投稿インデックスページを作成する前に、このページが表示されるしくみを確認しておきましょう。最初に、WordPressの[設定] > [表示設定]を開き、「ホームページの表示」という項目を確認しましょう。「最新の投稿」と「固定ページ」という項目が表示されています。

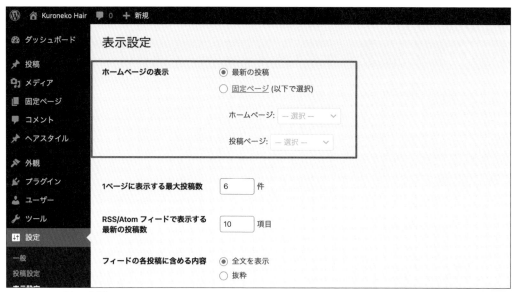

WordPressの[表示設定]画面

初期値の「最新の投稿」は、フロントページに投稿一覧を表示するという意味です。この場合、フロントページでのテンプレート優先順位は次のようになります。サンプルサイトにはもっとも優先されるfront-page.phpが存在するので、フロントページに表示されるのはfront-page.phpに記述された内容ということになります。

●「最新の投稿」でのフロントページのテンプレート優先順位

優先順位	テンプレート
1	front-page.php
2	home.php
3	index.php

「固定ページ」では、作成済みの固定ページを「ホームページ」と「投稿ページ」のどちらかに指定します。それぞれに指定された固定ページは、次のような役割を持つようになります。このStepで作成する投稿インデックスページは、「固定ページ」>「投稿ページ」で特定の固定ページを選択して指定します。「固定ページ」>「ホームページ」の設定方法はP.384で解説します。

●「固定ページ」で指定された固定ページの挙動

設定項目	指定された固定ページの挙動
ホームページ	ウェブサイトのフロントページに指定された固定ページの本文内容を表示する。指定されたページは、固定ページとしては表示されなくなる。
投稿ページ	指定された固定ページは投稿インデックスページとなり、すべての投稿を一覧表示する。

Step 5-2 投稿インデックスとなる固定ページを作成する

それでは、投稿インデックスページを作成していきましょう。

P.138で、固定ページのテンプレートファイルは「page.php」であることを学びました。しかし「ホームページの表示」設定で「固定ページ」＞「投稿ページ」に指定した固定ページには、page.phpは適用されません。この場合、指定された固定ページのテンプレートとして、テーマフォルダー内にhome.phpがあれば第一優先で採用され、なければindex.phpが第二優先で採用されます。サンプルサイトでは「固定ページ」＞「投稿ページ」のテンプレートとしてhome.phpを作成せず、第二優先のindex.phpを利用します。

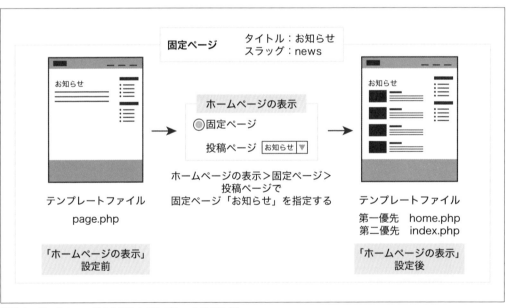

投稿インデックスページの仕組みとテンプレートの優先順

最初に、投稿インデックスページとなる固定ページを作成します。

P.80で学んだ手順で固定ページを新規作成し、次のように入力してください。テンプレートが切り替えられたことがわかるように、本文には「お知らせインデックスページです」と入力しておきます。

タイトル	お知らせ
URLスラッグ	news
本文	お知らせインデックスページです

固定ページの編集画面

固定ページの入力が終わったら公開し、ブラウザーで表示してみましょう。先ほど入力したタイトルと本文が表示されています。この時点では、テンプレートとしてpage.phpが適用されています。

新規作成した固定ページ

Step 5-3 ▶ 表示設定を変更する

続いて、Step 5-2で作成した固定ページを投稿インデックスページとして指定しましょう。
管理画面メニューから [設定] > [表示設定] を開きます。「ホームページの表示」の「投稿ページ」でStep 5-2で作成した固定ページ「お知らせ」を選択し、設定を保存します。

「ホームページの表示」の「投稿ページ」で「お知らせ」を選択する

管理画面の [固定ページ] > [固定ページ一覧] を開くと、先ほど作成した固定ページ「お知らせ」に「投稿ページ」と表示され、設定が反映されていることが確認できます。

固定ページ一覧で「お知らせ」に「投稿ページ」と表示されている

それでは、「お知らせ」ページを再読み込みしてみましょう。「index page」と表示されますが、これはP.220でindex.phpに記述した内容です。ホームページの表示設定により、固定ページ「お知らせ」にindex.phpがテンプレートとして適用されたことがわかります。

固定ページ「お知らせ」に「index page」と表示されている

これで、テンプレートファイルが切り替わったことを確認できました。「お知らせ」ページの本文は必要ないので、削除しておきましょう。

Step 5-4 index.php をカスタマイズする

index.phpを、投稿インデックスページのテンプレートとしてカスタマイズしていきましょう。基本的な構成はアーカイブページテンプレート (archive.php) と同じです。Step素材「kuroneko_sample」>「Chapter8」>「Step5」>「HTML」にあるnews.htmlをテキストエディターで開き、ソースコードをすべてコピーしてindex.phpの記述と置き換えましょう。

① 共通部分をテンプレートタグで置き換える

ここまでに学んだテンプレートタグと関数でindex.phpの共通部分を置き換え、ループと汎用テンプレートファイルの読み込みを記述します。

index.php

```php
<?php get_header(); ?>         ← ヘッダーを読み込む
    <div class="container-fluid content">
        <div class="row">
            <div class="col-lg-8">
                <main class="main">
                    <header class="content-Header">
                        <h1 class="content-Title">
                            お知らせ
                        </h1>
                    </header>
                    <?php if ( have_posts() ) : ?>
                        <?php
                        while ( have_posts() ) :          ← ループを追加する
                            the_post();
                        ?>
                        <?php get_template_part( 'template-parts/loop', 'post' );
                        ?>       ← loop-post.php を読み込む
                    <?php endwhile; ?>          ← ループの終了を追加する
                    <?php endif; ?>
                    <?php get_template_part( 'template-parts/parts', 'pagination' );
                    ?>       ← parts-pagination.php を読み込む
                </main>
            </div>
            <?php get_sidebar(); ?>       ← サイドバーを読み込む
        </div>
    </div>
<?php get_footer(); ?>         ← フッターを読み込む
```

② ページタイトルをテンプレートタグで置き換える

固定ページでページタイトルを出力するには、the_title()タグを使いました。index.phpは固定ページ「お知らせ」に適用されるテンプレートファイルです。ここでもthe_title()タグを使えばよいでしょうか？

P.147で触れたように、the_title()タグはループ内で使うというルールがあります。index.phpでのページタイトルはループの外にありますから、ここでは「single_post_title()」タグを使います。「single_post_title()」は、ループの外でページタイトルを表示するためのテンプレートタグです。

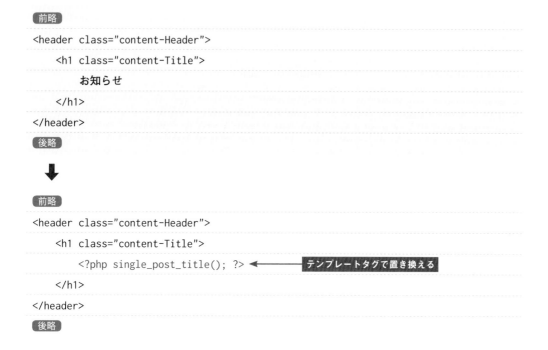

これで、必要箇所の置き換えが終わりました。index.phpを保存し、「お知らせ」ページを再読み込みしましょう。投稿一覧が表示され、「投稿一覧ページ」に指定した固定ページが投稿インデックスページとして機能するようになりました。

「お知らせ」ページが投稿インデックスページになった

この時点でサンプルサイトのフロントページを確認すると、「お知らせ」ページが表示されています。これは「ホームページの表示」＞「固定ページ」＞「ホームページ」で任意の固定ページを選択していないために起こるものです。次のStepからは、フロントページ用の固定ページの作り込みを行っていきます。

テンプレートタグ single_post_title(タイトル前の文字列, 表示)

記事・固定ページのタイトルをループの外で表示する。

引数

タイトル前の文字列（オプション） ：ページタイトルの前に表示する文字列。

タイトルの表示（オプション） ：タイトルを取得する（false）か、表示する（true）かを返す。初期値は true。

Step 5での作業は、これで終わりです。今回作成したファイルは次のようになりました。

`index.php`

```php
<?php get_header(); ?>                    ← header.php を読み込む
    <div class="container-fluid content">
        <div class="row">
            <div class="col-lg-8">
                <main class="main">
                    <header class="content-Header">
                        <h1 class="content-Title">
                            <?php single_post_title(); ?>    ← ページタイトルを出力する
                        </h1>
                    </header>
                    <?php if ( have_posts() ) : ?>           ← 記事の存在有無を判定する
                        <?php
                        while ( have_posts() ) :              ← 記事の出力を開始する
                            the_post();
                        ?>
                        <?php get_template_part( 'template-parts/loop', 'post' );
                        ?>                                    ← template-parts/loop-post.php を読み込む
                    <?php endwhile; ?>                        ← 記事の出力を終了する
                    <?php endif; ?>                           ← 記事の有無判定を終了する
                    <?php get_template_part( 'template-parts/parts', 'pagination' );
                    ?>                                        ← template-parts/parts-pagination.php を読み込む
                </main>
            </div>
            <?php get_sidebar(); ?>                           ← サイドバーを読み込む
        </div>
    </div>
<?php get_footer(); ?>                     ← フッターを読み込む
```

06 フロントページをブロックエディター化する
その1 ～固定ページの指定とブロックの配置

■ Step素材フォルダー	kuroneko_sample ＞ Chapter8 ＞ Step6
■ 学習するテーマファイル	● front-page.php

フロントページのブロックエディター化

フロントページ内のブロックエディター化する場所

このStepでは、P.219でいったんほぼ完成したフロントページをブロックエディター化（ブロックエディター上で編集できる状態）する方法について解説します。また、P.293で設定した「全幅」の使用例も出てきます。

具体的には、左図の赤線で囲んだ部分をブロックエディター化します。最初にStep 6-1で表示設定を変更し、フロントページとして固定ページを指定します。Step 6-2では、指定した固定ページのコンテンツ中にfront-page.phpで制御していたコンテンツを移動します。Step 6-3以降で、コンテンツの中身をブロックエディターで作成します。

Chapter **8** ウェブサイトの機能を拡張する

例えば、メインビジュアルに使っている写真が古くなってしまったので差し替えたい、臨時のお知らせを差し込みたい…など、サイト全体の中でも、フロントページは内容が変更される頻度が高くなりがちなコンテンツです。コンテンツをブロックエディター化することで、サイトの編集がより自在に、簡単にできるようになります。

同時に、カバーブロックや画像ブロック、ギャラリーブロックなどで配置した画像には、loading属性やsrcset属性等の自動処理が入ります。そのため、それらについての知識が無くても読み込み処理の改善が見込めるなど、コード側の改善にもつながります。フロントページをできるだけブロックエディター化しておくことで、長期的には開発者・デザイナー、サイトに関わる全員の負荷も減り、息の長いサイト作りが可能になるでしょう。

Step 6-1　固定ページをフロントページに指定する

最初に、フロントページに指定するための固定ページを用意します。ここではすでにある「Sample Page」という名前の固定ページを編集して使用します。管理画面のメインメニュー[ページ] > [ページ一覧]から「Sample Page」を選択します。

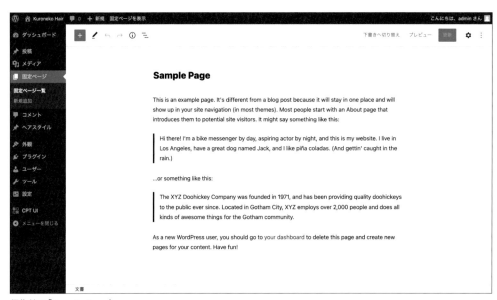

編集前の「Sample Page」

このページは、通常の方法でWordPressをインストールすると自動作成される、文字通りのサンプルページです。固定ページの「Sample Page」のタイトルを「ホーム」に変更し、英語の本文もすべて削除していったん空の状態にします。最後に、[更新]ボタンをクリックします。

次に、表示設定の「ホームページの表示」を変更し、フロントページの表示制御を固定ページに切り替えます。[設定] > [表示設定]にある「ホームページの表示」の「ホームページ:」のプルダウンメニューから、先ほど名前を変更した「ホーム」を指定します。

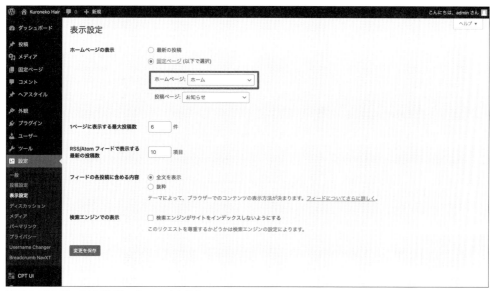

管理画面［設定］>［表示設定］で「ホーム」を指定

「設定を保存」ボタンをクリックすると、表示設定が変更されます。この状態で公開ページ側を確認すると、フロントページがお知らせ一覧から切り替わったことが確認できます。

フロントページがお知らせの一覧からメインビジュアルが表示される状態に切り替わった

この表示設定の変更によって、P.381の設定変更でindex.php（お知らせの一覧）を表示していたフロントページが、front-page.phpを表示するようになります。加えて、front-page.phpにおいてthe_content()（P.55）で呼び出されるコンテンツが、指定した「ホーム」の内容となります。しかし、現時点ではfront-page.php内で「ホーム」の内容を呼び出していません。次のStepで、「ホーム」の内容がfront-page.phpへ反映されるように書き換えていきましょう。

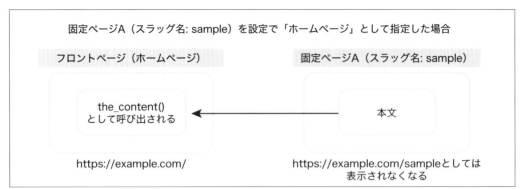

固定ページA（スラッグ名: sample）を設定で「ホームページ」として指定した場合

フロントページ（ホームページ）　　　　　　　固定ページA（スラッグ名: sample）

the_content()
として呼び出される　　　　←　　　　本文

https://example.com/　　　　https://example.com/sampleとしては
表示されなくなる

「ホームページ」の設定変更による固定ページの扱い

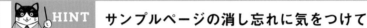

HINT　サンプルページの消し忘れに気をつけて

今回、サンプルページをホームに書き換えて使う方法を紹介しました。なぜかというと、世界中のサイトで「サンプルページ消し忘れ事件」が跡を絶たないからです。「好きなものはピニャコラーダ / I live in Los Angeles, have a great dog named Jack, and I like piña coladas.」という、他ではあまり見かけない特徴的なフレーズが入っているせいで、検索サイトにしっかり捕捉されてしまいます。「ホーム」として利用しない場合でも、公開前に削除するのを忘れないようにしましょう。

Step 6-2　フロントページをブロックエディターで編集可能にする

固定ページを用意し、フロントページの表示を切り替えたところで、いよいよブロックエディターへの対応を進めていきましょう。

❶ front-page.phpを変更する

最初に、P.219で作成したfront-page.phpの中身をブロックエディターで編集できるように書き換えましょう。作業フォルダーのfront-page.phpをテキストエディターで開き、mainタグとcontainer-fluidクラスの指定されたdivタグまでを残して記述を削除します。続いて、P.53で解説したループ処理とthe_content()タグをmainタグの中に記述します。

このように書き換えることで、[表示設定]＞[ホームページの表示]で「ホームページ」に指定した固定ページの編集画面に入力した内容を丸ごと出力できます。P.219で出てきたループの処理と同じですが、今回はHTMLタグを含む必要がないので、PHPの開始・終了タグを都度書かずに、ひとまとめに記述しています。

```php
<?php get_header(); ?>
<main class="main">
  <div class="container-fluid">
    <div class="home-Hero">
      <div class="home-Hero_Inner">
        <p class="home-Hero_Txt">
          にゃんすけ店長がお迎えする<br>ゆったり癒しの美容室
          <span>20XX.XX DEMO OPEN</span>
        </p>
      </div>
    </div>
    <section class="home-News">
```
中略
```php
    </section>
  </div>
</main>
<?php get_footer(); ?>
```

記述を削除する ←

⬇

```php
<?php get_header(); ?>
<main class="main">
  <div class="container-fluid">
  <?php
  if ( have_posts() ) {
    while ( have_posts() ) {
      the_post();
      the_content();
    }
  }
  ?>
  </div>
</main>
<?php get_footer(); ?>
```

投稿や固定ページの内容を出力する ←

公開サイト側を確認すると、フロントページとして表示されていたものがいったん削除された状態になっています。指定した固定ページの中身がまだ空なので、次の画面のようにヘッダーとフッターを残して何も表示されない状態です。

Kuroneko ✄ Hair
ゆったり時間と癒しの美容室サンプルサイト

検索...　　検索

ホーム　コンセプト　ヘアスタイル　メニュー　店舗案内

最近の投稿

雨の日キャンペーン開催

ロケーション撮影に行きました

臨時休業のお知らせ

パーソナルカラーの研修に行ってきました

夏季休業のお知らせ

タグ

ご予約　シャンプー　スタッフ加入

トリートメント　パーソナルカラー

プロモーション　ヘアカラー　ホームケア

休業案内　撮影　研修報告　雑誌掲載

雨の日

サイト内検索

検索

© 2021 Kuroneko Hair Sample

ヘッダーとフッターだけの表示になったフロントページ

> **HINT**　新規サイトであれば最初から表示設定を切り替えて構築しよう
>
> ここでの操作により、今まで書いてきたコードの一部を削除することになります。それであれば、最初からこの書き方をすればよかったのではないか？という疑問が出るかもしれません。しかし、例えば引き継いだ案件などで、ブロックエディターに未対応の既存のテーマをブロックエディター化する際には同様の手順を踏むことになります。またP.225で説明したサブループは、フロントページだけでなく他のテンプレートファイルでもよく使うWordPressの基本的な処理です。さらに、テーマを作成する上で一連のテンプレート階層の基本構造を抑えておく必要があるため、本書ではこの手順での説明を採用しました。新規サイトで、かつフロントページをブログ形式で表示しない構成のサイトであれば、最初から固定ページで構築したほうがよいでしょう。

Step 6-3 フロントページ用の固定ページを編集する（ヒーローエリア）

続いて、Step 6-1でフロントページに指定した固定ページ「ホーム」の内容を編集して、フロントページのコンテンツを作成していきます。

❶ ヒーローエリアをカバーブロックで作成する

ウェブサイトの中でも一番最初に目に付くエリアのことを、「ヒーローエリア」と呼びます。ここでは、フロントページの上部にある画像を背景にしたエリアのことを指します。管理画面メニューの［固定ページ］＞［固定ページ一覧］と進み、「ホーム - フロントページ」の編集画面を開きます。すでにブロックが含まれていたり、サンプルページの内容が残っていたりした場合は削除して、コンテンツのない状態にしてください。

フロントページにおけるヒーローエリア

まずはカバーブロックを使って、ヒーローエリアを作成しましょう。P.77で解説した方法でカバーブロックを配置して、ヒーローエリアに使う背景画像を設定します。カバーブロック内の「アップロード」ボタンをクリックしてStep素材「kuroneko_sample」＞「Chapter8」＞「Step6」内のpic_hero.jpgをアップロードします。

pic_hero.jpgをアップロードして選択する

カバーブロックを選択した状態で、設定サイドバーの［オーバーレイ］＞［不透明度］を0に設定します。背景画像に乗せる色が透明になりました。

カバーブロックの設定サイドバーで不透明度を0にする

続いて、背景画像の上に載せるテキスト

> にゃんすけ店長がお迎えする
> ゆったり癒しの美容室

を入力します。ツールバーで、テキストの配置を「テキスト中央寄せ」に指定します。設定サイドバーの［タイポグラフィ］＞［フォントサイズ］を「特大」に設定します。

カバーブロック内の段落ブロックのテキストを「中央寄せ」で配置し、フォントサイズを「特大」に変更する

続けて、オープン日の情報「20XX.XX DEMO OPEN」を入力します。オープン日の情報は元のソースでは同じ段落内のspanタグとして記述されていますが、ここでは別の段落ブロックで作成します。同じくテキストの配置を中央寄せに、フォントサイズを「小」に設定します。

同じHTML構造を維持したければ、カスタムHTMLブロックを用いて入力することもできます。しか

し、この部分は特に修正が入りやすい箇所だと想定されるので、エディター上での編集のしやすさを優先しHTML構造を変更することにします。

ここまでの設定で、次の画面のような状態になります。

カバーブロックに2つの段落ブロックが挿入されている

❷ 高度な設定で独自のCSSのスタイルを適用する

カバーブロックに、画像の高さやテキストシャドウなどの独自のスタイルを適用します。カバーブロックを選択し、設定サイドバーの[高度な設定] > [追加CSSクラス]に「home-Hero」と入力します。

追加のCSSクラスを指定したことでスタイルが反映された

 HINT ### 独自のCSSのスタイルは自作する必要があります

今回はサンプルテーマ内ですべてのCSSを用意しているので、ブロックにクラス名を追記するだけでスタイルが反映されます。実際のテーマ制作では、自分でCSSを書く必要があります。

③ ブロックに「全幅」を指定する

ここまでで一度、トップバー右の「更新」ボタンをクリックしてページを更新してみましょう。公開サイト側の表示を確認すると、カスタマイズ前と違い、ヒーローエリアの表示が全幅表示（画面横幅いっぱいの表示）になっていません。

カバーブロックの横幅が全幅になっていない

画面いっぱいにコンテンツを表示させるには、P.293で解説した「全幅」指定が必要です。編集画面のカバーブロックに戻って、ツールバーの「配置を変更」から「全幅」を選択してください。

カバーブロックのツールバーで全幅を指定した

再び「更新」ボタンでページを更新し、公開サイト側の表示を確認すると、今度は全幅になっているのが確認できます。

公開サイト側でも全幅表示に変わっている

ここまでで、フロントページのヒーローエリアが完成しました。続いて、お知らせ・ヘアスタイル・店舗案内の固定ページの作成を進めていきます。

① お知らせエリアを作成する

最初に、お知らせエリアを作成しましょう。見出しブロックで「お知らせ」と入力し、「追加CSSクラス」に「home-Title」と入力します。続いて段落ブロックで「News & Topics」と入力し、「追加CSSクラス」に「home-SubTitle」と入力します。段落ブロックのツールバーで「テキストの配置を変更」アイコンをクリックし、「テキスト中央寄せ」を指定します。

お知らせエリアの見出しを作成した

ここでも元のHTMLデータとまったく同じにしたいという場合はカスタムHTMLブロックを用いることもできますが、ここでは編集しやすさを優先して組み替えます。

次に、お知らせの一覧を作成します。WordPress 5.8時点で、お知らせ一覧に対応しているブロックはコアブロックにはありません（最近の投稿ブロックやクエリーループブロックを使うことで近い実装は可能です）。そのため、ここではショートコード化して表示します。詳しくはP.400で解説し、ここでは挿入しません。

先に、お知らせ一覧の上下に必要な余白を確保するため、段落ブロックに続けて、ピクセル値での高さを45に指定したスペーサーブロックを2つ追加しておきます。

スペーサーブロックを2つ挿入した

次に、お知らせ一覧の下にある「もっと見る」ボタンをボタンブロックで作成します。ボタンブロックに「もっと見る」と入力し、P.306で作成した「幅固定」のスタイルを指定します。ボタンブロックのツールバーで「コンテンツ揃え位置を変更」アイコンをクリックして、「コンテンツを中央揃え」を指定します。

ボタンブロックのスタイルを「幅固定」に設定した

リンク先を固定ページ「お知らせ」に指定します。ツールバーのリンクアイコンをクリックして「お知らせ」と入力すると該当するページのリストが表示されるので、P.376で作成した固定ページを選択します。

ボタンブロックにリンクを設定する

❷ グループブロックでグループ化する

❶で作成した見出しブロックと段落ブロック、スペーサーブロック2つとボタンブロックの5つのブロックを選択し、ツールバー左上の「5個のブロックのタイプを変更する」ボタンをクリックします。出てきた変換のプルダウンメニューから「グループ」を選択します。

5つのブロックを選択してグループブロックを追加する

選択していた5つのブロックが、1つのグループブロックで囲まれます。このグループブロックの「追加CSSクラス」に、「home-News」と入力します。

これでお知らせエリアの作成はいったん完了です。まだ一覧がありませんが、P.400で追加します。

グループブロックにクラス名を追加した

HINT ブロックの選択はパンくずリストや「リスト表示」を利用する

グループブロックやカラムブロックを多用すると、選択したいブロックにうまく辿り着けない場合がよくあります。そのような場合は画面下のフッターに表示されるパンくずリストから該当するブロックの名前をクリックするか、画面上のトップバーにある「リスト表示」から選択するのがおすすめです。

リスト表示でみたグループブロック

❸ ヘアスタイルのエリアを作成する

続いて、ヘアスタイルのエリアを作成します。❶〜❷と同様の手順を踏むのもよいのですが、ここでは作成したグループブロックを複製して利用しましょう。❷で作成したお知らせエリアのグループブロックを選択し、P.84で解説した方法で複製します。見出しブロックの「お知らせ」を「ヘアスタイル」に、段落ブロックの「News & Topics」を「Hairstyles」に書き換えてください。

「もっと見る」ボタンのリンク先も変更しましょう。カスタム投稿タイプであるヘアスタイル一覧のリンク先は、お知らせのリンクと違って文字列では自動認識されません。手入力で「/hairstyles/」と入力してください。もしくは、いったんローカル環境のドメイン（P.64の手順通りだとhttp://kuronekohair.local/となります）を含ませて「（ドメイン名）/hairstyles/」としても構いません。ただし、このサイトをこのまま本番化する際にはドメイン名が変わるため、リンク先の変更が必要になります。ご注意ください。

ヘアスタイルの「もっと見る」ボタンのリンクを変更する

最後に、ヘアスタイルのグループブロックの「追加CSSクラス」を「home-Style」に変更します。また、ヘアスタイルエリアは全幅なので、ツールバーの「配置を変更」から「全幅」を選択してください。ヘアスタイル記事一覧の作り方については、P.404で説明します。

ヘアスタイルのグループのクラス名を変更し、全幅に変更する

❹ 店舗案内のエリアを作成する

最後に、店舗案内のエリアを作成します。今回も、❸と同じようにお知らせエリアのグループブロックを複製します。ツールバーの「下に移動」アイコンをクリックして、複製したブロックをヘアスタイルの

グループブロックの下に移動させます。

見出しブロックの内容を「店舗案内」に、段落ブロックの内容を「Shop Information」に変更します。グループブロックの「追加CSSクラス」には、「home-ShopInfo」と入力します。ボタンのテキストを「オンライン予約」とし、リンク先は「#」に変更しておきましょう。

店舗案内のボタンの内容を変更する

続いて、店舗情報のテキストを入力しましょう。ここはdlタグをそのまま生かしたいので、カスタムHTMLブロックを使って作成します（コアブロックとしてdlタグが使えるブロックの開発が検討されていますが、まだ実装されていません）。スペーサーブロックの間にカスタムHTMLブロックを挿入して、ブロック内にStep素材「kuroneko_sample」＞「Chapter8」＞「Step6」にある店舗情報HTML.txtの内容をコピー＆ペーストしてください。

店舗情報のテキストをカスタムHTMLブロックにペーストした

店舗案内のエリアでも、他のエリアと同様、編集しやすさを優先したい場合は、テーブルブロックまたは段落ブロックに置き換えてもよいでしょう。その場合は、CSS側の変更が必要になります。

Chapter

8

ウェブサイトの機能を拡張する

これで、お知らせの一覧とヘアスタイル一覧以外のフロントページのコンテンツができました。右上の「更新」ボタンをクリックして、ページをいったん更新しましょう。固定ページの内容が、フロントページに表示されました。

4つのヘアスタイルとお知らせの内容以外が表示されたフロントページ

完成コード

Step 6の作業は、これで終わりです。今回作成したファイルは次のようになりました。

front-page.php

```php
<?php get_header(); ?>
<main class="main">
  <div class="container-fluid">
    <?php
    if ( have_posts() ) {
      while ( have_posts() ) {
        the_post();
        the_content();    ← ホームに指定したページの内容を出力する
      }
    }
    ?>
  </div>
</main>
<?php get_footer(); ?>
```

07 | フロントページをブロックエディター化する その2〜ショートコードブロックの活用

■Step素材フォルダー	kuroneko_sample > Chapter8 > Step7
■学習するテーマファイル	● functions.php

最後に、お知らせの一覧とヘアスタイルの一覧をブロックとして扱うために、ショートコードを利用する方法を解説します。

お知らせの一覧を表示するには、よく似た機能の「最新の投稿」ブロックを使えばよいと考えるかもしれません。しかし、今回のサンプルサイトではカテゴリー表示機能を含んでいるため、WordPress 5.8時点での「最新の投稿」ブロックでは置き換えることができません。同様に、ヘアスタイルの表示部分はカスタム投稿タイプを扱っていますが、WordPress 5.8時点ではカスタム投稿タイプを扱うことのできるコアブロックは存在しません。そのため、ここではこれら2つの投稿一覧をそれぞれショートコード化して表示させることにします。

ショートコードとは、記事に添付された画像からギャラリーを作成したり、動画をレンダリングしたりするなど、主に投稿や固定ページのコンテンツ内で使用するために作られたマクロ（関連する複数の操作や手順、命令などを1つにまとめ、必要に応じて呼び出すことができるようにする機能のこと）です。WordPress 2.5から導入されました。現在は各種ブロックによって代用されますが、[caption]や[gallery]など、WordPressに標準で用意されているショートコードもあります。そして、ショートコードは「add_shortcode()」関数を使って自作することができます。

これまで学んだPHPとWordPressの書き方を流用し、自作のショートコードを作成していきましょう。

Step 7-1 お知らせの一覧をショートコード化する

最初に、ショートコードを使ってお知らせの一覧を表示させます。

❶ functions.phpにお知らせのショートコードの関数を追記する

functions.phpに、次のように追記します。関数「neko_news_shortcode()」を用意し、「add_shortcode()」関数を使って追加するショートコードの名前を「neko_news_recently」とします。ショートコードはWordPressコアだけでなくさまざまなプラグインなどにも用意されているので、名前が重複しないように固有の接頭詞（ここではneko）を付与するようにしましょう。

```
前略

add_action( 'init', 'neko_register_block_patterns' );
```

◄─── 最終行に続けて記述する

⬇

```
前略

add_action( 'init', 'neko_register_block_patterns' );


function neko_news_shortcode() {  ◄─── お知らせを表示するショートコードの関数
  $neko_news_html  = '';  ◄─── ショートコードで表示する文字列を格納する変数を用意
  return $neko_news_html;  ◄─── ショートコードで表示する文字列を返す
}  関数の内容を neko_news_recently という名前のショートコードとして追加する
add_shortcode( 'neko_news_recently', 'neko_news_shortcode' );  ◄───┘
```

❷ functions.phpにお知らせのショートコードの内容を追記する

❶で作成した関数内に、該当のHTMLを取得する記述を追加します。お知らせの記事情報として、P.229の記述とほぼ同じような手順で最新の投稿を3件取得するのですが、その場で出力するのではなくその内容を「$neko_hairstyles_html」に格納する点が違います。

そのため、echo()関数を取り除いたり、the_permalink()関数をget_the_permalink()関数に置き換えたり、「implode()」関数を利用してpost_class()関数で取得した配列を文字列に変更したりしています。また、「.」または「.=」を使った変数の結合を利用しています。ショートコードの記述は、Step素材「kuroneko_sample」>「Chapter8」>「Step7」のneko_news_shortcode.txtにも用意してあるので、そちらを利用してもかまいません。

functions.php

```
前略

add_action( 'init', 'neko_register_block_patterns' );


function neko_news_shortcode() {
  $neko_news_html  = '';
```

◄─── ここに追記する

```
  return $neko_news_html;
}
add_shortcode( 'neko_news_recently', neko_news_shortcode );
```

⬇

```
前略

add_action( 'init', 'neko_register_block_patterns' );
```

（右側縦書き）Chapter **8** ウェブサイトの機能を拡張する

```php
function neko_news_shortcode() {
  $neko_news_html = '';
  $neko_args        = array(          ←  お知らせを3件取得する
    'post_type'       => 'post',
    'posts_per_page' => 3,
  );
  $neko_news_query = new WP_Query( $neko_args );
  if ( $neko_news_query->have_posts() ) {
    $neko_news_html .= '<div class="row justify-content-center"><div class="col-
    lg-10">';
    while ( $neko_news_query->have_posts() ) {
      $neko_news_query->the_post();
      $neko_post_class = get_post_class( 'module-Article_Item' );  ←  post_class を取得
      $neko_category_list = get_the_category();          ←  カテゴリーを取得
      $neko_news_html .= '<article id="post-' . get_the_ID() . '" class="' . esc_attr(
      implode( ' ', $neko_post_class ) ) . '">';        ←  取得した投稿情報を変数に入れる
      $neko_news_html .= '<a href="' . get_the_permalink() . '" class="module-
      Article_Item_Link">';
      $neko_news_html .= '<div class="module-Article_Item_Img">';
      if ( has_post_thumbnail() ) {
        $neko_news_html .= get_the_post_thumbnail();
      } else {
        $neko_news_html .= '<img src="' . esc_url( get_template_directory_uri() ) .
        '/assets/img/dummy-image.png" alt="" width="200" height="150" load="lazy">';
      }
      $neko_news_html .= '</div>';
      $neko_news_html .= '<div class="module-Article_Item_Body">';
      $neko_news_html .= '<h2 class="module-Article_Item_Title">' . get_the_title()
      . '</h2>';
      $neko_news_html .= get_the_excerpt();
      $neko_news_html .= '<ul class="module-Article_Item_Meta">';
      if ( $neko_category_list ) {
        $neko_news_html .= '<li class="module-Article_Item_Cat">' . esc_html( $neko_
        category_list[0]->name ) . '</li>';
      }
      $neko_news_html .= '<li class="module-Article_Item_Date">';
      $neko_news_html .= '<time datetime="' . get_the_date( 'Y-m-d' ) . '">' .
      get_the_date() . '</time>';
      $neko_news_html .= '</li></ul></div></a></article>';
```

```
    }
    wp_reset_postdata();
    $neko_news_html .= '</div></div>';
  }
  return $neko_news_html;
}
add_shortcode( 'neko_news_recently', 'neko_news_shortcode' );
```

これで、ショートコード [neko_news_recently] が作成できました。

関数 add_shortcode(文字列, 関数名)

ショートコードタグ用のフックを追加する。

引数

文字列（必須）：投稿の本文から検索されるショートコードタグ。
関数名（必須）：ショートコードが見つかったときに実行される関数。

関数 implode(文字列, 配列)

PHPの関数。配列要素を文字列によって連結する。

引数

文字列（必須）　　　：連結する文字列。デフォルトは空文字列。
配列（オプション）：連結したい文字列の配列。指定しなくてもエラーにはなりません。

関数 get_post_class(文字列, 関数名)

現在の投稿または固定ページに関連するクラス（投稿ID、投稿タイプ、カテゴリー、タグなど）を取得する。

引数

クラス名（任意）：任意の文字列を指定すると、独自のクラスとして出力される。複数ある場合は半角スペースで区切るか配列によって指定。
投稿ID（任意）　：表示される投稿／固定ページのID。初期値は現在の投稿／固定ページ。

関数 get_the_permalink(投稿ID, 真偽値)

現在の投稿または投稿IDのパーマリンクを取得する。

引数

投稿ID（任意）：取得したい投稿のIDまたはWP_Postオブジェクトを指定。
真偽値（任意）：投稿名あるいは固定ページ名を保持するかどうか。trueの場合、実際のURIではなく構造的なリンクを返す。初期値はfalse。

投稿または固定ページのアイキャッチ画像を取得する。

引数

投稿ID（任意）　　　：取得したい投稿のIDまたはWP_Postオブジェクトを指定。
サイズ（オプション）：画像サイズをキーワードまたは配列で指定。
属性（オプション）　：アイキャッチ画像のimg要素に付加する属性や値を配列で記述。

❸ functions.phpにヘアスタイルのショートコードの関数を追記する

次に、ヘアスタイルの一覧を取得するショートコードを作成します。ヘアスタイルの記事情報を取得するためP.357で解説した記述内容とほぼ同じになりますが、お知らせのショートコードと同様、「$neko_hairstyles_html」に格納する点が違います。関数の構成はお知らせのショートコードと同じですので、❷で記述したコードの下に続けて追記していきましょう。このショートコードの記述も、Step素材「kuroneko_sample」＞「Chapter8」＞「Step7」のneko_hair_styles_shortcode.txtに用意してあります。

functions.php

`前略`

```
add_shortcode( 'neko_news_recently', 'neko_news_shortcode' );
```

← ここに追加する

↓

`前略`

```
add_shortcode( 'neko_news_recently', 'neko_news_shortcode' );

function neko_hair_styles_shortcode() {
  $neko_hairstyles_html = '';          ← ショートコードで表示する文字列を入れる変数を用意
  $neko_args            = array(        ← ヘアスタイルを4件取得する
    'post_type'     => 'hairstyles',
    'posts_per_page' => 4,
  );
  $neko_hairstyles_query = new WP_Query( $neko_args );
  if ( $neko_hairstyles_query->have_posts() ) {
    $neko_hairstyles_html .= '<div class="row">';
    while ( $neko_hairstyles_query->have_posts() ) {
      $neko_hairstyles_query->the_post();
      $neko_post_class = get_post_class( 'module-Style_Item' );   ← post_class を取得
      $neko_hairstyles_html .= '<div class="col-6 col-md-3">';     ← 取得した投稿情報を変数に入れる
      $neko_hairstyles_html .= '<div id="post-' . get_the_ID() . '" class="' .
      esc_attr( implode( ' ', $neko_post_class ) ) . '">';
```

```
    $neko_hairstyles_html .= '<a href="' . get_the_permalink() . '" class="module-
    Style_Item_Link" title="' . get_the_title() . '">';
    $neko_hairstyles_html .= '<figure class="module-Style_Item_Img">';
    if ( has_post_thumbnail() ) {
        $neko_hairstyles_html .= get_the_post_thumbnail();
    }
    $neko_hairstyles_html .= '</figure>';
    $neko_hairstyles_html .= '</a>';
    $neko_hairstyles_html .= '</div>';
    $neko_hairstyles_html .= '</div>';
    }
    wp_reset_postdata();
    $neko_hairstyles_html .= '</div>';
    }
    return $neko_hairstyles_html; ◀━━━  ショートコードで表示する文字列を返す
}                          関数の内容をneko_hairstyles_recentlyという名前のショートコードとして追加する
add_shortcode( 'neko_hairstyles_recently', 'neko_hair_styles_shortcode' ); ◀━━━
```

これで、ショートコード [neko_hairstyles_recently] が作成できました。

④ ショートコードブロックを使ってコンテンツを表示する

P.393で作成したお知らせエリアとヘアスタイルエリアのグループブロックの中に、ショートコードブロックを追加します。追加したい場所（2つのスペーサーブロックの間）の近くにマウスカーソルを持っていくとインサーターが表示されるので、それをクリックしてショートコードブロックを追加します。もしくは左上のインサーターボタンをクリックして、ブロック一覧からドラッグ&ドロップすることもできます。

お知らせエリアにショートコードブロックを設置した

配置したショートコードブロックに、お知らせエリアの場合は [neko_news_recently]、ヘアスタイルエリアの場合は [neko_hairstyles_recently] とそれぞれ入力します。

ヘアスタイルエリアにショートコードブロックを設置した

「更新」ボタンを押してページを更新し、公開サイト側を確認すると、お知らせが3件、ヘアスタイルが4件表示されているのが確認できます。これで、フロントページの要素をすべて配置できました。

すべてのフロントページのコンテンツが表示された

Step 7の作業は、これで終わりです。今回作成したファイルは次のようになりました。

functions.php

前略

```php
add_action( 'init', 'neko_register_block_patterns' );


function neko_news_shortcode() {                         ← お知らせを表示するショートコードの関数
  $neko_news_html = '';                                   ← ショートコードで表示する文字列を格納する変数を用意
  $neko_args        = array(                               ← お知らせを3件取得する
    'post_type'       => 'post',
    'posts_per_page' => 3,
  );
  $neko_news_query = new WP_Query( $neko_args );
  if ( $neko_news_query->have_posts() ) {
    $neko_news_html .= '<div class="row justify-content-center"><div class="col-
    lg-10">';
    while ( $neko_news_query->have_posts() ) {
      $neko_news_query->the_post();
      $neko_post_class = get_post_class( 'module-Article_Item' );   ← post_class を取得
      $neko_category_list = get_the_category();                      ← カテゴリーを取得
      $neko_news_html .= '<article id="post-' . get_the_ID() . '" class="' . esc_attr(
      implode( ' ', $neko_post_class ) ) . '">';                     ← 取得した投稿情報を変数に入れる
      $neko_news_html .= '<a href="' . get_the_permalink() . '" class="module-
      Article_Item_Link">';
      $neko_news_html .= '<div class="module-Article_Item_Img">';
      if ( has_post_thumbnail() ) {
        $neko_news_html .= get_the_post_thumbnail();
      } else {
        $neko_news_html .= '<img src="' . esc_url( get_template_directory_uri() ) .
        '/assets/img/dummy-image.png" alt="" width="200" height="150" load="lazy">';
      }
      $neko_news_html .= '</div>';
      $neko_news_html .= '<div class="module-Article_Item_Body">';
      $neko_news_html .= '<h2 class="module-Article_Item_Title">' . get_the_title()
      . '</h2>';
      $neko_news_html .= get_the_excerpt();
      $neko_news_html .= '<ul class="module-Article_Item_Meta">';
```

```
    if ( $neko_category_list ) {

      $neko_news_html .= '<li class="module-Article_Item_Cat">' . esc_html( $neko_

      category_list[0]->name ) . '</li>';

    }

    $neko_news_html .= '<li class="module-Article_Item_Date">';

    $neko_news_html .= '<time datetime="' . get_the_date( 'Y-m-d' ) . '">' .

    get_the_date() . '</time>';

    $neko_news_html .= '</li></ul></div></a></article>';

  }

  wp_reset_postdata();

  $neko_news_html .= '</div></div>';

  }

  return $neko_news_html;  ◀──── ショートコードで表示する文字列を返す

}

add_shortcode( 'neko_news_recently', 'neko_news_shortcode' );  ◀──── 関数の内容をneko_news_recentlyという名前のショートコードとして追加する


function neko_hair_styles_shortcode() {

  $neko_hairstyles_html = '';  ◀──── ショートコードで表示する文字列を入れる変数を用意

  $neko_args             = array(  ◀──── ヘアスタイルを4件取得する

    'post_type'     => 'hairstyles',

    'posts_per_page' => 4,

  );

  $neko_hairstyles_query = new WP_Query( $neko_args );

  if ( $neko_hairstyles_query->have_posts() ) {

    $neko_hairstyles_html .= '<div class="row">';

    while ( $neko_hairstyles_query->have_posts() ) {

      $neko_hairstyles_query->the_post();

      $neko_post_class = get_post_class( 'module-Style_Item' );  ◀──── post_classを取得

      $neko_hairstyles_html .= '<div class="col-6 col-md-3">';  ◀──── 取得した投稿情報を変数に入れる

      $neko_hairstyles_html .= '<div id="post-' . get_the_ID() . '" class="' .

      esc_attr( implode( ' ', $neko_post_class ) ) . '">';

      $neko_hairstyles_html .= '<a href="' . get_the_permalink() . '" class="module-

      Style_Item_Link" title="' . get_the_title() . '">';

      $neko_hairstyles_html .= '<figure class="module-Style_Item_Img">';

      if ( has_post_thumbnail() ) {

        $neko_hairstyles_html .= get_the_post_thumbnail();

      }

      $neko_hairstyles_html .= '</figure>';

      $neko_hairstyles_html .= '</a>';
```

Chapter **8**

ウェブサイトの機能を拡張する

```
    $neko_hairstyles_html .= '</div>';
    $neko_hairstyles_html .= '</div>';
  }
  wp_reset_postdata();
  $neko_hairstyles_html .= '</div>';
  }
  return $neko_hairstyles_html; ◀──── ショートコードで表示する文字列を返す
}                              関数の内容をneko_hairstyles_recentlyという名前のショートコードとして追加する
add_shortcode( 'neko_hairstyles_recently', 'neko_hair_styles_shortcode' ); ◀────
```

> **HINT　プラグインを用いてカスタマイズした投稿の記事リストブロックを作成する**
>
> 今回は、細かい表示に対応するためショートコードを自作しました。一方、カスタム投稿の記事
> リストを表示するためのブロックをプラグインを使って導入することもできます。無料で使える
> プラグインの一例として、「Advanced Posts Blocks」や「Custom Query Blocks」があります。
> 表示させたい内容に合わせて、こうした既存のプラグインを活用するのもひとつの方法です。
>
> また、より専門的な知識が必要となるため本書では扱いませんが、JavaScriptライブラリである
> Reactなどを使って、カスタムブロックとして自作することもできます。
>
> さらにWordPress 5.8では、記事リストを操作できるクエリーループブロックなどの新しいブロ
> ックが追加されました。これを活用することで、より柔軟な記事リストを作成することも可能に
> なっています。

Chapter
8

ウェブサイトの機能を拡張する

WordPressへの理解をより深めるために

Chapter 1で触れた通りWordPressは2021年現在、CMSとしてのシェア率がとても高く、リリースされてからの期間も長くなってきているため、各種書籍をはじめ、ウェブ上にもさまざまな情報があります。溢れかえっているといっても過言では無いでしょう。このような状態で、WordPressについての正しい知識や最新情報を得るのに苦労されている方も多いのではないでしょうか。

WordPressに限らず、情報の取捨選択は現代に生きる全員にとっての課題の1つです。まずは日頃から検索して出てきた情報をすぐに鵜呑みにせずに、少なくとも3サイト以上の情報を比較検討すること、公式の情報を探し出して確認すること、などを心がけることが大切です。

ですから、ここで一番に紹介するべきサイトはやはりWordPress公式サイト（https://wordpress.org/）でしょう。本書でもいくつかのページでリンクを紹介している通り、公式ドキュメントも有志によって無償で常に整備・更新が行われています。日本語版（https://ja.wordpress.org/）も存在し、日本語で受け答え可能なフォーラムがあります。また、主要なニュース（https://ja.wordpress.org/news/）はすべて日本語に翻訳されています。まずはそちらを確認しましょう。

また、お使いの各WordPressの管理画面ダッシュボードには「WordPress イベントとニュース」というウィジェットがあります。ここに表示されるイベントは、すべてWordPressコミュニティが承認した公式イベントです。近隣で企画されているイベントが表示されるので、日本で閲覧している場合は日本各地で企画・実施されるイベントが表示されます。だいたい地域毎に月1回ほどのペースで開催されるMeetupと、年1回のペースで開催されるWordCampというイベントがあります。気になるイベントが見つかったら、参加してみてください。コミュニティも有志により無償で運営されているので、基本的に参加費無料のイベントがほとんどです。イベントによっては、WordPressの開発に実際に携わっている開発者と直接やり取りする機会も得られるでしょう。

情報は常に更新され変化していくものですが、公式のコミュニティに参加し参加者とSNSなどでつながっておくことで、新しい情報への感度が高くなり、必要な情報かそうでないかを判断する基準の1つとして使えるようになるかもしれません。

Index